中国石油科技进展丛书（2006—2015年）

油气田地面工程

主　编：徐英俊

副主编：吴　浩　巴玺立　白晓东

石油工业出版社

内 容 提 要

本书主要介绍了2006—2015年中国石油油气田地面工程在设计和科研等方面取得的新成果和新进展，主要内容包括油田开发地面工程技术、气田开发地面工程技术、注水及采出水处理技术、油气田开发地面设备、油气集输管材、油气田地面标准化设计技术以及油气田地面工程标准规范等方面的新进展。

本书可供从事油气田地面工程的技术人员、管理人员及石油院校相关专业师生参考。

图书在版编目（CIP）数据

油气田地面工程 / 徐英俊主编 . —北京：

石油工业出版社，2019.1

（中国石油科技进展丛书 . 2006—2015 年）

ISBN 978-7-5183-3007-2

Ⅰ . ①油… Ⅱ . ①徐… Ⅲ . ①油气田 – 地面工程 – 研

究 Ⅳ . ① TE4 –

中国版本图书馆 CIP 数据核字（2018）第 262556 号

出版发行：石油工业出版社

（北京安定门外安华里 2 区 1 号　100011）

网　　址：www . petropub . com

编辑部：（010）64523535　图书营销中心：（010）64523633

经　　销：全国新华书店

印　　刷：北京中石油彩色印刷有限责任公司

2019 年 1 月第 1 版　2019 年 1 月第 1 次印刷

787 × 1092 毫米　开本：1/16　印张：15

字数：360 千字

定价：120.00 元

《油气田地面工程》编写组

主　　编：徐英俊

副 主 编：吴　浩　巴玺立　白晓东

编写人员：

谢卫红	王念榕	王春燕	韩方勇	刘　烨	李秋忙
云　庆	黄晓丽	李　庆	梁月玖	解红军	李　冰
何　军	文韵豪	陈　辉	张　哲	刘主宸	张　磊
杨　艳					

序

习近平总书记指出，创新是引领发展的第一动力，是建设现代化经济体系的战略支撑，要瞄准世界科技前沿，拓展实施国家重大科技项目，突出关键共性技术、前沿引领技术、现代工程技术、颠覆性技术创新，建立以企业为主体、市场为导向、产学研深度融合的技术创新体系，加快建设创新型国家。

中国石油认真学习贯彻习近平总书记关于科技创新的一系列重要论述，把创新作为高质量发展的第一驱动力，围绕建设世界一流综合性国际能源公司的战略目标，坚持国家"自主创新、重点跨越、支撑发展、引领未来"的科技工作指导方针，贯彻公司"业务主导、自主创新、强化激励、开放共享"的科技发展理念，全力实施"优势领域持续保持领先、赶超领域跨越式提升、储备领域占领技术制高点"的科技创新三大工程。

"十一五"以来，尤其是"十二五"期间，中国石油坚持"主营业务战略驱动、发展目标导向、顶层设计"的科技工作思路，以国家科技重大专项为龙头、公司重大科技专项为抓手，取得一大批标志性成果，一批新技术实现规模化应用，一批超前储备技术获重要进展，创新能力大幅提升。为了全面系统总结这一时期中国石油在国家和公司层面形成的重大科研创新成果，强化成果的传承、宣传和推广，我们组织编写了《中国石油科技进展丛书（2006—2015年）》（以下简称《丛书》）。

《丛书》是中国石油重大科技成果的集中展示。近些年来，世界能源市场特别是油气市场供需格局发生了深刻变革，企业间围绕资源、市场、技术的竞争日趋激烈。油气资源勘探开发领域不断向低渗透、深层、海洋、非常规扩展，炼油加工资源劣质化、多元化趋势明显，化工新材料、新产品需求持续增长。国际社会更加关注气候变化，各国对生态环境保护、节能减排等方面的监管日益严格，对能源生产和消费的绿色清洁要求不断提高。面对新形势新挑战，能源企业必须将科技创新作为发展战略支点，持续提升自主创新能力，加快构筑竞争新优势。"十一五"以来，中国石油突破了一批制约主营业务发展的关键技术，多项重要技术与产品填补空白，多项重大装备与软件满足国内外生产急需。截至 2015 年底，共获得国家科技奖励 30 项、获得授权专利 17813 项。《丛书》全面系统地梳理了中国石油"十一五""十二五"期间各专业领域基础研究、技术开发、技术应用中取得的主要创新性成果，总结了中国石油科技创新的成功经验。

《丛书》是中国石油科技发展辉煌历史的高度凝练。中国石油的发展史，就是一部创业创新的历史。建国初期，我国石油工业基础十分薄弱，20 世纪 50 年代以来，随着陆相生油理论和勘探技术的突破，成功发现和开发建设了大庆油田，使我国一举甩掉贫油的帽子；此后随着海相碳酸盐岩、岩性地层理论的创新发展和开发技术的进步，又陆续发现和建成了一批大中型油气田。在炼油化工方面，"五朵金花"炼化技术的开发成功打破了国外技术封锁，相继建成了一个又一个炼化企业，实现了炼化业务的不断发展壮大。重组改制后特别是"十二五"以来，我们将"创新"纳入公司总体发展战略，着力强化创新引领，这是中国石油在深入贯彻落实中央精神、系统总结"十二五"发展经验基础上、根据形势变化和公司发展需要作出的重要战略决策，意义重大而深远。《丛书》从石油地质、物探、测井、钻完井、采油、油气藏工程、提高采收率、地面工程、井下作业、油气储运、石油炼制、石油化工、安全环保、海外油气勘探开发和非常规油气勘探开发等 15 个方面，记述了中国石油艰难曲折的理论创新、科技进步、推广应用的历史。它的出版真实反映了一个时期中国石油科技工作者百折不挠、顽强拼搏、敢于创新的科学精神，弘扬了中国石油科技人员秉承"我为祖国献石油"的核心价值观和"三老四严"的工作作风。

《丛书》是广大科技工作者的交流平台。创新驱动的实质是人才驱动，人才是创新的第一资源。中国石油拥有 21 名院士、3 万多名科研人员和 1.6 万名信息技术人员，星光璀璨、人文荟萃、成果斐然。这是我们宝贵的人才资源。我们始终致力于抓好人才培养、引进、使用三个关键环节，打造一支数量充足、结构合理、素质优良的创新型人才队伍。《丛书》的出版搭建了一个展示交流的有形化平台，丰富了中国石油科技知识共享体系，对于科技管理人员系统掌握科技发展情况，做出科学规划和决策具有重要参考价值。同时，便于科研工作者全面把握本领域技术进展现状，准确了解学科前沿技术，明确学科发展方向，更好地指导生产与科研工作，对于提高中国石油科技创新的整体水平，加强科技成果宣传和推广，也具有十分重要的意义。

　　掩卷沉思，深感创新艰难、良作难得。《丛书》的编写出版是一项规模宏大的科技创新历史编纂工程，参与编写的单位有 60 多家，参加编写的科技人员有 1000 多人，参加审稿的专家学者有 200 多人次。自编写工作启动以来，中国石油党组对这项浩大的出版工程始终非常重视和关注。我高兴地看到，两年来，在各编写单位的精心组织下，在广大科研人员的辛勤付出下，《丛书》得以高质量出版。在此，我真诚地感谢所有参与《丛书》组织、研究、编写、出版工作的广大科技工作者和参编人员，真切地希望这套《丛书》能成为广大科技管理人员和科研工作者的案头必备图书，为中国石油整体科技创新水平的提升发挥应有的作用。我们要以习近平新时代中国特色社会主义思想为指引，认真贯彻落实党中央、国务院的决策部署，坚定信心、改革攻坚，以奋发有为的精神状态、卓有成效的创新成果，不断开创中国石油稳健发展新局面，高质量建设世界一流综合性国际能源公司，为国家推动能源革命和全面建成小康社会作出新贡献。

2018 年 12 月

丛书前言

　　石油工业的发展史，就是一部科技创新史。"十一五"以来尤其是"十二五"期间，中国石油进一步加大理论创新和各类新技术、新材料的研发与应用，科技贡献率进一步提高，引领和推动了可持续跨越发展。

　　十余年来，中国石油以国家科技发展规划为统领，坚持国家"自主创新、重点跨越、支撑发展、引领未来"的科技工作指导方针，贯彻公司"主营业务战略驱动、发展目标导向、顶层设计"的科技工作思路，实施"优势领域持续保持领先、赶超领域跨越式提升、储备领域占领技术制高点"科技创新三大工程；以国家重大专项为龙头，以公司重大科技专项为核心，以重大现场试验为抓手，按照"超前储备、技术攻关、试验配套与推广"三个层次，紧紧围绕建设世界一流综合性国际能源公司目标，组织开展了50个重大科技项目，取得一批重大成果和重要突破。

　　形成40项标志性成果。（1）勘探开发领域：创新发展了深层古老碳酸盐岩、冲断带深层天然气、高原咸化湖盆等地质理论与勘探配套技术，特高含水油田提高采收率技术，低渗透／特低渗透油气田勘探开发理论与配套技术，稠油／超稠油蒸汽驱开采等核心技术，全球资源评价、被动裂谷盆地石油地质理论及勘探、大型碳酸盐岩油气田开发等核心技术。（2）炼油化工领域：创新发展了清洁汽柴油生产、劣质重油加工和环烷基稠油深加工、炼化主体系列催化剂、高附加值聚烯烃和橡胶新产品等技术，千万吨级炼厂、百万吨级乙烯、大氮肥等成套技术。（3）油气储运领域：研发了高钢级大口径天然气管道建设和管网集中调控运行技术、大功率电驱和燃驱压缩机组等16大类国产化管道装备，大型天然气液化工艺和20万立方米低温储罐建设技术。（4）工程技术与装备领域：研发了G3i大型地震仪等核心装备，"两宽一高"地震勘探技术，快速与成像测井装备、大型复杂储层测井处理解释一体化软件等，8000米超深井钻机及9000米四单根立柱钻机等重大装备。（5）安全环保与节能节水领域：

研发了 CO_2 驱油与埋存、钻井液不落地、炼化能量系统优化、烟气脱硫脱硝、挥发性有机物综合管控等核心技术。（6）非常规油气与新能源领域：创新发展了致密油气成藏地质理论，致密气田规模效益开发模式，中低煤阶煤层气勘探理论和开采技术，页岩气勘探开发关键工艺与工具等。

取得 15 项重要进展。（1）上游领域：连续型油气聚集理论和含油气盆地全过程模拟技术创新发展，非常规资源评价与有效动用配套技术初步成型，纳米智能驱油二氧化硅载体制备方法研发形成，稠油火驱技术攻关和试验获得重大突破，井下油水分离同井注采技术系统可靠性、稳定性进一步提高；（2）下游领域：自主研发的新一代炼化催化材料及绿色制备技术、苯甲醇烷基化和甲醇制烯烃芳烃等碳一化工新技术等。

这些创新成果，有力支撑了中国石油的生产经营和各项业务快速发展。为了全面系统反映中国石油 2006—2015 年科技发展和创新成果，总结成功经验，提高整体水平，加强科技成果宣传推广、传承和传播，中国石油决定组织编写《中国石油科技进展丛书（2006—2015 年）》（以下简称《丛书》）。

《丛书》编写工作在编委会统一组织下实施。中国石油集团董事长王宜林担任编委会主任。参与编写的单位有 60 多家，参加编写的科技人员 1000 多人，参加审稿的专家学者 200 多人次。《丛书》各分册编写由相关行政单位牵头，集合学术带头人、知名专家和有学术影响的技术人员组成编写团队。《丛书》编写始终坚持：一是突出站位高度，从石油工业战略发展出发，体现中国石油的最新成果；二是突出组织领导，各单位高度重视，每个分册成立编写组，确保组织架构落实有效；三是突出编写水平，集中一大批高水平专家，基本代表各个专业领域的最高水平；四是突出《丛书》质量，各分册完成初稿后，由编写单位和科技管理部共同推荐审稿专家对稿件审查把关，确保书稿质量。

《丛书》全面系统反映中国石油 2006—2015 年取得的标志性重大科技创新成果，重点突出"十二五"，兼顾"十一五"，以科技计划为基础，以重大研究项目和攻关项目为重点内容。丛书各分册既有重点成果，又形成相对完整的知识体系，具有以下显著特点：一是继承性。《丛书》是《中国石油"十五"科技进展丛书》的延续和发展，凸显中国石油一以贯之的科技发展脉络。二是完整性。《丛书》涵盖中国石油所有科技领域进展，全面反映科技创新成果。三是标志性。《丛书》在综合记述各领域科技发展成果基础上，突出中国石油领先、高端、前沿的标志性重大科技成果，是核心竞争力的集中展示。四是创新性。《丛书》全面梳理中国石油自主创新科技成果，总结成功经验，有助于提高科技创新整体水平。五是前瞻性。《丛书》设置专门章节对世界石油科技中长期发展做出基本预测，有助于石油工业管理者和科技工作者全面了解产业前沿、把握发展机遇。

《丛书》将中国石油技术体系按 15 个领域进行成果梳理、凝练提升、系统总结，以领域进展和重点专著两个层次的组合模式组织出版，形成专有技术集成和知识共享体系。其中，领域进展图书，综述各领域的科技进展与展望，对技术领域进行全覆盖，包括石油地质、物探、测井、钻完井、采油、油气藏工程、提高采收率、地面工程、井下作业、油气储运、石油炼制、石油化工、安全环保节能、海外油气勘探开发和非常规油气勘探开发等 15 个领域。31 部重点专著图书反映了各领域的重大标志性成果，突出专业深度和学术水平。

《丛书》的组织编写和出版工作任务量浩大，自 2016 年启动以来，得到了中国石油天然气集团公司党组的高度重视。王宜林董事长对《丛书》出版做了重要批示。在两年多的时间里，编委会组织各分册编写人员，在科研和生产任务十分紧张的情况下，高质量高标准完成了《丛书》的编写工作。在集团公司科技管理部的统一安排下，各分册编写组在完成分册稿件的编写后，进行了多轮次的内部和外部专家审稿，最终达到出版要求。石油工业出版社组织一流的编辑出版力量，将《丛书》打造成精品图书。值此《丛书》出版之际，对所有参与这项工作的院士、专家、科研人员、科技管理人员及出版工作者的辛勤工作表示衷心感谢。

人类总是在不断地创新、总结和进步。这套丛书是对中国石油 2006—2015 年主要科技创新活动的集中总结和凝练。也由于时间、人力和能力等方面原因，还有许多进展和成果不可能充分全面地吸收到《丛书》中来。我们期盼有更多的科技创新成果不断地出版发行，期望《丛书》对石油行业的同行们起到借鉴学习作用，希望广大科技工作者多提宝贵意见，使中国石油今后的科技创新工作得到更好的总结提升。

2018 年 12 月

前　言

　　油气地面工程是油气田开发生产大系统中的一个子系统，是安全、清洁生产的主要载体，是控制投资、降低成本的重要源头，是优化管理、提质增效的关键环节，是实现高效开发、体现开发效果和水平的重要途径，是连接油气生产与销售的重要桥梁。油气田地面工程主要有6方面作用：一是实现产能建设目标；二是体现开发技术水平；三是录取开发生产数据；四是保障安全高效生产；五是外销达标油气产品；六是实现采出水回注及达标排放。

　　"十一五"以来，广大地面工程技术人员以油气田开发效益和提高地面工程技术水平为己任，开拓进取、勇于创新，在优化简化、标准化设计技术研发与应用、地面重大科研攻关、标准规范制修订等方面取得了长足的进步，满足了高含水油田、三次采油油田、稠油热采油田、低渗透油田，以及"三高"气田、低产低渗透气田、凝析气田等油气田开发生产的需要，实现了科研支持生产、创新驱动发展。

　　《油气田地面工程》是在中国石油天然气集团公司（以下简称集团公司）科技管理部的统一安排部署和组织协调下，由中国石油规划总院具体组织编写完成，力图反映集团公司2006—2015年期间油气田地面工程在科技开发方面取得的新成果和新进展，内容主要包括油田开发地面工程技术、气田开发地面工程技术、注水及采出水处理技术、油气田开发地面设备、油气集输管材、油气田地面工程标准化设计技术以及油气田地面工程标准规范等。

　　全书共分为九章。第一章由白晓东和陈辉编写；第二章由白晓东和云庆编写；第三章由巴玺立、王春燕、王念榕、刘烨、张哲和张磊编写；第四章由谢卫红编写；第五章由云庆、谢卫红、巴玺立和白晓东编写；第六章由韩方勇、巴玺立、文韵豪和刘主宸编写；第七章由云庆、李庆、梁月玖和杨艳编写；第八章由黄晓丽编写；第九章由巴玺立、白晓东、谢卫红和韩方勇编写。全书由巴玺立和白晓东统稿，由徐英俊、吴浩、李秋忙、李冰、解红军、何军审核。

在本书编写过程中，得到中国石油天然气集团公司勘探与生产分公司汤林副总经理、班兴安处长和科技管理部撒利明处长、罗凯处长等领导，以及油气田地面工程领域黄新生、孙铁民等专家的大力支持和悉心指导，在此表示衷心的感谢。同时，本书还利用了部分油气田公司相关技术总结材料，在此亦一并表示诚挚的感谢。

本书技术性强、涉及面广，加之编者经验不足、水平有限，错误和疏漏在所难免，恳请读者批评指正。

目 录

第一章 绪 论

"十一五"以来，油气田地面系统持续贯彻"优化简化"理念，全面推行标准化设计，固化了 14 种油气田地面集成技术，攻克了地面核心关键技术，满足了不同类型油气田安全有效开发的需要，支持了开发方式的转变，实现了地上地下相互协调、整体优化，显著提高了油气田开发效益和地面工程建设水平。

第一节 油气田地面工程技术进展综述

油气地面工程是油气田开发生产大系统中的一个子系统，是安全、清洁生产的主要载体，是控制投资、降低成本的重要源头，是优化管理、提质增效的关键环节，是实现高效开发、体现开发效果和水平的重要途径，是连接油气生产与销售的重要桥梁。油气田地面工程主要有 6 方面作用：一是实现产能建设目标；二是体现开发技术水平；三是录取开发生产数据；四是保障安全高效生产；五是外销达标油气产品；六是实现采出水回注及达标排放。

油气田地面工程近 60 年的发展历程就是地面科技不断创新发展和自我完善的过程，"十一五"以来，油气田地面系统科技创新取得了长足的进步，固化了 14 种油气田地面集成技术，形成了支持和保障高含水油田高效开发、聚合物驱油田规模化开发、低产油气田和稠油热采油田有效开发等 4 项具有国际竞争力的地面核心配套技术。其中，聚合物驱开发规模和技术达到了世界领先水平，稠油污水循环利用技术、聚合物驱油工业化应用技术等获"十一五"国家技术发明或科技进步二等奖，满足了油气开发生产的需要，有力地支撑了集团公司油气主营业务的快速发展。"十二五"期间，重点开展了特高含水油田改善开发效果、三次采油提高采收率、超低渗透油藏有效开发、超稠油有效动用和天然气开发配套技术等五大领域的理论研究和技术攻关，取得了 6 项重大进展，为实现国内原油产量稳中有升和天然气产量快速增长提供了强有力的技术支撑，全力支持中国石油"十一五"和"十二五"期间 15.7 万口油气井、2.2×10^8 t 油气当量建设，确保了中国石油年生产原油 1.1×10^8 t、天然气近 1000×10^8 m³ 的平稳安全生产的需要。

"十一五"期间，中国石油建成了三次采油、采油采气、稠油开采、油田化学 4 个重点实验室，以及三次采油、稠油开采、特低渗透油气田开采、煤层气开采、高含硫气藏开采等先导试验基地，取得了一批重要的基础研究和生产试验成果，形成了一批具有自主知识产权的专利技术和产品，全力支撑了地面核心技术和主营业务的发展。建成了以大庆油田和西南油气田为代表的油气混输和高酸性气田开发地面试验基地等，以及三次采油实验室和非金属管材检测实验室等，形成了油气集输及储运技术、天然气处理及净化技术、含硫天然气尾气处理技术、油气田水处理技术、三次采油地面配套工艺技术、油气田地面工艺系统腐蚀与防护技术、油气田地面工程装备研制、油气田地面系统用化学药剂、油气田安全及环境保护技术、油气田测控技术、油气田计量技术、油气田地理信息技术等方面的研发能力和实验手段。

"十二五"期间，油气田地面领域仍然面临不少的技术瓶颈，主要是：在高酸性气田开发方面，一是缺乏国产化的脱碳溶剂和工艺包、高含硫化氢污水处理工艺包以及高含硫化氢气田管道安全保障技术体系，二是因缺少适合高酸性气田集输用抗硫非金属管，只能采用价格昂贵的双金属复合管材或22Cr管材，三是高含硫化氢气田尾气处理技术不能满足新的环保要求，四是高酸性气田开发地面标准规范不健全；在凝析气田开发方面，存在着单井计量流程复杂，地面投资高，处理厂能耗高等问题；在油气混输技术领域，模拟计算软件和大型段塞流捕集技术为国外所垄断，缺乏自主创新能力和国产化技术；在稠油火驱开发方面，地面缺乏配套技术体系；在煤层气和页岩气等业务领域，现有天然气标准体系存在着不适应，需要在完善现有的标准规范体系的同时，建立非常规天然气标准体系。为解决上述难题，在集团公司科技管理部的高度重视和大力支持下，2011年中国石油规划总院在高质量完成"油气地面工程技术研究与应用"顶层设计工作后，牵头组织大庆油田、新疆油田、西南油气田、石油管工程技术研究院和寰球工程公司等单位的研发团队，针对稠油火驱开发、重油开发、高酸性气田开发、凝析气田开发和油气混输存在的地面工程关键技术难题，以及地面标准规范缺失等实际情况，开展了五年艰苦的联合技术攻关，实现了理论技术、应用实效和创新能力三大提升。创新形成了稠油火驱地面配套、重油低成本开发、凝析气田简化、高酸性气田安全开发、油气混输等5大技术系列成果，同时完善了现有标准规范体系，构建了非常规天然气标准规范体系，破解了稠油油田、重油油田、凝析气田、高酸性气田开发地面工程技术瓶颈，节省了地面投资，降低了运行成本，提高了油气田开发效益，为中国石油天然气业务快速发展和原油稳产提供了有力的技术支撑。该项重大科技研究形成了5大地面主体技术系列、39项关键技术、39件专利、6项技术秘密、8套软件、22项机理模型、29项标准，获2017年集团公司科技进步二等奖。

"十一五"以来，地面系统面对新的开发领域和新的开发方式，在高含水油田、聚合物驱油田、三元复合驱油田、二氧化碳驱油田、稠油热采油田、稠油火驱油田、高含硫化氢气田、高压凝析气田、致密气田、煤层气气田、页岩气气田等开发以及储气库建设和标准化设计方面加强了科技攻关，形成了一系列技术成果，显著提高了油气地面工程技术水平。同时，规模化推广应用了具有自主知识产权的多种国产设备和软件，包括油井软件量油技术、不加热集油技术、恒（稳）流配水技术、注水节能技术、注水系统仿真优化技术、高效分离及脱水装置、高效过滤设备、高效除油设备、高效天然气处理设备、高效加热炉一体化集成装置、非金属管材等单项核心技术，以及油气多相流混输软件、注水系统仿真优化运行软件等，取得了较好的经济效益。此外，通过"优化简化"工程的实施，以及标准化设计工作的全面推行，油气田地面建设投资得到了有效控制，油气生产作业环境得到全面改善，油气生产本质安全得到稳步提升。地面工程高水平创新式发展也进一步树立了中国石油综合性国际能源公司的良好企业形象，实现了效益、质量、安全、环保和责任的协调与统一。

此外，还逐步完善了专业配套、学科齐全、力量雄厚的"一个整体、两个层次"的地面工程研发组织体系，建立了一支近1000人的、具有扎实的基础理论和丰富实践经验的地面工程科技研发队伍。

第二节 油气田地面工程面临的形势及生产需求 [1-3]

"十一五"以来，为满足国内快速增长的油气需求，保障国家能源安全，集团公司持续加大了增储上产的力度，保持了原油产量稳中有升、天然气产量快速增长，原油产量由 2005 年的 $1.0585 \times 10^8 t$，增至 2015 年的 $1.1143 \times 10^8 t$，年均增长 0.53%，天然气产量由 2005 年的 $365 \times 10^8 m^3$ 增至 2015 年的 $955 \times 10^8 m^3$，年均增长 16.16%。老油气田的稳产和新油气田的上产有力驱动了集团公司油气产量的增长。地面工程在老油气田稳产和新油气田上产方面都面临了严峻的挑战。

（1）开发条件复杂多样化，呼吁地面技术、工艺和设备创新。

2006 年至 2015 年，中国实施储量高峰期工程，实施建设"西部大庆""新疆大庆"和"海外大庆"战略规划，伴随着油气产量规模不断扩大，年均新建原油产能 $1500 \times 10^4 t$、天然气产能 $140 \times 10^8 m^3$，年均新建各类井约 20000 口，年均投资近 400 亿元，产能建设任务繁重。更为重要的是，油气开发环境变差及开采对象复杂化，加大了地面建设和处理难度。油田开发具有"低产、深井、难采、稠油、滩海"的特点，百万吨产能建产油井数量增多；新投入开发的气田，多为"三高"气田，或为低渗透、低丰度气田。此外，新油气田大多处于高寒、偏远地区，地面建设环境复杂，具有点多、面广、线长、系统复杂的特点，地面建设难度相应加大。同时，由于油气开发方式的复杂化，如特低渗透油气田的开发、"三高"气田开发、稠油注汽及 SAGD 开发、油田复合驱采油等，使油气水地面处理难度加大，工艺技术和流程也越来越复杂。因此，新油气田的开发和新的开发方式迫切需要地面系统研发、完善新的地面技术、工艺和设备。地面系统应进一步完善提升低渗透及特低渗透油气田地面简化技术，复合驱油田提高效益综合配套技术，稠油 SAGD 开发能量综合利用技术，酸性气田安全开发技术以及凝析气田物性预测和简化计量技术等；同时，随着中国石油油气主营业务范围的不断扩大和开发形势的变化，地面系统要进一步创新煤层气、页岩气、碳酸岩盐油气田、海域油气田、储气库等新业务领域以及稠油火驱、泡沫驱、生物驱等新开发方式地面工程模式和技术。

（2）地面工程系统越来越庞大，需要地面技术创新来保持安全有效运行。

地面工程经过近 50 年的持续建设，已经建成了十分庞大而复杂的地面生产体系，"十二五"初期，油气水井约 22.9 万口，10000 余座各类站场，1000 多套处理装置，以及近 $20 \times 10^4 km$ 各种管线，同时配套建设了供电、道路、通信等系统工程。为了维持这个庞大系统的正常运行和安全生产，保障油气产量计划的顺利完成，地面系统必须加大科技创新的力度，确保油、气、水产品达标和地面系统安全、平稳运行。同时，根据油气田开发的动态变化及已建设施腐蚀、老化等问题，需要不断加强技术管理，推广应用新技术、新工艺、新设备进行必要的技术改造升级，以适应油气田生产的需要。

（3）老油气田调整改造是一项长期重要工作，需要持续提升应用优化简化等技术。

中国石油 70% 原油产量来源于老油田，老油田地面工程在油田开发生产中仍占主导地位，起着不可替代的作用。"十五"期间，中国石油投入了大量的资金对老油田地面工程进行了为期 3 年的集中综合治理和调整改造，取得了显著的经济效益，但老油气田地面工程调整改造是一项适应开发变化的动态调整过程。特别是中国石油多数老油田已进入高含水和特高含水开发期，大部分老气田也进入高产水阶段，地面生产又面临着新的矛盾和问题。此外，部分油气田物性与开发初期相比发生了较大的变化，地面系统需要研究新的工艺和技术以适应开发物性的变化。例如，克拉2气田万立方米气产水达到0.43m³，现有计量方式存在较大误差；西南气田产水井占44.2%，产水气田占94.5%，69%的气田压力降低进入增压开采阶段；靖边气田第一、第二、第三净化厂CO_2和H_2S含量均超出了设计能力一倍以上，致使处理厂处理能力不足，需要技术攻关改造。因此，老油气田更需持续不断地推进优化简化技术研究。同时，还应当推广应用自动化、信息化技术，持续改善油田生产状况、提高运行效率，提高油田管理水平。

（4）安全环保节能要求高，绿色油气田建设需要新技术支撑。

安全环保问题越来越受到政府和公众的关注，国家对生态和环境保护要求越来越高，迫切要求油气行业转变发展方式，走循环经济发展的道路，尤其是部分油气田地面工程临近或地处生态脆弱区、江河湖海及水源等环境敏感区，油气开发建设面临更大的困难。新的国家安全环保法律法规和技术标准的制定与实施，使部分现有地面工程技术满足不了新的要求。例如，《天然气净化厂大气污染物排放标准（征求意见稿）》要求SO_2排放浓度限值由新源960mg/m³和现源1200mg/m³调整到新源500mg/m³。《陆上石油天然气开采工业污染物排放标准》中SO_2排放要求大于200t/d装置总硫回收率大于99.8%，小于200t/d装置总硫回收率大于99.2%。同时，根据硫黄回收装置进料（酸气）中H_2S浓度规定了不同SO_2排放浓度要求。按此要求，已建天然气处理厂如何实现尾气达标排放，"三废"物资如何满足安全环保排放要求成为急需解决的生产难题，需要尾气处理技术和设备等方面的全面创新。

在节能降耗方面，"十一五"期间，勘探与生产业务能源消耗量约占中国石油的38.6%，新鲜水用量约占54.2%。根据集团公司"十二五"节能发展规划，要求油气田上游业务节能$220×10^4t$标煤，节水$4910×10^4m^3$，这将导致安全环保和节能减排任务变得更加严峻，建设绿色、科技、和谐油气田的目标面临着新的挑战。

第三节　油气田地面工程技术进展及生产应用[4-6]

"十一五"以来，在广大地面科技工作者的不懈探索和刻苦攻关下，创新形成或持续完善了低渗透油田、稠油油田、三次采油、"三高"气田、致密气田、地下储气库地面配套关键技术，开发应用了标准化设计、非金属管材、油气混输等先进适用技术，在大大提高地面工程技术水平的同时，促进和保障了老油气田的稳产和新油气田的快速上产，节约了投资，降低了成本，取得了显著的经济效益。

（1）油气田地面工程技术科技创新成果全面促进了油田开发生产、不同类型新油田产能建设、老油田改造工作，保障了油气田开发生产任务的顺利完成。

形成了以"丛式井单管串接或单管环状掺水集油、功图计量、自动投球清蜡、稳流配水、高效处理设备"等为核心的低成本地面工程工艺技术，确保了以长庆油田和大庆外围油田为代表的低渗透油田的经济有效开发。

形成了以"大型过热蒸汽注汽锅炉、蒸汽等干度分配和计量、高温脱水和高温采出水处理、热能综合利用、采出水回用锅炉"等为核心的地面工程工艺技术，确保了稠油油田的高效节能开发。在国内首次形成了稠油火驱地面配套技术系列，主要包括注空气及配套调控、采出液单井计量和处理、注空气及集输管材优选、采出气在线监测工艺、采出气高效处理工艺、水平段温度调控工艺、火驱生产地面系统调控等 7 项关键技术，引领了国内火驱地面工程技术发展方向，部分技术达到国际先进水平，支持新疆红浅和风城稠油油田的有效动用。截至 2013 年 12 月底，稠油火驱开发，累计注空气 $1.25 \times 10^8 m^3$，产油 $4.42 \times 10^4 t$。与注蒸汽开采技术相比，减少 CO_2 排放量 $4.81 \times 10^4 t$，3 年取得了 3555.2 万元的经济效益。同时，该技术可支持新疆风城超稠油储量高效、清洁开发，具有广泛的应用前景和显著的经济效益。

形成了以"站场布局优化、油井软件计量、油井单管串接、不加热常温集输、常温原油脱水、常温污水处理、注水井稳流配水"等技术为核心的优化简化技术体系，通过采取"关、停、并、转、减"和"四优"（优化布局、优化流程、优化参数、优选设备）等技术措施，解决了大庆、吉林、大港、华北等为代表的老油田进入特高含水和特高采出程度开发期后，已建的地面系统工艺不适应、运行能耗高、系统维护成本高、安全环保隐患大等问题，使油气田地面产能建设投资，在征地费用、原材料价格、建筑安装费用、人工费用、物价指数等诸多因素逐年上涨的情况下，得到有效控制[1]。

（2）经济有效实施了三次采油提高采收率工程，技术的进步促进了地面投资大幅度降低，三次采油地面工程技术达到了世界先进水平。

形成了"集中配制、分散注入、一泵多井"的配注工艺，"一段游离水脱除、二段电化学脱水"的含聚合物原油脱水工艺和"曝气沉降、气浮分离、石英砂双层过滤"的采出水处理工艺。三项技术构成了三次采油地面工程配套技术，简化了配制、注入工艺，减少了配制设备，解决了三次采油油田采出液原油破乳脱水困难，含油污水处理成本高的难题，提高了处理效率，保证了原油脱水和污水处理的达标。大庆油田根据油田整装聚合物驱的特点和聚合物驱油开发安排，为节省投资，降低成本，提高站场和设备利用率，先后攻关研究出了聚合物分散装置、搅拌器、过滤器和转输泵等一系列聚合物驱地面专用装置和设备，逐步实现了配制、注入装置设备国产化，技术性能达到或超过国外产品，国产化率由初期的 50% 提高到 95% 以上，价格仅为国外产品的 30% ~ 60%。通过工艺简化和设备国产化，聚合物配制、注入工程建设投资大幅度降低，与油田聚合物驱工业化应用初期相比，平均单井建设投资降低了 40%。

第一代三元复合驱配注工艺是在三元复合驱工业化试验初期研发出来，采用了"单泵单井单剂，分散配注"流程；第二代经过工艺简化和现场试验，采用了"高压两元、低压三元，分散配注"工艺；通过科研攻关，第三代采用"高压两元、低压三元，集中配制、分散注入"工艺，进一步简化了注入工艺，减少了分散建设的配制设备，与第二代三元复合驱配注工艺相比节省投资 26%，注入量误差不超过 ±2%、注入液中化学剂浓度误差不超过 ±5%、界面张力合格率 95% 以上，满足油田开发的要求。

（3）气田地面工程技术创新成果有力支撑了中国石油天然气业务的快速发展，全面支持了高含硫化氢气田、高压凝析气田、高含二氧化碳气田、致密气田开发建设，确保了气田开发效益。

形成了以"高压集气、气液混输、J-T 阀节流制冷脱水脱烃、注乙二醇防冻"等技术为核心的"高压非酸性"气田地面工艺技术，以"井下节流、湿气集输、MDEA 脱硫、三甘醇脱水或 J-T 阀脱水脱烃（注乙二醇防冻）、CPS 硫黄回收、SCOT 尾气处理"等技术为核心的"高压酸性"气田地面工艺技术，确保了"三高"气田的安全高效开发。在国内首次突破了高酸性气田地面工程关键技术，主要包括国产化脱碳溶剂及工艺包、液相氧化还原脱硫及硫回收工艺技术、还原吸收类含硫尾气处理技术、高含 H_2S 气田水处理工艺包、高酸性气田安全保障、高含硫气田用 825 合金双金属复合管应用技术、抗硫非金属复合管材及其应用等关键技术，使中国石油在高酸性气田开发建设方面由跟随者变成并行者，高含 H_2S 气田水处理工艺包 H_2S 去除率达 90% 以上，减少废气排放 90% 以上；特别是高压抗硫非金属管材研究取得重大技术突破，填补国内空白，可替代价格昂贵的双金属复合管，节省投资 50% 以上，推动了酸性气田管材应用，成果达到国内领先水平；还原吸收类含硫尾气处理技术可实现西南油气田净化厂尾气排放浓度和速率同时达标，且总 SO_2 排放量由 3600t/a 降至 1500t/a 左右，下降约 60%。这些重点突破技术已成功在川东北高含硫气田、古巴含硫稠油输送、磨溪龙王庙气田、土库曼斯坦 $180 \times 10^8 m^3$ 气田项目中大量应用；高含 CO_2 气田脱碳工艺包已于 2012 年 11 月应用于长岭气田三期工程；825 合金双金属复合管成套应用技术，从材质本身解决了高产、高含硫气田的腐蚀控制难题，已应用于土库曼斯坦加尔内什气田 $300 \times 10^8 m^3$ 商品气产能建设工程；国内首次研发成功 DN80、PN16MPa 抗硫非金属管已在塔里木油田中古 262-H1 井成功试用 1000m，有效地解决了管道腐蚀问题。

高压凝析气田地面工程技术体系主要包括凝析气田带液简化计量、高压凝析气田高效凝液回收工艺流程、处理厂能量评价及用能优化、凝析气田布局和集输系统优化、凝析气田管道冲刷防护、凝析气田管道运行监控仿真等 6 项关键技术，有力支持了塔里木凝析气田高效开发。在凝析气田开发方面首次研发出低成本高压带液计量装置，不但优化了现有计量系统，而且计量误差小于国际同类产品，成本仅为国外产品的 25%，可实现凝析气田集输系统简化，降低投资和能耗在 5% 以上；研发的高压凝析气田凝液回收工艺高效流程可节能在 5% 以上。该装置已在英买力气田试验应用一年以上，其计量精度完全满足生产要求。该技术已在塔里木和田河及迪那气田应用，其中在迪那 2 气田两座集气站计量工艺改造方案中应用 3 台带液简化计量装置，节省投资 78%。

形成了以"高压集气、湿气输送、活化 MDEA 脱 CO_2、CO_2 密相输送、超临界注入"为核心的高含 CO_2 气田地面集输、处理和二氧化碳驱油地面工程技术，既保证了吉林长岭高含 CO_2 火山岩气田的绿色开发，又提高了大情字油田采收率，取得了显著的社会效益和经济效益。

逐步形成了"井下节流，井口不加热、不注醇，中低压集气，井口带液计量，井间串接，常温分离，二级增压，集中处理，数字化管理、标准化设计、模块化建设"的致密气田地面建设模式。苏里格气田地面建设全面推行了上述模式，和常规建设模式相比，平均单井地面建设投资由 300 万元下降至 150 万元，实现了致密气田规模经济有效开发。

（4）形成煤层气和页岩气开发地面工程技术体系，使非常规天然气开发地面投资大幅度降低，全面保障了煤层气、页岩气等非常规能源不同开发阶段地面工程的实施。

形成了"井口计量、阀组串接、气水分输、按需增压、集中处理"的煤层气总体集气工艺模式，以及低压集气工艺设计方法、低成本关键设备和管材优选技术、系统优化技术、采出水处理技术、采气管网湿气排水技术、粉煤灰过滤技术、处理厂标准化设计等 7 项煤层气集输配套技术，实现了煤层气井低产生产、低压输送、低成本建设的目标。煤层气开发地面工程技术体系研究成果和《中国石油煤层气田地面集输技术指导意见》已成功应用于郑庄 $9 \times 10^8 \mathrm{m}^3/\mathrm{a}$、韩城 $5 \times 10^8 \mathrm{m}^3/\mathrm{a}$ 和保德 $12 \times 10^8 \mathrm{m}^3/\mathrm{a}$ 产能工程建设中，规范和优化了煤层气地面工程建设，单井地面工程投资由 100 万元以上下降到 80 万元，累计已节省投资约 5 亿元，可缩短建设周期 1/3。

针对国内页岩气特点，根据不同生产期率先提出采用"临时生产流程和正式生产流程"相结合方式，以满足不同生产阶段的生产需求。针对井场工艺：在排液生产期为临时生产流程，采用"井口—除砂器— 一次节流—二次节流—气液分离—轮换计量—集气站"的整体工艺流程；在正常生产期采用"井口—除砂器——加热节流—轮换计量—集气站"的整体工艺流程；集气管网宜采用支状—放射状相结合的方式，宜将同一区块内投产时间相近、井口流动压力变化相似的井场进入同一条集气管道，便于压力下降后集中增压。配套制定的《页岩气地面工程设计规范》有效地指导了页岩气地面工程建设。页岩气开发地面工程技术体系已应用于《昭通示范区黄金坝 YS108 井区龙马溪组 5 亿方年页岩气开发方案（地面工程部分）》等区块 $25 \times 10^8 \mathrm{m}^3$ 产能建设中，对页岩气开发地面工程建设优化工艺、控制投资发挥了重要作用，使页岩气亿立方米产能地面工程建设投资降低约 2000 万元。

（5）形成了我国储气库建设配套技术体系，支持了储气库业务快速发展，节省了投资。

根据国内外储气库项目的规模，结合我国储气库特点，首次提出了储气库按照工作气量分为超大型、大型、中型、小型共四类，并针对每类储气库特点提出了功能定位和技术路线；研究确定了储气库合理的设计规模、注采井口标准化流程、注采管道合一和分开设置的技术界限、注采管网材质选择、不同采出气处理技术使用界限，形成了整套储气库地面集输、处理工艺技术。2009 年 12 月，在国家财政的支持下，中国石油开始了第一批国家商业储气库建设，并于 2013 年和 2014 年陆续建成投产。共建成 6 座储气库，设计总库容 $278.83 \times 10^8 \mathrm{m}^3$，设计总工作气量 $116.49 \times 10^8 \mathrm{m}^3$。储气库地面工艺配套技术研究成果应用于第一批 5 座储气库的地面工程总投资核减了 14.7 亿元，核减比例 12.6%。在第二批储气库 7 座储气库建设中，吉林油田长春储气库地面工程投资节省了 4.54 亿元；华北油田兴 9 储气库地面工程注气规模由 $290 \times 10^4 \mathrm{m}^3/\mathrm{d}$ 调整为 $360 \times 10^4 \mathrm{m}^3/\mathrm{d}$，采气规模由 $490 \times 10^4 \mathrm{m}^3/\mathrm{d}$ 调整为 $600 \times 10^4 \mathrm{m}^3/\mathrm{d}$。在规模增加的前提下，地面工程投资减少了 1.04 亿元。

（6）形成自主研发的油气混输技术体系，打破国外技术垄断，显著提升我国油气混输技术水平。

该技术体系主要包括混输软件 GOPS V2.0、三维仿真监控系统软件 GOPOS V2.0 以及 $3000 \mathrm{m}^3$ 以上大型段塞流捕集技术。具有自主知识产权的油气混输软件 GOPS V2.0，部分功能优于国际著名 OLGA 软件，水力、热力计算结果精度分别比 OLGA 软件提高了 19% 和 14%，达到了国际先进水平，其售价远远低于国外同类产品。该软件已成功在塔里木哈拉哈塘油田二期产能建设地面工程中哈 6 区块 2 号、3 号转油站及哈得 23 转油站油气混输管道等 3 个油气混输系统工程进行了应用，给出了管输压力及压降、流动形态、持液率、最大段塞长度、积液量、最大输送能力等计算结果，形成了工艺简化、投资及运行费用明显低于常规油气分输工艺的油气混输工艺设计方案，节省了地面工程投资和运行费用。

（7）形成了中国石油地面工程标准化设计技术体系，转变了地面工程发展方式，实现高水平、高质量发展。

主要包括标准化工程设计、规模化采购、工厂化预制、组装化施工、数字化建设、标准化计价、一体化集成装置等应用技术。其中标准化工程设计包括技术规定的制定、标准化模块分解、定型图设计、基础库（数据库、图形库、资料库）的建立、设计参数优选、三维设计软件和相关计算软件的使用等内容。

标准化设计技术经过8年实践，取得了十分丰硕的成果。与常规建设模式相比，缩短了设计周期40%，缩短了施工周期25%，节约投资101.8亿元，节约土地96000亩（1亩=666.67m²），节能 114×10^4 t标煤，减少新增用工47661人；提高了工程质量，2015年工程质量检查中实测点一次检测合格率达97.5%，与开展标准化设计前的2007年相比提高了6.4个百分点。

（8）解决了油气田水处理、脱硫脱碳、非金属管材等关键核心技术，促进了绿色油气田建设，实现了本质安全。

采用新研发的硫回收尾气处理工艺技术方案，实现西南油气田分公司下属净化厂尾气排放浓度和速率同时达标，且总 SO_2 排放量由3600t/a降至1500t/a左右，下降约60%；高含 H_2S 气田水处理工艺包 H_2S 去除率达90%以上，减少废气排放90%以上；研发了应用于高含 CO_2 气田脱碳复配型活化MDEA高效脱碳溶剂及低能耗脱碳工艺包，填补了国内技术空白，成功应用于长岭气田三期工程，脱碳溶液再生能耗低（耗蒸汽仅为 $27kg/m^3$ ），为目前国内所有同类脱碳脱硫工艺中最低，装置能耗仅为 $3.82MJ/m^3$ ；形成抗硫非金属管材应用技术，从材质本身解决高含硫气田的腐蚀控制难题，为高酸性气田开发提供了技术保障。高压抗硫非金属管材取得重大技术突破，填补国内空白，可替代价格昂贵的双金属复合管，节省投资50%以上，推动了酸性气田管材应用革命，成果达到国内领先水平。

（9）完善了地面工程标准体系和技术经济指标，培养了具有自主研发能力和创新能力的核心技术人员，增强了科技攻关核心竞争力。

建立了分层次和分类型的油气田地面工程技术经济指标体系框架，新增了聚合物驱、滩海油田、常规气田、凝析气田和非常规气田地面工程技术经济指标体系，全面覆盖各类油气田类型，地面工程标准体系和规范，已在中国石油煤层气、页岩气、高酸性气田、稠油火驱开发中应用，支持了中国石油主营业务的发展需要，发挥着重要支撑和引领作用，提高中国石油竞争优势和能力，成果达到国内领先水平。

培养和锻炼了一批专业化人才，提升了地面工程科技创新能力。在稠油火驱、高酸性气田和凝析气田开发，以及油气混输设计与应用等方面锻炼了队伍，培养造就了一批高素质专业人才，明显提升了地面工程自主研发和创新能力，为中国石油主营业务发展提供了强有力的人才保障。

参 考 文 献

［1］ 汤林，等.油气田地面工程关键技术［M］.北京：石油工业出版社，2014.

［2］ 白晓东，王常莲，王念榕，等."十三五"油气田地面工程面临的形势及科技攻关方向［J］.石油规划设计，2017，28（5）：8-11.

［3］ 白晓东，汤林，班兴安，等.油气田地面工程面临的形势及攻关方向［J］.油气田地面工程，
　　2012，31（10）：9-10.

［4］ 白晓东，王常莲，巴玺立，等.油气田地面工程科技攻关进展及发展方向［J］.石油科技论坛，
　　2017，36（1）：37-41.

［5］ 汤林.标准化设计促进地面建设与管理方式转变［J］.石油规划设计，2016，27（3）：51-55.

［6］ 汤林."十三五"油气田地面工程面临的形势及提质增效发展方向［J］.石油规划设计，2016，27（4）：
　　4-6.

第二章 油田开发地面工程技术

自"十一五"以来,在注水油田开发、稠油热采、聚合物驱开发、三元复合驱开发、二氧化碳驱开发等油气田开发中地面工程技术取得了长足的进步,形成了完善配套的地面工程技术体系,以及油井简化计量、不加热集油、油气混输、SAGD 高温集输与处理等单项核心技术的突破,全力支持了油田开发方式的转变,实现降本增效,确保了中国石油原油持续稳产和安全平稳运行。

第一节 注水油田开发地面工程技术

自"十一五"以来,抽油机井功图法软件量油、电泵井软件量油以及螺杆泵井软件量油等单井计量技术在油田得到了大范围推广,取得了显著的经济效益。据统计,中国石油在新建产能和老油田调整改造工程中约有 41000 口油井推广应用了软件量油技术,其中仅 2011 年,推广简化计量油井数量就高达 8000 余口,节省投资约 1.6 亿元;不加热集油技术已在大庆、吉林、辽河、冀东、新疆、大港、青海、华北、长庆、玉门、吐哈、塔里木等油田得到了规模化应用。截至 2015 年底,中国石油不加热集油井数达到 108059 口,占总井数的 53%,取得了良好的节能效果;形成的油气混输技术在大庆、长庆、塔里木、哈萨克斯坦肯基亚克盐下等国内外油田推广应用,在降低投资和节省运行费用等方面取得了良好效果。

一、油井软件量油技术

应用软件量油技术,可取消传统的计量站,简化地面集输工艺,节省建设投资,减少运行成本。大港油田在老油田改造中,全面推广以软件量油为主的优化简化系列技术,基本上取消了计量站。采用油井简化计量技术后,取消了计量站,简化了集油流程,实现了数字化管理,节省集输系统投资 25% ~ 30%,节省单井投资 2 万 ~ 3 万元。据统计,股份公司在新建产能和老油田调整改造工程中约有 41000 口油井推广应用了软件量油技术,其中仅 2011 年,推广简化计量油井数量就高达 8000 余口,节省投资约 1.6 亿元。

截至 2015 年底,采用软件量油技术油井数已占总油井数的 25%。采用软件量油技术后地面系统简化流程和简化计量前后的集油系统图见图 2-1 至图 2-3。

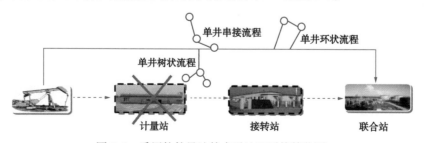

图 2-1 采用软件量油技术后地面系统简化图

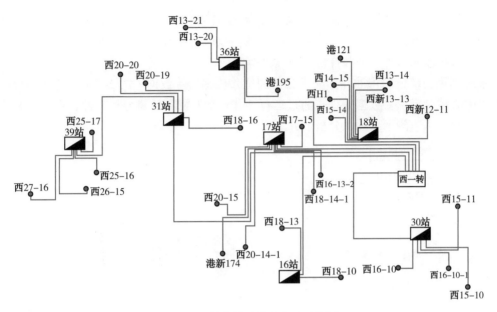

图 2-2　简化计量前的集油系统图

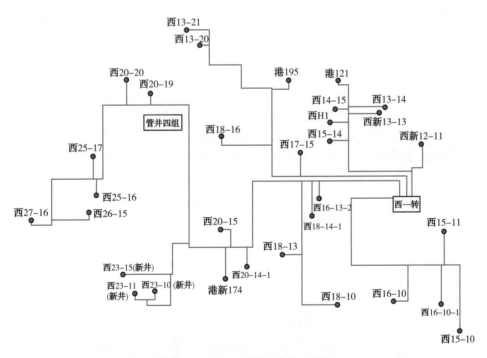

图 2-3　简化计量后的集油系统图

油井软件量油技术主要有抽油机井功图法软件量油、电泵井压差法软件量油、螺杆泵井容积法软件量油等，软件量油技术已在长庆、大庆、大港等油田广泛推广应用。

1. 抽油机井功图法软件量油

抽油机井功图法软件量油是依据油井深井泵工作状态与油井液量变化关系，建立抽油杆、油管、泵功图力学和数学模型，计算油井产液量的一种方法。抽油机井功图法软件量油技术原理如图 2-4 所示。

　　数据处理点（一般设辖区队点，也可称为中心控制室）是对各数据采集点对象（抽油井）进行信息交换的平台。其主要由中心天线、数据处理器、远距离通信模块、服务器、计算机、系统监测软件、油井计量分析软件等组成。

　　系统利用通信模块将油井抽油机载荷和位移传感器等数据（图2-5），传送到数据处理点（中心控制室）。数据处理点通过运行油井自动监测和计量分析软件，得到油井测试参数，实时显示监测示功图，分析油井工况，计算出油井产液量。

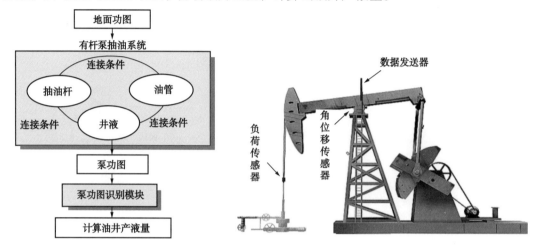

图2-4　功图法软件量油技术原理图　　　　图2-5　抽油机井功图法软件量油示意图

2. 电泵井压差法软件量油

　　电泵井压差法软件量油主要依据地面油嘴多相流节流数学模型，配以电潜泵本身能耗数学模型、举升数学模型加以修正和拟合，得到适用于特定井况的产液量计算规律，计算出电泵井混合流体流量，再用流量标定系数计算得到电泵井井口折算体积流量。电泵井压差法软件量油技术原理如图2-6所示，电泵井压差法软件量油计量现场应用如图2-7所示。电泵井压差法计量系统的软硬件组成包括测控主机、电参数模块、RTU、压力变送器、GPRS模块管理中心、油水井计量专用服务器、GPRS模块中心、控制软件、后台数据库发布平台、基层客户端报警和管理软件等。

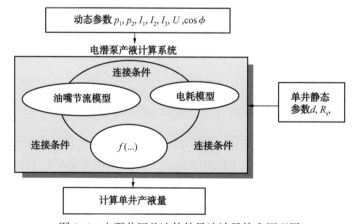

图2-6　电泵井压差法软件量油计量技术原理图

p—压力；I—电流；U—电压；$\cos\phi$—功率因数；d—油嘴直径；R_s—生产气液比

图 2-7　电泵井压差法软件量油压力数据采集示意图

3. 螺杆泵井容积法软件量油

螺杆泵井软件量油采用容积法远传在线计量技术，产液量计算主要依据螺杆泵抽油系统力学计算数学模型和功耗计算数学模型有机结合，经修正和拟合，得到适用于螺杆泵井井况的产液量计算规律，计算出螺杆泵井的地面标准状况下的产液量。

螺杆泵井液量计量技术原理如图 2-8 所示，螺杆泵井容积法计量现场应用如图 2-9 所示。螺杆泵井产液量计算模型相对比较复杂，其中涉及杆柱力学计算，功耗、扭矩、载荷的预测与泵工况的反演，所建立的液量计算模型参数多、耦合多，不确定因素也较多，必须配以针对不同井况的大量拟合工作，建立理论计算与修正因子相结合的半经验方法，才能够比较有效地计算螺杆泵井产液量。螺杆泵井容积法计量系统的软硬件组成包括测控主机、电参数模块、电动机转速变送器、RTU、压力变送器、GPRS 模块管理中心、油水井计量专用服务器、GPRS 模块中心、控制软件、后台数据库发布平台、基层客户端报警和管理软件等。

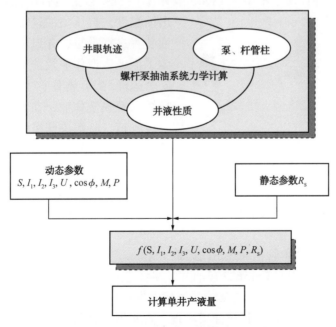

图 2-8　螺杆泵井液量计量技术原理图

S—转速；M—扭矩；U—电压；$\cos\phi$—功率因数；P—载荷；R_s—生产气液比

图 2-9　螺杆泵井容积法计量示意图

二、不加热集油技术

自"十一五"以来，不加热集油技术已在大庆、吉林、辽河、冀东、新疆、大港、青海、华北、长庆、玉门、吐哈、塔里木等油田得到了规模化应用。截至 2015 年底，中国石油不加热集油井数达到 108059 口，占总井数的 53%，取得了良好的节能效果。

1. 不加热集油流程

1）高含水油田单管深埋不加热集油工艺

截至 2015 年底，大庆油田共有 43468 口井实现不加热集输。59 座转油站停掺水，69 座转油站掺常温水，停运掺水泵 383 台，停运加热炉 713 台。同时，大庆油田还开展了油井全年不加热集油井技术界限和配套工艺技术研究工作。

大庆油田为多井串联进入集油阀组间，管网呈树状或支状，管线深埋 2m，确保在冰冻线以下，端点油井产液量不小于 18t/d，含水率在 80% 以上。油井依靠井口回压及地层出油温度，自压集油进站，单井采用软件量油装置进行计量，井口配备点滴加药装置。为了保证生产作业及清蜡等状态下集油系统安全运行，配套热洗车对集油支线进行清蜡、扫线以及热洗作业，在转油站至阀组间建设采暖管道，既解决阀组间采暖又可以作为站间集油干线的保运措施，其工艺流程如图 2-10 所示。

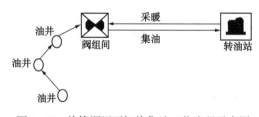

图 2-10　单管深埋不加热集油工艺流程示意图

与双管掺水流程相比，大庆油田采用单管深埋不加热集油工艺由于取消了掺水、热洗管道，减少了集油管道的建设数量，简化了集油工艺，建设投资节省了 20%，运行费用节省 12%。

2）低产油田丛式井单管不加热密闭集输工艺

近 3 年来，长庆油田共有 15627 口油井、2841 座丛式井场推广应用了单管不加热集输技术，与掺水流程工艺相比，节省集输系统建设投资约 40%，降低集输系统能耗 33.8%，降低吨油总能耗 6.1%。同时，长庆油田实现了含水原油在凝固点温度以下 10℃进站，突破了进站温度在原油凝固点温度以上 3～5℃的技术规范要求，使集输半径增加了一倍多。该工艺充分利用了溶气原油降凝、降黏的原油特性和低温流变性，实现了井口不加热、管线不保温条件下集输。长庆油田原油具有较好的低温流动性能，虽然原油井口出油温度15℃左右，已低于脱气原油凝点温度，但在抽油泵剪切和伴生气扰动双重作用下，形不成稳定蜡结晶网络结构，原油仍然表现出一定的流动性能，同时原油中溶解的伴生气也起到一定的降凝、降黏作用。根据这一特性，充分利用抽油机井口压力和出油温度，管线埋设在土壤冰冻线以下，不需井口加热和伴热保温，进站温度接近地温温度，一般为 3 ~ 4℃，含水原油仍能保持一定流动性能。该技术简化了转油站工艺流程，减少管道工程量，节省集输系统投资 40%，降低集输系统热耗 33.8%，降低吨油总能耗 6.1%，取得显著的节能和节约投资效果。其工艺流程原理如图 2-11 所示。

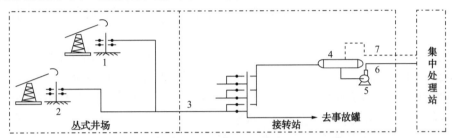

图 2-11　丛式井单管不加热密闭集输工艺流程原理图

1, 2—井场；3—集油管线；4—分离器；5—外输泵；6—含水油外输管线；7—伴生气外输管线

3）低产油田常温集输模式

吉林油田创造"扶余"和"红岗"两种常温集输模式，全油田共有 5140 口油井，约占总井数 31%，实现了常温输送。另外，吉林油田全面优化集输温度参数，实施降温掺输油井 1588 口，实施季节性常温集输油井 1980 口，共节约气量 781×10^{4}m^3/a、节电量 155×10^{4}kW·h/a，集输单耗从 2014 年的 20.12kg 标煤/t 下降到 2015 年的 18.42kg 标煤/t，下降 8.4%。

扶余油田井浅（500m）、单井产量低（产液 6.7t/d、产油 0.5t/d）、井口出油温度低（10℃）、气油比低（17m^3/t）、冬季温度低（最低 -36.6℃）等特点，采用串井常温集输和环状端点井季节性掺输相结合工艺，实现常温集油为主，季节性掺输为辅的油井生产模式。

（1）70% 油井采用多井串联、单管深埋的常温集油模式。

按照油井产量和计算所允许的井口回压，以某一油井为端点井，2 ~ 3 口井串联在一起，在条件允许的情况下，尽可能以高产液量、高含水油井作为端点井，以此带动产液量较少、出油温度稍低，甚至间歇出油的油井。

（2）30% 油井采用多井环行串联、端点井季节性掺水集输模式。

多井实施串联，在集油阀组间和串联端点井之间建设掺水管线，最后形成多井串联、环状掺水模式。平均每口井掺水量为 3m^3/d。

由以上两种主要模式组成典型的单井集油系统流程（图 2-12）。

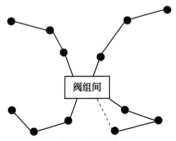

图 2-12　"扶余模式"单井集油系统典型流程图

常温集油技术应用关键点：

①充分利用机械采油能量，适当延长单井集油半径。集油半径以井口回压控制在 1.0MPa 以内，最大不超过 1.5MPa 为原则。

②集油单井管线采用玻璃衬里无缝钢管。单井集油管线埋深在冻土层以下，不保温，保证产液中水不冻，可带动原油流动。

③常温集输单井井口地下 2.0m 处到地面采油树之间立管敷设电热带保温，有效地解决了立管冻堵的问题。

④单井串联，改善流动状况，减少管线长度。对含水率低于转相点的油井，应尽可能早地接入串管系统，在混合含水率满足所推荐的常温集油条件时，可以常温集油，否则应采用掺水输送。

根据红岗油田单井产量较高（产液 19.5t/d、产油 1.4t/d）、井口出油温度低（20℃）、气油比较高（106.6m³/t）、冬季温度低的特点，为了降低地面工程投资，减少运行成本，经多年的探索，结合红岗油田的生产现状，在扶余模式 30% 油井季节性掺输的基础上（图 2-13），探索出了一条高寒地区全新工艺集输模式即红岗模式——单管串井常温集输模式。单井集油管线和集油支干线全部采用常温输送流程，单井管线不保温，井串井、间串间、支干线串支干线，改善流动状况，减少管线工程量，实现了从井口到站的单管常温密闭串联集输流程，简化了集输工艺。

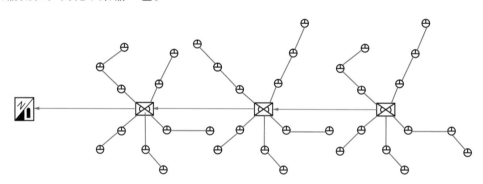

图 2-13　红岗模式单井集油系统典型流程图

2. 不加热集输配套技术

长庆油田研制出了定时自动投球技术（图 2-14）。利用球阀阀芯的特性，设定两个输送通孔，通过确定球阀阀芯的两个方位，使球阀阀芯转动至任意一个方位时使原油在管线内不断流，其中一个方位输送清蜡球。只需一个阀门即可实现既投球又不断流的全过程操作，实现了无人值守定时自动投球、收球，定时清理管道内积累的清蜡球。该装置安装在井场出油管线上，可根据管线流量和结蜡状况设定投球时间间隔，通过定时投放带有编号的实心橡胶球，完成管线清蜡作业。每次储存 10 ~ 15 枚橡胶球，井场装球周期由每天减少到 10 天，甚至根据需要可达到每 20 天到现场装一次球，降低了近 10 倍的人力资源和车辆的运行费用，减少了采油成本、减轻了员工的劳动强度。

三、油气混输技术

油气混输技术特别适用于海洋、沙漠等自然条件恶劣的油田以及边远外围区块的开发建设，该技术可以将油井产物中的油、气、水 3 种介质，在未进行分离的条件下，直接用混输泵经管道输送至油气水处理终端进行综合处理，减少中间站场建设数量，节省投资。自"十一五"以来，地面科研人员在油气混输方面做了大量的探索与实践工作，随着国产油气混输泵质量的提高，国内油气混输技术日益成熟。特别是"十二五"期间，在集团公司科技管理部的大力支持下，为解决引进国外油气混输软件适用条件受限以及采购和升级价格高的问题，大庆油田工程有限公司完成了多相混输工艺计算软件研究，建立原油黏度和转相点计算模型以及混输瞬态模拟数学模型，确定基本方程的求解方法，独创了控制方程，建立了含水原油—气多相管输实液数据库，形成了油气混输商业化软件 GOPS V2.0 软件，该软件界面友好、各项功能符合工程设计人员的使用操作习惯，提高了计算效率，节约了计算时间。软件实现了管网基础数据格式化导入，自动绘制管网拓扑图并加载管网基础数据信息，动态显示详细信息，同时能够在管网朴图中进行管道计算交互式操作；具备多管网、多算例共存，计算结果自动保存至数据库功能，计算结果一键导出，数据自动后处理；建成了管道场景及流体三维数字化粒子仿真系统，实现了管道计算结果三维动态仿真模拟，包括层状流、波状流、气泡流、段塞流、环状流、雾状流等不同动态流型共 766 个场景，介质流速精度达 0.1m/s。

图 2-14　自动投球示意图

（1）大庆英 51 区块位于大庆外围油田偏远地区，生产高凝、高黏、低含水原油和伴生气，气油比为 150m³/t，油井采用抽油机采油生产方式，井区采用枝状电热管道集油工艺及加热增压长距离油气混输系统工艺模式，混输干线管径为 DN100mm、长度为 23km，管道敷设在丘陵地区，最大地形落差 32m，设加热增压首站和中间加热站，采用国产双螺杆混输泵增压，管道起点设计压力为 3.0MPa、末端设计压力为 0.4MPa，气液产物输至已建葡西联合站，系统布局见图 2-15。该工程 2005 年投产，总输液量为 6×10⁴t/a、总输气量为 500×10⁴m³/a，与采用油气分输工艺相比，7 年节省工程投资及运行费用 1200 万元。

图 2-15　大庆英 51 区块油气混输系统示意图

（2）大庆贝中区块位于内蒙古呼伦贝尔草原深处，生产高凝、高黏、低含水原油和伴生气，气油比为 30m³/t，油井采用抽油机采油生产方式，采用枝状电热管道集油工艺和加热增压长距离油气混输系统工艺模式，混输干线的管径为 DN150mm、长度为 26.5km，敷设在丘陵地区，最大落差 20m，设加热增压首站和中间加热站，采用国产双螺杆混输泵和单螺杆混输泵增压，管道起点设计压力为 3.0MPa、末端设计压力为 0.4MPa，气液产物输至已建德二联合站，系统布局见图 2-16。该工程 2008 年投产，总输液量为 40×10^4t/a、总输气量为 700×10^4m³/a，与采用油气分输工艺相比，减少地面设施占地 11×10^4m²，3 年节省工程投资及运行费用 1480 万元。

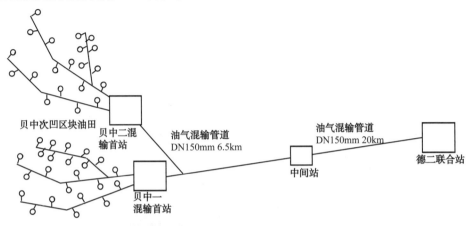

图 2-16 大庆海拉尔贝中区块油气混输系统示意图

（3）塔里木英买力气田群由英买 7、玉东 2 和羊塔克 3 个凝析气田的 8 个区块构成，生产天然气和高凝固点凝析液，平均气油比为 6000m³/t，气井自喷生产，采用气田产物分散收集加热自压长距离油气混输系统工艺模式，由 2 条长度分别为 55.1km 和 68.5km、从 DN150mm 至 DN325mm 的变径混输干线以枝状管网形式收集和输送全部气井产物，2 条干线敷设区域的最大地形高差 3m，地势平坦，由沿途布设的加热集气站接力加热，单井或气井群产物在集气站被加热后经集气支线输入混输干线，起点设计压力为 14MPa、末端设计压力为 11MPa，管道末端设有指状管式段塞流捕集器，正常生产时，用作油气分离器，混输干线清管时，用于接收清管产生的段塞流，气液产物进入新建英买 7 油气处理厂，系统布局见图 2-17。该工程 2007 年投产，总输气量为 26×10^8m³/a，总输液量为 55×10^4t/a，气井最大集输半径为 76km，与采用油气分输工艺相比，节省工程投资 9550 万元。

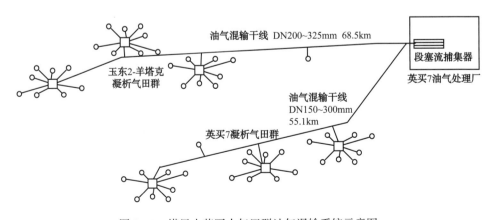

图 2-17 塔里木英买力气田群油气混输系统示意图

（4）长庆油田在边远井站设增压点，利用螺杆泵实现油气混输增压。增压点工艺简单，一般不设加热炉，不设缓冲罐，油气经总机关直接进入混输泵，实现油气混输。图2-18为长庆油田增压点油气混输密闭增压流程示意图。

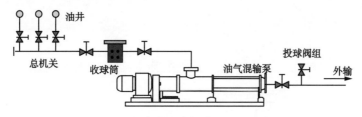

图2-18 长庆油田密闭增压流程示意图

另外，长庆油田为回收油井伴生气，在丛式井组推广应用了同步回转油气混输装置输油工艺（图2-19），主要设备为同步回转油气混输装置，由气缸和与之内切的转子两个柱形体组成。气缸与转子间有一可在转子内伸缩的矩形滑块。电动机带动转子旋转时，转子通过滑块带动气缸围绕各自的圆心转动，此时气缸和转子间由滑块分割成容积不断变化的吸入腔和压缩腔两个腔体，从而实现介质的不断吸入和压缩排出过程。同步回转油气混输装置在池46井区的应用实现了井场—增压点—联合站全密闭油气混输，取消了井场及区域火炬和排空，完全实现了越站输送，日输送含水油1197m³/d，日回收套管气35171m³/d。

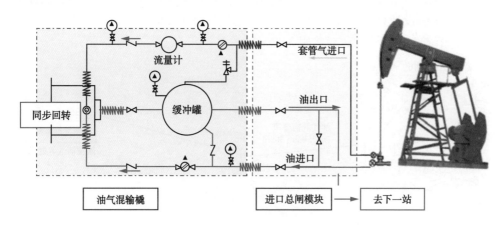

图2-19 同步回转油气混输装置工艺流程图

（5）哈萨克斯坦肯基亚克盐下油田生产低凝、低黏、高含硫醇、低含水原油和高含H_2S伴生气，气油比为400m³/t，油井自喷采油，单井采用单管不加热集油工艺，高压井群产物采用不加热自压长距离油气混输系统工艺模式，低压井群产物采用"不加热增压油气混输工艺模式"，高压、低压井群产物进入同一条长距离油气混输干线。该干线的管径为DN500mm、长度为44km，敷设在丘陵地区，最大地形落差为102m，起点设计压力为4MPa、末端设计压力为1MPa。管道末端设有指状管式段塞流捕集器，主要用于接收由地形起伏引发液体段塞，采用捕集器与分离器联动工艺模式，气液产物进入已建让那若尔油气处理厂。低压井群产物采用进口双螺杆混输泵集中增压。该工程是由我国自行设计、建设和在海外成功运营的规模最大的油田油气混输系统工程，百万吨产能地面工程投资仅为2.55亿元，达到国际先进水平，系统布局见图2-20。该工程2005年投产，实际达到最大

输液量为 $220 \times 10^4 t/a$、输气量为 $8 \times 10^8 m^3/a$，油井最大集油半径为 56km，与采用油气分输工艺相比，节省工程投资 1.67 亿元。

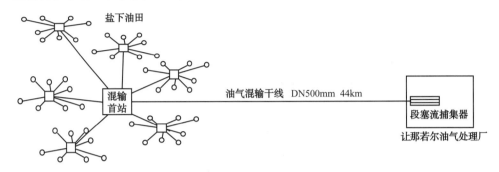

图 2-20 哈萨克斯坦肯基亚克盐下油田油气混输系统示意图

（6）哈萨克斯坦萨雷布拉克油田生产低凝、低黏原油和伴生气，气油比为 $120m^3/t$，油井自喷生产，单井采用单管不加热集油工艺，低压井群产物采用"加热增压油气混输工艺模式"，高压井群产物采用"加热自压长距离油气混输系统工艺模式"，高压、低压井群产物进入同一条长距离油气混输干线。混输干线的管径为 DN250mm、长度为 30km，敷设在丘陵地区，最大落差 35m，设加热增压首站，采用进口双螺杆混输泵增压，管道起点设计压力为 2.5MPa、末端设计压力为 0.7MPa，气液产物输至已建油气处理厂，系统布局见图 2-21。该工程设计总输液量为 $50 \times 10^4 t/a$、总输气量为 $4400 \times 10^4 m^3/a$，与采用油气分输工艺相比，节省工程投资和运行费用 32.7%。

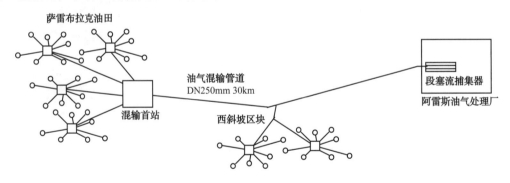

图 2-21 哈萨克斯坦萨雷布拉克油田长距离油气混输工艺系统示意图

第二节 稠油热采地面工程技术

自"十一五"以来，形成的稠油 SAGD 开发和稠油火驱开发单井计量、原油集输和处理、采出水处理、注蒸汽、注空气、采出气集输及尾气处理等地面配套技术体系在新疆油田和辽河油田得到了推广应用，助推了稠油开发方式的转变，取得了一定的效果。

一、SAGD 开发地面工程技术[1]

SAGD 是蒸汽辅助重力泄油（Steam Assisted Gravity Drainage）的简称，是稠油油藏经过蒸汽吞吐采油之后，为进一步提高采收率而采取的一种热采方法，是国际开发超稠油的一项前沿技术。由注入井连续注入高温、高干度蒸汽，与冷油区接触，释放汽化潜热加热原油，因加热而黏度降低的原油和蒸汽冷凝水在重力作用下向下流动，从水平生产井中采出。SAGD 具有高采油能力、高油汽比的优点，可降低井间干扰，避免过早井间窜通，采收率可达到 70%，其地面总体工艺流程见图 2-22。

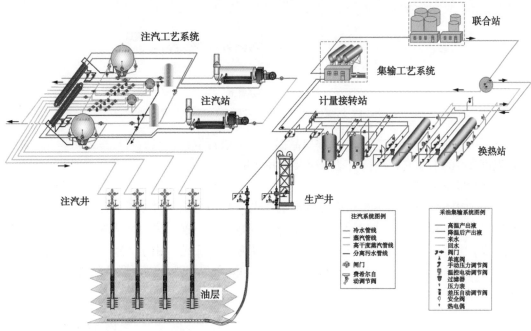

图 2-22　SAGD 地面总体工艺流程图

1. 单井计量技术

新疆风城油田 SAGD 采出液温度高（180 ~ 220℃）、液量大（80 ~ 350t/d）、携汽量大（5% ~ 20% 蒸汽），常规的计量装置不能满足 SAGD 开发需要。针对 SAGD 不同开发阶段计量精度需求，形成了较为成熟的 SAGD 采出液单井计量工艺技术。试验阶段为提高计量精度，采用换热 + 质量流量计的方式，进行单井采出液计量，计量过程中，采出液换热至 100℃以内，利用常规取样阀即完成采出液取样工作；工业化开发阶段，计量工艺采用分离器 + 流量计 + 取样器（测含水）的方式，在高温条件下进行单井采出液计量。采用在线强制冷却方式进行采出液取样。

两种计量工艺流程分别见图 2-23 和图 2-24。

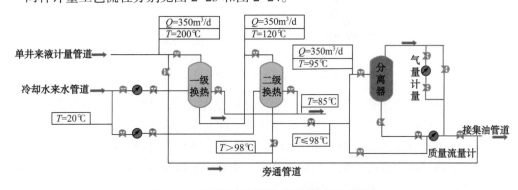

图 2-23　新疆油田试验阶段计量工艺流程图

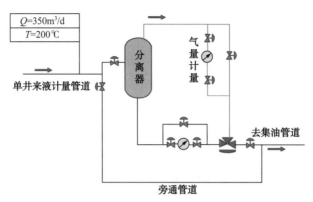

图 2-24　新疆油田工业化开发阶段计量工艺流程图

辽河油田井口采出液首先通过井口高温取样器进行取样，然后自压进入试验站，进站平均温度在 160℃左右，进行自动取样及单井计量。

2. 集输工艺流程

新疆油田 SAGD 集输系统采用两级布站方式：SAGD 井口→计量接转站（注汽站）→（集中换热站）1 号稠油联合站，计量接转站与注汽站合一布置，集中换热站依托 1 号稠油联合站建设，形成了较为成熟的 SAGD 开发地面集输系统工艺。由于 SAGD 开发循环预热阶段和正常生产阶段采出液性质差异较大，因此将两阶段采出液分输至联合站进行分别处理。集输系统工艺流程见图 2-25。

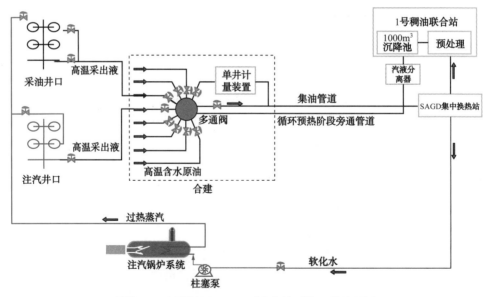

图 2-25　新疆油田 SAGD 开发集输系统工艺流程图

辽河油田井口采出液首先通过井口高温取样器进行取样，然后自压进入试验站，进站平均温度 160℃左右，进行自动取样及单井计量，进入油气缓冲罐，通过油气缓冲罐实现油气分离，油气缓冲罐压力一般控制在 0.6～1.0MPa，伴生气经过气液分离后，进入回收系统，采出液通过罐内液面检测与控制系统，利用高温输送泵输送到集输干线，进入联合站（图 2-26）。采出液高温密闭集输站见图 2-27。

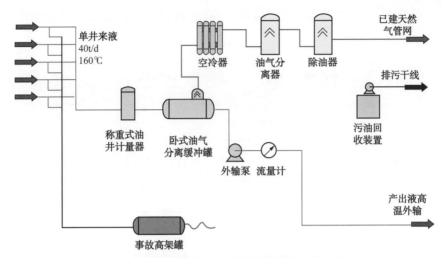

图 2-26　辽河油田 SAGD 高温密闭集输工艺流程图

图 2-27　采出液高温密闭集输站

3. 原油处理技术

新疆油田原油处理系统采用热化学二段沉降脱水处理工艺。集油区来液进管汇间，经旋流除砂后，进一段沉降脱水罐。脱出的游离水进入采出水处理系统。脱出的低含水油利用掺蒸汽加热器升温后进净化油罐进行二段热化学沉降脱水。合格后的净化油从罐内浮筒式收油装置进泵装车外运或者通过管道外输。净化油罐底水经抽底水泵升压回掺至一段沉降脱水罐。

针对 SAGD 采出液脱水难度大的问题，形成了超稠油掺柴油辅助脱水技术，并进行了现场工业化试验。现场数据表明，掺柴油对特超稠油热化学沉降脱水有较好的促进作用，对缩短沉降时间、降低加药量效果都比较明显。掺柴油前后脱水效果对比情况见图 2-28。

在常规脱水条件下，SAGD 采出液油水分离效果较差。根据室内及现场试验结果，在 90 ~ 95℃的温度条件下，SAGD 采出液油水分离难度较大，且在加药量达到

800mg/L，分离时间达到120h，净化油仍不能达到交油指标要求，且脱出水含油率远超设计标准。

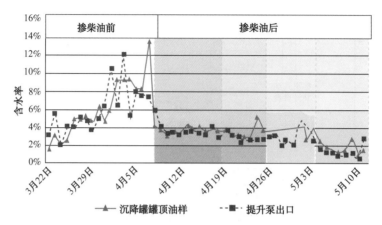

图 2-28　掺柴油前后沉降罐罐顶油样含水率变化曲线

在高温密闭条件下，SAGD采出液脱水效果有明显提升。根据SAGD试验区采出液室内原油脱水试验和现场模拟试验结论，原油一段预处理时间为45～90min，原油二段热—电化学联合沉降脱水时间为2～4h，正、反相破乳剂加药量分别为300mg/L和150mg/L，脱水温度140℃的条件下，基本可以满足小于2%的脱水要求。SAGD高温密闭脱水试验站流程见图2-29。

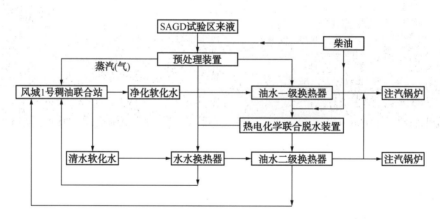

图 2-29　SAGD高温密闭脱水试验站流程框图

辽河油田为充分利用热能，提高能量利用率，提高原油脱水工艺水平，SAGD高温采出液采用高温脱水处理工艺（图2-30），原油脱水至含水5%以下。

二段高温热化学沉降脱水工艺：站外来液先进一段换热器，一段三相分离器分离后，经稠油泵增压进二段换热器，再经二段三相分离器分离处理合格后储存。

高温热化学沉降脱水工艺＋闪蒸脱水工艺：站外来油气先进一段换热器，然后经一段三相分离器分离，再经闪蒸脱水器处理合格后储存。

高温热化学沉降脱水工艺＋电脱水工艺：站外来液先进一段换热器，然后经一段三相分离器分离，再进二级换热器，最后经电脱水器处理合格后储存。

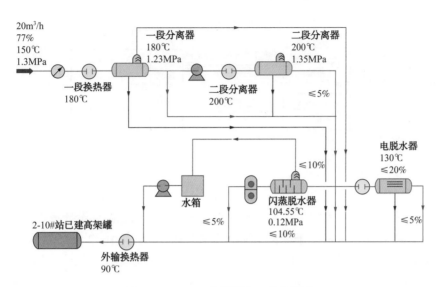

图 2-30　SAGD 高温脱水工艺流程图

4. 注汽技术

辽河油田根据 SAGD 注汽井多且集中、注汽量大、连续注汽等特点，首次选用了 50t/h、100t/h 注汽锅炉，实现了多台锅炉集中布置。大型锅炉集中建站方式具有能源利用率高、司炉人员数量少、运行费用低、易于科学管理、供热质量高、节省占地面积等优点。与分散布站方式相比，集中布站方式，节省投资 16%，实现了高干度、大流量蒸汽等干度分配和计量。首次选用了大口径注汽管线（ϕ325mm×32mm、ϕ273mm×26mm 等），供汽距离达到 5km。与小口径注汽管线分散注汽相比，大口径注汽管线具有节省投资、节省占地、减少热量损失、便于调节等优点。

水平井单井注汽速率大于 200t/d，井口蒸汽干度达到 95%。在 SAGD 注汽站锅炉出口安装一套汽水分离装置，将汽和水分开，分离出的饱和水其热量通过锅炉给水预热回收，分离后蒸汽干度达到 99% 以上，通过注汽干线、注汽支干线输送至蒸汽计量点，在计量点内通过等干度分配、计量装置输往注汽井口。与以注汽站为中心向四周注汽井口放射性布置的方式相比，该方式可大大减少注汽管网数量，降低工程投资，减少热量损失，保证注汽效果。

新疆风城油田开发初期（2011 年以前），以吞吐开发为主，该阶段采用 20t/h、23t/h 湿蒸汽锅炉为各井组供汽，注汽锅炉以天然气为主要燃料。常规注汽锅炉出口蒸汽为 80% 干度的湿蒸汽，锅炉以 2～3 台为一个单元，半露天布置，供汽半径控制在 750m 以内。

随着风城油田开发原油黏度的不断上升，常规湿蒸汽注汽锅炉产出 80% 干度的蒸汽已不能满足特、超稠油开发的需要。

SAGD 开发过程中，先后使用过 3 种蒸汽发生方式。

方式一：通过在湿蒸汽注汽锅炉基础上增加"汽水分离器、蒸汽过热器、汽水掺混器"产生过热注汽，过热度 10～30℃（图 2-31）。该种蒸汽发生方式 2008 年在重 32 试验区首次使用，并在 2011—2013 年产能开发区规模化应用。

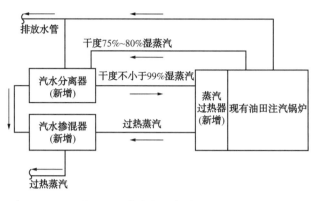

图 2-31　蒸汽发生方式一流程图

　　方式二：采用普通注汽锅炉＋无盐水产生高干度蒸汽的思路，设计蒸汽干度 95%。这种蒸汽发生方式于 2009 年应用于重 37 试验区，共使用 3 台。其中，2 台 23t/h 锅炉运行正常，1 台 50t/h 锅炉由于震动等原因停用（图 2-32）。由于该炉型水质适应性较差，目前已不再新建。

(a)23t/h高干度注汽锅炉　　　　　　　　　　　(b)50t/h高干度注汽锅炉

图 2-32　高干度注蒸汽燃气锅炉

　　方式三：采用 130t/h 循环流化床注汽锅炉生产过热蒸汽，过热度 10～30℃。该锅炉是为了适应新疆油田燃料结构调整而研发的。燃煤注汽锅炉的推广，既降低了稠油生产成本，也适当缓解了新疆油田天然气供不应求的局面。该锅炉通过使用分段蒸发技术，实现了净化水的回用（图 2-33）。

图 2-33　130t/h 高干度注汽燃煤锅炉现场照片

蒸汽输送：湿蒸汽集输半径短，为750m，过热度30℃的蒸汽集输半径可以达到5km，干度降低1%，温度降2～3℃/km，压力降为0.5MPa/km。

注汽管道材质：DN小于150mm小口径管道，采用20G；DN大于或等于150mm的大口径管道，采用16Mn材质。

5. 采出气集输处理技术

辽河油田杜84区块SAGD采出气组分见表2-1。

表2-1 辽河油田杜84区块SAGD采出气组分表 单位：%（摩尔分数）

序号	位置	O_2	N_2	C_1	C_2	C_3	iC_4	nC_4	$iC5$	nC_{6+}	C_{6+}	CO_2	H_2
1	SAGD-1#计量接转站	0.57	2.98	18.86	0.38	0.37	0.09	0.16	0.09	0.1	0.48	71.82	3.01
2		0.79	3.79	18.65	0.38	0.37	0.09	0.16	0.09	0.1	0.47	71.11	2.93
3	SAGD-6#计量接转站	0.77	3.13	19.13	0.27	0.23	0.05	0.1	0.05	0.06	0.38	75.02	0.34
4	SAGD-5#计量接转站	0.53	3.06	19.93	0.43	0.4	0.09	0.18	0.1	0.11	0.35	70.27	3.29
5		0.44	2.8	21.34	0.4	0.39	0.1	0.18	0.08	0.09	0.25	69.64	3.03
	平均	0.62	3.15	19.58	0.37	0.35	0.08	0.16	0.08	0.09	0.39	71.57	2.52

杜84区块采出气在计量接转站分离出来，压力为0.8～1.0MPa，温度160℃，气油比低，约为10m^3/t。目前和蒸汽吞吐、蒸汽驱的采出气一并集输和处理，总量约$20 \times 10^4 m^3$/d，其中SAGD产气量为4×10^4～$5 \times 10^4 m^3$/d。

SAGD采出气具有温度高、CO_2含量高、CH_4含量低、H_2S含量变化较大、气产量较低的特点，H_2S含量平均1521mg/m^3，短时最高可达1521～20000mg/m^3。

目前采出气处理采用干法脱硫排放工艺：冷却—分离—干法脱硫—放空。

由于脱硫剂遇水容易失效，因此脱硫吸收塔前端设了空冷和分离设备，脱除游离水以后再进入吸收塔。

脱硫剂选择：干法脱硫核心是脱硫剂。目前应用最广泛的脱硫剂是氧化铁系脱硫剂，是以氧化铁及其衍生物为主要活性组分。

常规氧化铁脱硫剂是以活性Fe_2O_3、锰盐及其氧化物为基本原料，并添加助剂和黏结剂制成。该脱硫剂具有硫容低（≤15%）、单价低（6000～7000元/t）、阻力小、净化度高、强度高、耐水性较差等特点。

氧化铁衍生物脱硫剂有羟基氧化铁、无定形铁、W_7O_2等，普遍具有硫容高（≥25%）、单价高（20000～23000元/t）、脱硫速度快、耐冲击、耐水性强等特点，可用于天然气、油田伴生气、煤层气等气体的精脱H_2S。

两种脱硫剂对比见表2-2。

表2-2 脱硫剂对比表

脱硫剂	常规氧化铁	羟基氧化铁
活性成分	活性Fe_2O_3	羟基氧化铁
密度（堆密度）	约730kg/m^3	约800kg/m^3
脱硫反应速度	快	快

续表

能否再生	不再生	不再生
脱硫产物	厂家回收	厂家回收
穿透硫容，%（质量分数）	≤ 15%	≥ 25%
单价	6000 ~ 7000 元/t	20000 ~ 23000 元/t
优点	年运行费用低	（1）硫容高，不易穿透； （2）更换过程中不会自燃，安全性较高； （3）抗压性较好，不易破碎； （4）抗水性好，水浸泡后仍可继续使用
缺点	（1）硫容较低，易穿透； （2）更换过程中容易自燃，需要控制措施； （3）抗压性差，易破碎； （4）抗水性差，水浸透即会失效	

新疆油田风城 SAGD 采出气以水蒸气为主，在稠油联合站冷却脱水后，气量很低，脱除 H_2S 后经放空管放空。

6. 热能综合利用技术

辽河油田 SAGD 产出液平均温度在 160℃左右，汽水分离器分离出高温水约 310℃，通过 3 种方式回收剩余热量，第一种方式利用 SAGD 高温产出液与注汽站锅炉用软化水换热，第二种方式利用汽水分离器分离出高温水与注汽站锅炉用水换热，第三种方式将 SAGD 高温采出液与吞吐采出液混合，实现热能综合利用，达到节能减排的目的。辽河油田每年累计利用热能 $8.12 \times 10^4 kW$，相当于节省原油 $6.11 \times 10^4 t/a$。

新疆油田 SAGD 两个试验区高温采出液采用集中换热的方式，集中换热区依托稠油联合站集中布置。采出液进稠油联合站进行油水处理，而除盐除氧水升温后泵输至 SAGD 注汽锅炉使用。

新疆油田结合 SAGD 开发特点，制定了以"锅炉给水提温、净化污水回注、多效蒸发除盐、有机朗肯循环"4 项技术为核心的热能梯级利用方案，在风城油田进行工业化应用，余热回收利用率可达到 95% 以上。截至 2014 年 12 月，节约运行费用 7592 万元，风城油田全生命开发周期内可累计节约运行费用约 26 亿元。

高温采出液携汽通过 SAGD 采出液高温密闭脱水试验站内蒸汽处理器进行气液分离，分离的蒸汽用于风城 1 号稠油联合站原油升温或导热油升温。截至 2014 年 12 月，共回收利用蒸汽 $15 \times 10^4 t$，节约运行费用 1275 万元，风城油田全生命周期开发周期内可累计节约运行费用约 4.36 亿元。

二、火驱开发地面工程技术 [2]

火驱采油是用电、化学等方法将油层温度升高达到原油燃点，并向油层注入空气或氧气使油层原油持续燃烧的采油方法。

直井火驱是一种较为常用的火烧油层技术，将空气由直井注入燃烧的油层，降黏后的原油由生产直井采出的过程。其开发技术原理见图 2-34。

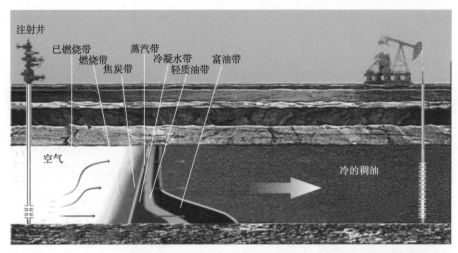

图 2-34　直井火驱开发原理示意图

水平井火驱技术是一种在常规直井火驱技术上改进了的火烧油层技术，将空气由注气直井注入燃烧的油层，降黏后的原油由生产水平井采出的过程。水平井火驱国外也叫THAI 火驱。水平井火驱开发技术原理见图 2-35。

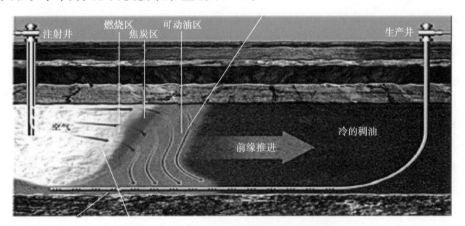

图 2-35　水平井火驱开发技术原理示意图

火驱采油优点：

（1）是一种有效提高采收率的重要技术，采收率可达 60% ~ 80%。

（2）是将随石油采出来的天然气等可燃气体及不可采原油作为燃料，在还未达到爆炸浓度之前烧掉，其消耗量仅占原油地质储量的 10% ~ 15%。

（3）火驱技术适宜的油藏条件较广，稀油、普通稠油、特稠油和超稠油均可采用火驱技术，也可作为蒸汽吞吐后的接替技术。

（4）同等油藏条件下，火驱生产吨油成本为注蒸汽吞吐、汽驱的 60% 左右。

火驱采油缺点：

火驱采油实施过程中，点火较为困难；采出液温度达到 150 ~ 200℃，造成集输及处理难度加大；由于火驱采出气气体组分复杂，加大了火驱采出气处理工艺难度；通过地面工艺控制地下燃烧火线的推进速度及燃烧强度难度较大。

火驱地面工艺主要包括高压空气注入系统、油气集输与处理系统、尾气集输与处理系统以及污水处理系统（图2-36）。

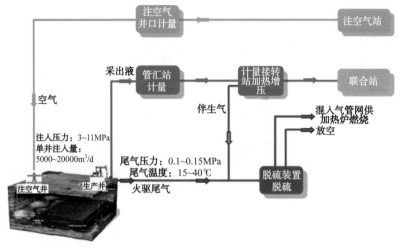

图2-36　火驱油田地面系统示意图

1. 单井计量技术

红浅火驱开发计量装置为带分气功能的称重式计量器。对于产量大、起泡不严重的油井，计量误差较小，但对于大部分产气量大、液量少的油井，计量误差较大。因此，称重式计量装置不能完全满足火驱计量需求。

2015年8月，新疆采油一厂引进了4家计量装置，依托先导试验区进行现场实验。已确定2套装置不适用于火驱计量，一种为声波计量，另一种为军工类的军工产品（分离器＋容积式计量），试验效果均不太好。另外2套称重式装置正在进行试验中。

2. 集输工艺流程

火驱采出液地面集输及处理能满足油田生产要求，布局通常采用油井→管汇站→转油站→脱水站三级布站方式。

辽河油田杜66区块油气集输系统采用油套分输、双管掺水集输工艺，大二级布站（图2-37）。高升区块油气集输系统采用油气混输、双管掺稀油集输工艺，二级或三级布站。辽河油田采出液温度为30～50℃，原有地面集输系统未做调整，采用"井场计量、枝状串接、大井场、小站场"的稠油标准化串接集油流程。由于油品黏度较大，采用双管掺稀油和掺水方式举升采出液至地面。

新疆油田红浅火驱开发初期采用油套混输工艺，在套管和油管间安装定压放气阀，将套管气放至油管线内一起输送，在实际生产过程中，由于采出气量大，套管气来不及排出，导致套压升高，泵效下降，影响单井产量。2011年5月至10月，将所有生产井全部改为油套分输工艺，改造完成后套管压力明显降低，原来间歇出液严重的单井井口都实现了连续产液，套管总产出气量约占总气量的60％～90％。

根据新疆油田红浅先导试验区集油及集气管道挂片检测结果，集油管道平均腐蚀速度为2.4×10^{-3}～8.24×10^{-3}mm/a，集气管道平均腐蚀速度为8.44×10^{-3}～10.7×10^{-3}mm/a，腐蚀速率较低。火驱采出物对碳钢的腐蚀性较小，有局部应力腐蚀的情况，集输管道材质选择采用碳钢钢管。

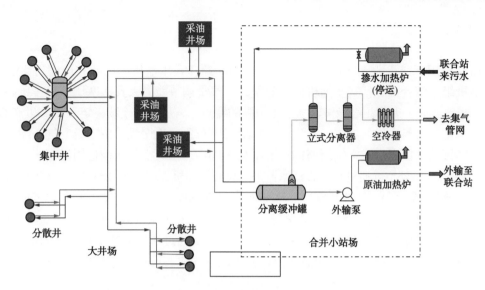

图 2-37　辽河油田集输工艺流程示意图

3. 原油处理技术

辽河油田火驱采出乳状液油水界面膜机械强度较大，乳状液较为稳定，辽河油田采用两段热化学沉降脱水技术。图 2-38 为辽河油田原油处理示意图。

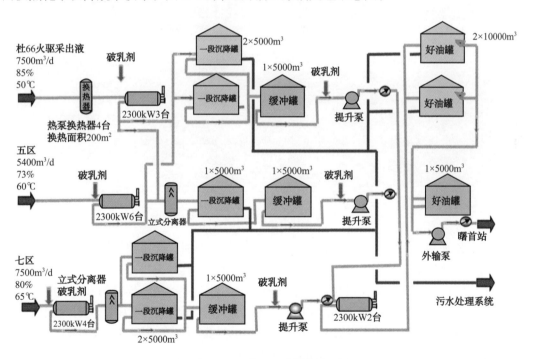

图 2-38　辽河油田原油处理示意图

新疆油田火驱采出液具有如下特性：火驱采出油饱和含水约 60%，高于吞吐采出液。火驱采出乳状液油水界面膜机械强度较大，乳状液较为稳定。与常规蒸汽吞吐采出液掺混后，脱水难度降低，采用热化学沉降工艺可满足原油脱水的需要。目前，火驱采出液均输送至红浅稠油处理站处理，火驱采出液量约占红浅稠油处理站总液量的 2%，已运行多年，脱水指标稳定。

4. 注空气技术

新疆油田红浅火驱先导试验区采用 25m³/min 螺杆式压缩机 + 活塞式压缩机组合的空气压缩机组，结合了螺杆式压缩机低压效率高、气量调节能力大及活塞压缩机排压高的优点，较好地适应了火驱注气量波动大、压力高的特点，满足火驱连续稳定注气的生产需要。注空气工艺采用集中供气方式，空气压缩机组集中布置，压缩机采用二级空气压缩工艺。一级空气压缩选用离心式空气压缩机，增压至 0.8MPa，二级空气压缩选用活塞式压缩机，增压至 6MPa。室外空气通过自洁式过滤器进入离心压缩机，增压至 0.8MPa，120℃后进入余热再生干燥器进行干燥，干燥后空气［347m³/min，0.75MPa（表压，35℃）］进入中间缓冲罐，后进入一级汇管，与其他 2 台离心机来气汇合，一级汇管内空气分别进入 3 台 350m³/min 活塞式压缩机增压至 6MPa，汇合后进入出站缓冲罐缓冲，通过计量阀组计量后进入出站汇管，分别向油区两条供气干线供气。红浅 1 井区新建注空气站工艺流程如图 2-39 所示。

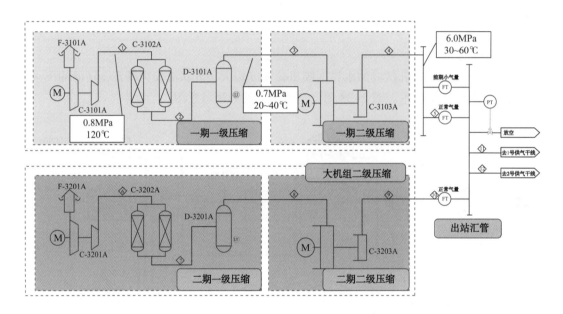

图 2-39 红浅 1 井区新建注空气站工艺流程图

投产初期采用井口手动调节方式。当 1 口井气量调节时，会造成管网压力波动，从而影响其他井的注气量。现场进行气量调节时，需要每口注气井安排 1 人进行调节，每次调气需要 1 小时以上。调气工作量大，且效果不理想。针对手动调节气量的操作缺陷，配置了配气橇进行集中调节以优化改造。2011 年 5 月新增空气配气橇 2 座，在配气橇内手动集中调节各井气量。注气调节仅需 1 人即可完成，大大降低了劳动强度，改善了工作环境，但单井注气量仍存在波动，最高误差可达 30% 左右。

辽河油田杜 66 区块已建 2 座注空气站，即曙 -1# 火驱注气站（60×10⁴m³/d）和曙 -2# 火驱注气站（40×10⁴m³/d），共计日注气规模 100×10⁴m³/d。曙 -1# 火驱注气站占地 11000m²，站内有往复式空气压缩机组 4 套、螺杆式空气压缩机组 10 套、空冷式热交换器 4 套、储气罐 4 台。曙 -1# 火驱注气站内采用螺杆空压机 + 往复空压机组合方式为空气增压。低压端采用螺杆压缩机，排气压力 0.95MPa，高压端采用往复压缩机，三级压缩，排气压力 10MPa。总体流程为来气—螺杆式压缩机—立式储气罐—往复式压缩机—计量—注气管线—注气井。

5. 采出气集输及尾气处理技术

1）采出气集输

辽河油田杜 66 区块井口采用油套分输工艺，套管气在井口计量后串接进入集气支干线，集输至脱硫点。推荐流程为脱硫后放空。

2）尾气脱硫

辽河油田杜 66 区块先导试验阶段火驱采出气体采取单井分散脱硫的处理方式，主要存在以下问题：

（1）除湿工艺不完善，药剂易中毒失效，脱硫合格率低，脱硫剂更换频繁。

（2）生产井数量多，点多面广，监管难度大。

（3）脱硫罐通用性差，单井气量差异性大，调整频繁、安全风险高。

（4）建设投资及运行成本高，单井脱硫的建设投资及运行成本远高于集中脱硫方式。

规模实施阶段，针对先导试验阶段存在的问题，对脱硫工艺进行了改进：

（1）采用集分离—冷却—脱硫工艺于一体的 3 塔集中脱硫方式。与 2 塔脱硫工艺相比，保证了换料期间脱硫效果，且工作硫容提高了 5%。

（2）脱硫剂由普通氧化铁改进为羟基氧化铁，硫容由 15% 提高到 40%；产品气 H_2S 含量不超过 10mg/m³。

（3）为了延长干法脱硫剂的使用寿命，应尽可能降低尾气含水率，做了两个方面的改进：一是安装旋流式气液分离器，在曙 1-044-046 井口安装了旋流式井口气液分离器替换了气包，分出水量由 11.5kg 上升到 17.8kg，出口尾气湿度由 6.05g/m³ 下降到 3.82g/m³，除湿效率提高 35%。在 1-56# 站脱硫点安装了 2 台旋流分离器，日分水量由 760kg 上升到 1750kg，出口尾气湿度由 3.05g/m³ 下降到 1.96 g/m³，除湿效率提高 43%，露点温度由 -3.5℃ 降低到 -10.5℃；二是在脱硫塔入口处安装了过气阻水器，通过比对，安装了过气阻水器的 2 台脱硫塔比另外 2 台脱硫剂更换周期延长 40 天。

推荐的脱硫点工艺流程见图 2-40。

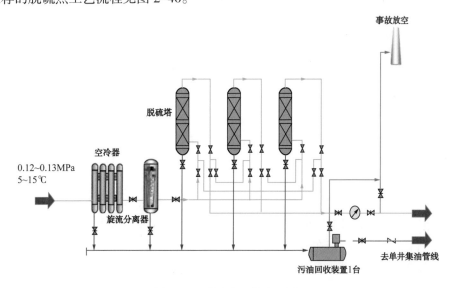

图 2-40　脱硫点工艺流程图

新疆红浅油田采出气处理工艺目前采用单井简易湿法＋集中干法脱硫。H_2S 含量高的井口设单井湿法脱硫罐，采用 SDS-200 液体脱硫剂。计量站内设 2 座脱硫塔，采用 3018 固体脱硫剂。采用该工艺可将采出气中 H_2S 含量降至 $10mg/m^3$ 以下，但硫容较低，脱硫剂更换频繁，更换周期不足 3 个月，运行成本过高。

目前，新疆油田火驱采出气中 H_2S 含量较低，脱硫装置停用，直接通过 75m 高放散管高空排放。为满足环保部门指标要求，红浅火驱尾气处理安装试验了德国杜尔公司的 RTO 氧化炉。炉子烟囱高 25m，尾气组分检测点距炉子约 80m。2015 年 12 月 9 日在新疆红浅先导试验区建成 $14 \times 10^4 m^3/d$ 的蓄热式 RTO 热氧化试验装置。升温阶段历时 3 小时，消耗 $110m^3$ 天然气，炉膛温度升至 820℃；通入采出气量达到 $2.16 \times 10^4 m^3/d$，停止外部天然气供应。处理量 $8.4 \times 10^4 m^3/d$、VOC 浓度 $5300mg/m^3$ 时，余热可产生 10.5MPa 高压蒸汽 0.7t/h。处理后非甲烷总烃浓度不超过 $40mg/m^3$，远低于排放浓度指标 $120mg/m^3$。

RTO 热氧化装置优点：能全面满足非甲烷总烃排放指标，流程简单、操作简单；可以回收蒸汽。缺点：投资偏高。关键是甲烷含量适应范围较窄，含量太低需要掺入天然气，含量太高需要补充空气。

3）尾气甲烷提浓

杜 66 区块采用变压吸附脱碳＋两段变压吸附脱氮工艺（图 2-41），实现火驱尾气中的 CH_4，N_2 及 CO_2 分离。

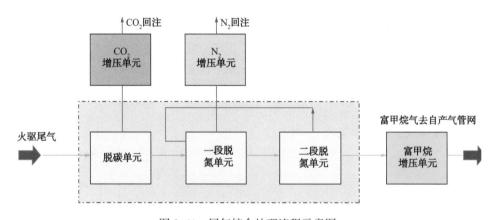

图 2-41　尾气综合处理流程示意图

辽河油田杜 66- 杜 48 块 56# 集气点附近已建成投产 $2.5 \times 10^4 m^3/d$ 变压吸附甲烷提浓中试装置，采用一段脱碳＋二段脱氮变压吸附工艺。压力 0.5MPa，产品气 CH_4 浓度大于 50%，收率 80%。优点：资源充分利用，回收了甲烷，副产品可放空或用于驱油。缺点：投资高，装置适应性较差。

4）尾气回注

火驱尾气回注可应用于辅助蒸汽吞吐、注气辅助 SAGD、气体（泡沫）压水锥、稀油泡沫驱等，目前油藏部门正在开展相关研究。其流程图见图 2-42。杜 66 块火驱拟将 56# 脱硫点尾气回注杜 84 井组和曙 1-7-5 井组，实施蒸汽＋尾气连续复合驱先导试验。

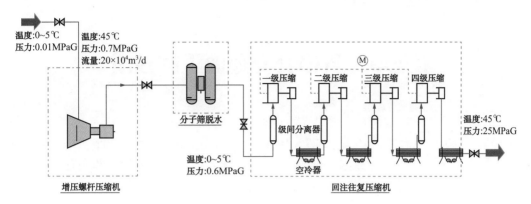

图 2-42　尾气增压回注原理流程图

参 考 文 献

［1］中国石油学会.油气储运工程学科发展报告［M］.北京：中国科学技术出版社，2018.

［2］汤林，等.油气田地面工程关键技术［M］.北京：石油工业出版社，2014.

第三章　气田开发地面工程技术

"十一五"以来，中国石油天然气业务呈跨越式发展，2005 年天然气产量 $365 \times 10^8 m^3$，2015 年天然气产量 $954.7 \times 10^8 m^3$，年均递增 16.16%。2005—2015 年平均每年新增产能 $140 \times 10^8 m$。在此期间，天然气集输和处理技术不断创新和完善，推动了气田的开发，促进了天然气业务跨越式的发展。

第一节　致密气田开发地面工程技术

致密气田指渗透率小于或等于 0.1mD 的气田。致密气田具有井口压力低、单井产量低、稳产期短等特点。

目前，中国石油所开发的致密气气藏主要是长庆油田的苏里格气田和西南油气田的大川中须家河气藏，其中，苏里格气田已建成产能 $250 \times 10^8 m^3/a$，是全球最大的致密气藏之一，开发技术水平处于国内领先。

一、致密气田地面工程概况

1. 苏里格气田

2000 年 8 月 26 日，在鄂尔多斯盆地中部苏里格庙地区，苏 6 井喷出了 $120.16 \times 10^4 m^3/d$ 的高产工业气流，标志着苏里格大气田的横空出世。苏里格气田是典型的低孔隙度、低渗透率、致密天然气藏，截至 2016 年底，苏里格气田勘探面积 $6 \times 10^4 km^2$，探明天然气储量 $4.77 \times 10^{12} m^3$，是中国陆上第一个万亿立方米大气田，其地质情况复杂，非均质性强，开发建设难度大。

针对苏里格气田特殊地质特征，地面建设有以下难点：单井产量低，递减速度快，稳产能力差，气井寿命期短，气田单位产能建井数增多，地面建设投资控制难度加大；气田初期生产压力高达 22MPa，但压力下降快，大部分时间处于低压生产状态，系统压力确定困难；气井携液能力差，井口温度低，易生成水合物，如采用以往防止水合物形成的方法，则注甲醇量很大，成本增加；国内外没有类似地面建设成功先例可以借鉴。

为摸索出经济适用的致密气田开发地面工程技术，从 2002 年起苏里格气田开始了试采和地面建设相关先导性试验，不断进行改进。逐步形成了"井下节流，不注醇、不加热、井间串接集气、单井混相计量"主体工艺。2007 年长庆油田进一步总结、探索，形成了以"标准化设计、模块化建设"为核心的全新地面建设模式，建立了标准化设计、模块化建设、标准化造价、规模化采购等一整套标准化设计体系。2007 年以来，"标准化设计、模块化建设"已在苏里格气田得到了全面推广应用，得到了集团公司领导和专家的高度评价，认为"气田标准化设计是一种设计理念和设计手段的集成创新，是固有设计思路的革命性变革，是适应大规模开发建设的需要，是适应快速建设产能的需要，整体提升了苏里格气田的建设及管理水平，为其他油气田的地面建设起到很好的示范作用"。

通过 10 多年来的研究和开发，苏里格气田已建成产能 $250 \times 10^8 \mathrm{m}^3/\mathrm{a}$，建成天然气处理厂 6 座（表 3-1），成为中国石油最主要的产气区，2016 年气田产气量为 $250 \times 10^8 \mathrm{m}^3$。

表 3-1　苏里格气田处理厂统计一览表

序号	名称	处理规模		装置数量套	装置单套规模 $10^4 \mathrm{m}^3/\mathrm{d}$	投产时间
		$10^4 \mathrm{m}^3/\mathrm{d}$	$10^8 \mathrm{m}^3/\mathrm{a}$			
1	第一处理厂	900	30	3	300	2006.11
2	第二处理厂	1500	50	3	500	2008.6
3	第三处理厂	1500	50	3	500	2009.7
4	第四处理厂	1500	50	3	500	2010.11
5	第五处理厂	1500	50	3	500	2012.3
6	第六处理厂	1500	50	3	500	2013.12

2. 西南大川中须家河气藏

西南大川中须家河气藏位于四川盆地川中古隆中斜平缓构造带，主要包括广安、合川、安岳等 7 个气藏，主要涉及安岳气田和合川气田。截至 2014 年底累计气藏上报探明储量 $5913 \times 10^8 \mathrm{m}^3$、可采储量 $2653 \times 10^8 \mathrm{m}^3$，剩余可采储量 $2563 \times 10^8 \mathrm{m}^3$，共建井 486 口，建成产能 $1477.2 \times 10^4 \mathrm{m}^3/\mathrm{d}$。

通过近几年来的开发，安岳气田和合川气田建成天然气处理厂（站）2 座，具体数据见表 3-2，2016 年 2 个气田产气量为 $4.52 \times 10^8 \mathrm{m}^3$，相对苏里格气田，其产气量小。

表 3-2　安岳及合川气田处理厂统计一览表

序号	名称	处理规模		装置数量套	装置单套规模 $10^4 \mathrm{m}^3/\mathrm{d}$	投产时间
		$10^4 \mathrm{m}^3/\mathrm{d}$	$10^8 \mathrm{m}^3/\mathrm{a}$			
1	合川轻烃站	100	3.3	1	100	2013.11
2	安岳油气处理厂	150	5	1	150	2014.7

二、集输处理工艺

1. 集输

苏里格气田地面建设模式，经历了由"实践—认识—再实践—再认识"的一个由浅入深、由表及里、逐步提高的过程。2005 年以来，随着"井下节流"现场试验的成功和技术的不断优化、成熟，形成了适合苏里格气田大规模、低成本、经济、有效开发的地面工程主体技术："井下节流，井口不加热、不注醇，中低压集气，带液计量，井间串接，常温分离，二级增压，集中处理"，其系统总流程如图 3-1 所示，为苏里格气田的低成本开发奠定了基础。

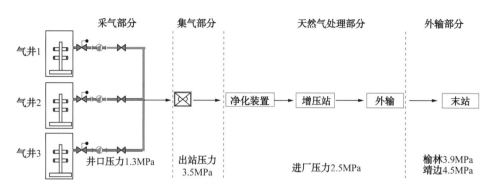

图 3-1　集气系统总流程示意图

1）井下节流工艺

井下节流工艺是将节流气嘴安装于油管内适当位置，实现气流在井筒节流降压，利用地温加热，使得节流后井口气流温度基本恢复到节流前温度，从而有利于解决气井生产过程中井筒及地面诸多工艺技术难题。

苏里格气田自应用井下节流以来，大幅度降低了地面采集气管线运行压力；有效地防止了水合物的形成，提高了开井时率；气井开井和生产无须井口加热炉；有利于防止地层激动和井间干扰、在较大范围内实现地面压力系统自动调配。

（1）大幅度降低地面管线运行压力，为优化简化地面流程提供了技术保障。

苏里格气田节流后平均油压约 3.26MPa，为节流前平均油压 20.12MPa 的 16.21%。利用井下节流降压，使地面管线运行压力大幅度降低，从而实现中低压集气。

（2）有效地防止水合物形成，提高了气井开井时率。

采用井下节流降压后，由于降低了水合物形成初始温度，因而防止了水合物的形成。

节流前井口油压为 14 ~ 23MPa，相应水合物形成温度大于 21℃。苏里格气田气井井口气流温度为 0 ~ 18℃，井筒及地面管线易生成水合物堵塞而造成关井，影响气井开井时率。节流后井口油压为 2 ~ 5MPa，对应水合物形成温度为 3.4 ~ 12.9℃，有效地防止了水合物的形成。如果采用压缩机增压生产，节流后井口油压小于 1.3MPa，此时水合物形成温度小于 1.5℃，而冻土层下的地温为 2 ~ 3℃，基本可避免水合物的形成。

（3）气井开井和生产无须井口加热炉。

投放节流器后启动开井，由于启动时间短，温度上升快，不使用井口加热炉也能正常开井。

（4）有利于防止地层激动和井间干扰。

苏里格气田部分井采用井间串接的集气方式，采用井下节流技术后，由于气嘴工作在临界流状态，下游压力的波动不会影响到地层本身压力，有效防止了地层压力波动，而井口油压的变化不会影响其他井的正常生产。

应用井下节流技术后，在处于临界流动状态下，井口油压可在较大压力范围内实现地面压力系统自动调配而不影响气井产量，在冬季采用压缩机生产尽量降低地面集输管线压力从而防止水合物形成，在夏季停用压缩机生产，节约生产成本。

（5）简化地面流程，降低成本。

采用井下节流技术后，气井生产无须注甲醇，节省了注醇系统，取消了井口加热炉，降低了地面集输管线的压力等级，简化了地面流程，降低建设投资与生产成本 50%。

井下节流技术的应用为苏里格气田优化简化地面流程提供了强有力的技术支撑，是其经济有效开发的核心技术之一。

2）气井单管串接工艺

由于苏里格气田井数多、井距小，为简化单井集气系统，通过采气管线把相邻的几口气井串接到采气干管，单井来气在采气干管中汇合后集中进入集气站。采用多井单管串接集气工艺，一般串接气井数为 4 ~ 8 口，集气站辖井数量一般不少于 50 口。

单井串接形式主要有就近插入放射状采气管网和井间串接放射状采气管网。

就近插入放射状采气管网：采气干管呈放射状进入集气站，单井采气支管以距离最短为原则，垂直就近接入临近的采气干管，施工在干管上进行，见图 3-2。

井间串接放射状采气管网：采气干管呈放射状进入集气站，单井采气支管就近接入临近井场，施工在单井井场进行，见图 3-3。

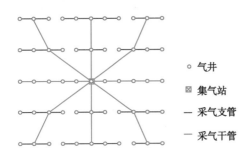

图 3-2　就近插入放射状采气管网示意图

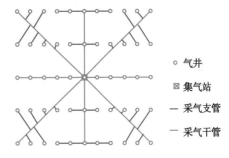

图 3-3　井间串接放射状采气管网示意图

实际生产中，存在已运行的干管需要接入新建气井，经优化"井间串接放射状采气管网"的井场流程，在气井至干管段设置两个闸阀，接入新建井时，可关闭闸阀1、闸阀2，拆除两个阀之间的直管段，把直管段换成三通，这样新建井可从闸阀1、闸阀2之间的三通接入，串接全在井场完成，保证井口不动火，干管不放空，连入新建井不会影响采气干管正常运行，该串接方式因更好地适应苏里格气田滚动开发的需要而被广泛应用，见图 3-4。

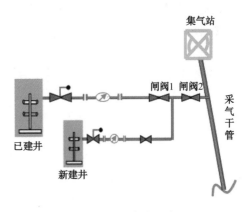

图 3-4　井间串接示意图

为了能够计量串接的单井产量，在每个井场设置旋进流量计。该流量计不但能就地显示气井产量，还能将流量数据上传至井场的远程控制终端（RTU），经超短波无线数据远传电台传至集气站值班室，实现实时在线流量监测，减少了巡井工作量，节约了大量的人力、物力。

这种串接方式优化了管网布置，采气管线长度减少 36%，增加了集气站辖井数量，降低了工程投资；提高了采气管网对气田滚动开发的适应性；减少了管沟密集开挖对苏里格气田脆弱环境的影响。

3）采气管线安全截断保护工艺

气井生产中当采气管线堵塞、节流器失效等情况发生时，流量逐步减少，压力升高，会导致管线超压。而管道腐蚀或遭到意外破坏发生泄漏时又会引起井口压力降低的情况发生，因此在井口设置了高低压截断阀，避免井口超压而破坏下游管线和管线泄漏造成安全事故发生。

随着苏里格气田的大规模开发，为了满足其对自动化、数字化管理的迫切需要，特别是后期气井间歇开井的需要，形成了两种比较成熟的远程控制开关井装置：自力式远控紧急截断阀和远控电磁气动阀。

（1）自力式远控紧急截断阀。

超/欠压保护：是通过机械原理实现的，当井口压力超过或低于远控截断阀设定的保护压力时，装置的机械控制机构自动工作，回座弹簧力使阀瓣关闭实施安全截断。

远程开关井：通过集气站计算机发送开关井指令，气动控制机构工作，通过接通截断气缸/提升气缸的气路，带动活塞下行/上行以关闭或使阀杆保持开启状态。

（2）远控电磁气动阀。

该阀改变了常规电磁阀依靠强交流电制动的思路，利用井场太阳能电池板直流供电，瞬时通电开关，实现了弱电强动作，同时提高电磁阀的防爆性能；作为一种机械式自保持型电磁阀，充分利用了气井自身压力，实现了电磁阀开关的灵活性和可靠性。

超/欠压保护：站内系统软件设定超/欠压保护值，当数据采集系统采集到的井口压力超过设定值时，软件自动发出关井指令，实现保护；在井口高低压保护模块上连接井口压力表和电磁阀供电电缆，如果压力超过设定值时，高低压保护模块自动给电磁阀供电实现关闭。

远程开关井：集气站发出开关井指令，无线传输到井口接收系统；接收电路发送脉冲电信号，使电磁头Ⅰ/Ⅱ通电，带动主阀芯上行/下行，从而开启/关闭阀腔。

4）井口湿气带液计量工艺

根据苏里格气田井数多、产量低、不确定性带水含油和生产压力下降快的特点，通过大量的流量计现场比对试验，选用旋进旋涡流量计对气井产量进行连续带液计量。流量计量范围为 $0.6 \times 10^4 \sim 9.0 \times 10^4 \mathrm{m}^3/\mathrm{d}$，可显示瞬时标况流量和累计标况流量。

5）橇装移动注醇解堵技术

橇装移动注醇解堵工艺是苏里格气田生产的辅助技术措施。苏里格气田所处区域气温变化大，冬季最低温度 −29℃，而苏里格气田集气工艺又采用湿气输送工艺；另外，气田地处毛乌素沙漠，由于沙体移动会导致部分管线埋深不够，为防止冬季环境温度过低导致气井井口和采气管线发生冻堵影响正常生产，采用移动注醇设备进行解堵。

6）集气站常温分离、中低压湿气输送工艺

采气干管来气进站压力为 1.0MPa，在集气站的进站总机关汇合，经常温分离、增压、计量后外输，如图 3-5 所示。通过井下节流，井口压力为 1.3MPa 时，井口不加热，采气管线不保温、不注醇，采气管线埋设于最大冻土层以下，确保井口和采气管线中不生成水合物，井口达到无人值守。夏季地温较高时，可将压力提高至 4.0MPa 运行，充分利用气井压力，集气站停止压缩机运行，节省运行费用。

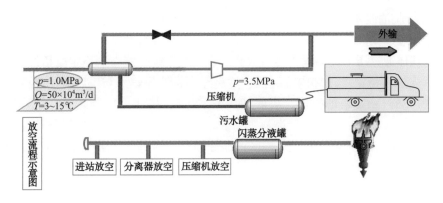

图 3-5　集气站工艺流程示意图

7）增压集气工艺

集气站分散增压可以降低井口最低生产压力，延长气井生产周期，提高单井采收率，同时降低了管网投资。采用增压工艺满足气田低压开采和集气要求，根据系统压力，集气站采用一级增压，增压后最高压力达到 3.5MPa。

（1）合理选择压缩机。

集气站压缩机一般选用往复式或离心式。往复式压缩机的压比通常达到 3：1 或 4：1，有较高的热效率，但它有往复运动部件，易损件多，适用于低排量高压比的情况。离心式压缩机则正好相反，压比和热效率相对较低，但无活动部件、排量大，容易实现自控，便于调节流量和节能，适用于大排量低压比的情况。由于苏里格气田增压是为原料气，工况调整频繁，考虑要求运行平稳、维修工作量小等因素，采用往复式压缩机。

（2）优化压缩机的运行。

输气量的变化对压缩机组的效率有很大的影响。当压缩机组偏离最优工况运行，会降低机组的工作效率，导致能源的浪费。集气站通过机组排量的优化配置，进出口压力的调整，以及改进机组的自控系统，使其保持最优运行工况，提高机组的工作效率，节省能耗。

（3）合理的工作方式。

在集气站设置压缩机旁通管路，在夏季地温较高时，将气井压力从 1.3MPa 提高至 4.0MPa 运行，停止压缩机运行，每台压缩机每年节约燃料气消耗约 $57.6 \times 10^4 m^3$。

2. 凝析油处理

与常规气田相比，致密气田天然气处理所采用的工艺技术并无特殊，但致密气田井口产出物中含有少量的凝析油，在烃水露点控制过程中也将产生一定量的天然气凝液，为了满足凝析油储存和外运要求，需对凝析油进行稳定处理。常用的凝析油稳定工艺主要有加热闪蒸法、降压闪蒸法、精馏法。

目前致密气田凝析油稳定基本采用加热闪蒸＋分馏稳定工艺，其中苏里格气田处理厂凝析油稳定都采用加热闪蒸＋分馏稳定工艺技术，西南的安岳处理厂采用 2 级闪蒸＋分馏稳定工艺技术，两者基本类似。

1）工艺流程

以苏里格气田处理厂凝析油稳定工艺为例。

拉运来的凝析油首先通过卸车鹤臂和卸车泵进入原料储罐储存，经原料泵抽出增压至

0.6MPa后与脱油脱水装置来的凝析油（0.6MPa，20℃）一起进入原料缓冲罐，分离出携带的气体，底部储液包存积的含醇污水通过油水液位计自动排入污水处理系统，罐顶分离出的少量气体通过压力控制阀直接进入全厂燃料气系统。液态未稳定凝析油通过液位控制阀调节后先进入稳定塔顶部内冷凝器，然后经凝析油换热器与塔底产品换热至65℃后进入稳定塔，通过稳定塔的提馏，塔底加热至120℃，塔压力控制在0.4～0.45MPa，塔顶气体通过压控阀调压后进入全厂燃料气系统；塔底稳定后的凝析油经凝析油换热器、凝析油后冷器冷却至35～40℃后进入罐区产品罐储存。然后通过凝析油装车泵、装车鹤臂装车外运。具体流程示意见图3-6。

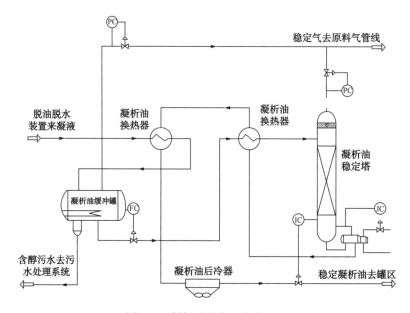

图3-6　凝析油稳定工艺流程图

2）工艺特点

（1）充分结合了加热闪蒸工艺和精馏工艺的优点，降低了凝析油稳定塔塔底温度，分离和稳定效果好，能够有效保证稳定凝析油的质量；

（2）闪蒸气不需进行增压，可直接进入燃料气系统；

（3）投资较高，操作相对复杂。

第二节　高含硫化氢气田开发地面工程技术

中国石油含硫化氢（H_2S）气田主要分布在西南油气田。西南油气田是我国最早开发含硫化氢气田的地区。先后开发了高峰场、龙门、大天池、威远、龙岗、罗家寨、磨溪等一批含H_2S气田，积累了丰富的集输、净化经验。西南地区气田60%以上的气田含硫，主力气藏石炭系H_2S平均含量1%～2%，近年来重点开发的下三叠系飞仙关气藏H_2S含量最高达到15.9%～16.2%，部分气藏富含凝析油和有机硫。罗家寨气田H_2S含量9.5%～11.5%，同时含有CO_2，CO_2含量7%～8%，有机硫含量小于150mg/m^3，积累了高含硫气田开发的经验。

一、高含硫化氢气田地面工程概况

在"十二五"期间，国内的酸气气田集输技术通过与国外工程公司合作开发高含硫气田，引进国际先进的设计理念，注重于本质安全设计，取得如下成果：

（1）形成了高含硫湿气集输工艺；

（2）形成了高含硫净化及尾气处理工艺；

（3）形成了管材与防腐工艺优化技术；

（4）气田水密闭闪蒸处理后回注；

（5）完备的自控与监测技术；

（6）安全通道、防毒庇护所、QRA、HAZOP 分析等安全设计；

（7）腐蚀控制与监测技术等工艺技术体系。

以上系列成果已成功应用于四川盆地、新疆塔里木、渤海湾以及海外土库曼斯坦等高含硫气田，该工艺技术体系对于提高国内高含硫气田地面工程集输工艺技术的设计水平和日常运营管理水平、保证高含硫气田的高效安全平稳开发具有重要的现实意义，处于国内领先，国际先进技术水平。

二、集输及配套技术

1. 集输工艺

在山地条件下成功应用了"高液气比天然气长距离多相混输"工艺，将地面集输工艺从气田开发初期的"单井集气、气液分输"优化为"气液混输、多井集气、集中处理、气田水密闭输送"，简化了地面集输流程，天然气仅存在井口节流、计量装置，降低工程投资与生产成本。同时能有效避免废气、废水分散排放，实现气田节能减排。

川东北高含硫气田宣汉开县区块气田主要集输工艺为采气管线湿气加热保温输送，在集气站建脱水装置，脱水站之后的管线采用干气输送工艺。井场采用轮换分离计量，设置测试分离器。井场内设水套加热炉，防止水合物形成。井口设置安全截断阀，可在井口超压、失压或火灾时自动截断。集输管网采用碳钢＋缓蚀剂的防腐方案。在井口高压采气管段和水套炉盘管，国内首次采用 L360QS 碳钢管，由雪佛龙提供 L360QS 的现场焊接工艺技术支持，为今后的国内类似高酸性气田的开发和选材提供指导。

高含硫天然气水合物形成温度较高，站内及出站管线在环境温度较低时易发生冰堵，从而影响气正常生产。如川东北某气田在 9MPa 压力下天然气水合物形成温度预测高达 22℃。对于气液混输管道，采用"保温＋水合物抑制剂＋加强清管"可以有效确保气液混输管线不发生冰堵。针对传统热力学水合物抑制剂现场用量大、环保友好性差的问题，通过延缓水合物晶核的形成，成功研发了两种新型动力学水合物抑制剂，药剂用量与传统热力学抑制剂乙二醇相比减少 70%，集输管线清管周期延长一倍，药剂成本与乙二醇相当。该成果已申报发明专利，并被集团公司认定为技术秘密，获 2011 年集团公司科技创新三等奖，该系列产品已在多个气田成功应用。

含硫气田水密闭处理技术：含硫气田气田水溶解大量 H_2S 气体，气田水被分离减压后，大量 H_2S 气体被闪蒸，利用压缩机将闪蒸气增压至含硫原料气管道后，密闭输送至天然气净化厂集中处理，闪蒸后的气田水进一步汽提，气田水中 H_2S 含量降低至 5mg/L，通过非金属管道输送至回注站过滤、回注，气田含硫废水、废气能够基本实现"零排放"。

2. 防腐工艺

1）腐蚀现状

高含硫湿气输送系统的腐蚀主要表现为硫化氢和元素硫对设备管道的腐蚀。近年来，腐蚀监测发现站内地面设备、管道与高含硫天然气湿气直接接触的部位腐蚀严重，如峰15井气液分离器进口管线腐蚀速率0.03 ~ 0.06mm/a，分离器端部腐蚀速率最高达3.45mm/a（有单质硫）。随着温度、压力降低，部分高含硫井发生元素硫沉积，其沉积的单质硫对设备、管道的腐蚀是相当严重的。取高含硫井天东5-1、峰15井气田水样，天东5-1井在线腐蚀试验装置卧式罐下层混合物（单质硫含量95%以上）和纯硫黄粉进行室内实验表明：有单质硫存在时，其腐蚀速度呈上百倍增加。由于单质硫沉积不均匀，其腐蚀表现为局部腐蚀，如高含硫井站分离器积液包底部、分离头、孔板上游、集输管线低洼地带等单质硫容易聚集的地方腐蚀会更加严重。

2）主要防腐措施

为保障高含硫气井的正常开采，高含硫气井从钻井到地面集输工艺设计时均采用先进、可靠、适宜的工艺流程和设备、材料，如设计时提高腐蚀裕量、选用高抗硫材料等。高含硫井天东5-1、峰15井井口抗硫级别在EE级以上，井站各类阀门均采用特高抗硫阀门，管材采用L245NCS，分离器采用20R、20G等。

3）缓蚀剂选择

高含硫气田湿气输送管道必须考虑缓蚀剂加注。选择时主要考虑以下因素：一是具有良好的抗电化学腐蚀性能；二是具有良好的缓蚀效果和膜持久性，确保缓蚀剂能在较长时间内发挥保护作用，延长缓蚀剂的加注周期，减少加注频率；三是充分考虑缓蚀剂与管输系统多种介质的相互配伍。目前用于酸性气田的缓蚀剂通常为含氮的有机型缓蚀剂（成膜型缓蚀剂），有胺类、咪唑啉、酰胺类和季铵盐，也包括含硫、磷的化合物。川渝地区酸性气田常用缓蚀剂类型为酰胺类的CT2-15、CT2-1缓蚀剂。

4）缓蚀剂加注工艺

目前较为成熟的缓蚀剂加注工艺是先预膜，再进行缓蚀剂的正常（连续）加注，缓蚀剂用量则主要通过经验公式来确定。

（1）缓蚀剂预膜。

预膜就是使缓蚀剂均匀地分布在钢材表面，形成一层保护膜，将钢材与腐蚀介质隔离开来。一般有以下几种方法：一是泵注批处理工艺。该工艺主要依靠缓蚀剂加注泵一次性将缓蚀剂加注到集气管线中，在管内壁形成缓蚀剂保护膜，从而保护管线。该工艺主要用在现场不具备清管器发送和接收装置的管线；二是清管器预膜处理工艺。该工艺适合于现场具备清管器发送和接收装置的管线。预膜前首先清洁管道，其次通过两个弹性密封球加注定量的缓蚀剂，最后使用喷射式清管器，对管底的缓蚀剂进行一次旋转喷涂，优化缓蚀剂防护效果。

（2）缓蚀剂正常加注。

正常加注缓蚀剂时主要采用平衡罐、泵注等方式。

平衡罐加注缓蚀剂主要依靠气流速度将缓蚀剂带走，且缓蚀剂效率发挥和管道保护距离随气流速度大小、管线起伏而变化。故对缓蚀剂气相效果要求较高，使用量也相应地增加。

泵注主要有喷射式加注和柱塞隔膜计量泵加注。前者用泵或旁通高压气将缓蚀剂以雾状喷入管道内，使缓蚀剂雾滴均匀分散于管道气流中，被气流带走，吸附于管内壁。此法使缓蚀剂喷成雾滴，增大接触面积，促进缓蚀剂在金属表面上的吸附；后者则是选用合适排量的柱塞隔膜计量泵进行缓蚀剂加注，在条件允许的情况下可制作成橇装，方便缓蚀剂加量的灵活调节。

（3）缓蚀剂用量。

缓蚀剂预膜量目前主要根据经验公式：$V=2.4DL$（D 为管径，cm；L 为管长，km）计算获得，或者按照缓蚀剂在管壁成膜厚度 3 ~ 5mil 进行计算。缓蚀剂正常加注量的确定，则主要根据管线中所含的水量而定，实际最佳加量应根据现场试验结果准确给出或根据经验公式估算，一般为 0.17 ~ 0.66L（缓蚀剂）/$10^4 m^3$（天然气）。

三、脱硫技术

"十二五"以来，进一步优化完善 MDEA 及砜胺法脱硫技术，先后实施完成了塔里木油田塔中、和田河处理厂，四川磨溪净化一厂、二厂及罗家寨净化厂，哈萨克斯坦第三油气处理厂，土库曼斯坦阿姆河一厂、二厂及南约洛坦处理厂等工程，并成功获得合格外输气，装置保持长期安全平稳运行。

目前，脱硫工艺的整体技术达到国内领先水平，进入国际先进行列。能够满足原料气 H_2S 含量最高为 15%（体积分数）处理需求，能够满足原料气有机硫含量最高为 1200mg/m³ 处理需求，能够满足大、中、小型（单列规模 10×10^4 ~ 730×10^4 m³/d）全系列天然气处理需求。

脱硫技术通过科研、设计、建设和生产管理等各个环节的不断总结和引进、消化、吸收国外先进工艺技术，已较为系统地掌握了天然气的净化处理方法。

天然气脱硫脱碳方法有多种多样，可包括以醇胺法为主的化学溶剂法、以砜胺法为主的化学物理溶剂法以及物理溶剂法、氧化还原法和其他方法（如脱硫剂、生物脱硫、分子筛、膜分离）。目前天然气净化厂大多采用胺法和砜胺法。

为了解决天然气脱硫中出现的一些亟待解决的问题，西南天然气研究院提出并开展了"配方型脱硫溶剂及脱硫技术研究"，主要开发了以 MDEA 水溶液为基础组分，根据不同要求加入不同添加剂，分别改善 MDEA 水溶液的脱硫选择性、有机硫脱除能力和脱硫脱碳性能，以及位阻胺、物理溶剂和其配方溶剂等，用以满足某些特殊原料气组成及产品气质要求的天然气脱硫。

1. 高选择性溶剂脱硫（碳）技术

开发选择性脱硫溶剂 CT8-5 是为了满足天然气、炼厂气要求进一步提高 MDEA 水溶液脱硫选择性和改善其操作稳定性的需要，它是在 MDEA 溶剂中加入适量能抑制 MDEA 与 CO_2 反应速度的添加剂，在保证净化气 H_2S 指标合格的前提下，提高溶液的脱硫选择性，并辅助加入微量消泡剂、缓蚀剂和抗氧剂来改善溶液的操作稳定性。

CT8-5 的脱硫选择性优于 MEA、DEA、DIPA 等伯胺、仲胺及 MDEA 水溶液，CO_2 吸收率比 MDEA 降低 5% ~ 10%，酸气 H_2S 浓度有明显提高，抗发泡能力优于常用醇胺溶液。CT8-5 溶液脱硫率高，再生容易，贫液中 H_2S、CO_2 含量很低，进一步降低了设备腐蚀的可能性。CT8-5 可在较高浓度范围内使用，使得溶液循环量降低，所需再生蒸汽量减少。

CT8-5 化学稳定性好，无化学降解和热降解，无须溶剂复合处理。CT8-5 使用方便，原用醇胺溶液脱硫装置无须改变设备，可直接使用。

该溶剂可用于天然气、炼厂气等气体的选择性脱硫，也可用于酸气提浓。目前该新型选择性脱硫溶剂已在重庆天然气净化总厂等大型装置上应用。

脱硫脱碳溶剂 CT8-9 是为了克服 MDEA 碱性弱，与 CO_2 反应速度低，不利于大量或深度脱除 CO_2 的缺点而开发的。其最大特点是可以通过灵活调整溶液组成来满足对原料气中 CO_2 不同程度的脱除要求。它适用于 CO_2 含量较高的天然气、炼厂气、合成气等气体的净化。

CT8-9 脱硫脱碳溶剂是以 MDEA 为基础组分，适量添加能改善醇胺溶液脱硫脱碳性能和再生性能的添加剂及微量辅助添加剂复配的脱硫溶剂。CT8-9 脱硫脱碳溶剂具有脱硫效果好，CO_2 脱除率可根据要求调节范围，抗污染能力强、再生容易、对装置腐蚀轻微等优点。CT8-9 脱硫脱碳溶剂抗发泡和抗腐蚀能力优于 MDEA 水溶液。CT8-9 脱硫脱碳溶剂使用方便，如果装置原使用醇胺溶液脱硫，无须改动设备，可直接使用。

2. 高酸性天然气有机硫脱除技术

目前正在开发的川东北高含硫气田，气井压力高，不仅含 H_2S 高、CO_2 高，而且还含有机硫。对川东北高含硫气田一些气井天然气中有机硫分析结果显示，其有机硫的形态主要是羰基硫（COS）和二硫化碳（CS_2），含量高低不等，有的高达 $300mg/m^3$，甚至 $500mg/m^3$，而对于特高含硫和 CO_2，同时有机硫含量也较高的高酸性天然气的净化处理，我国尚无成熟的经验。鉴于上述原因，开展了高酸性天然气中有机硫脱除技术的研究。试验表明，在 3.3MPa 吸收压力和所试验的原料气组成条件下，所选脱硫溶剂对高酸性天然气中的 H_2S 和有机硫仍具有良好的脱除效果。当采用 440 气液比时，有机硫脱除率大于 70%，净化气达到 GB 17820 中二类气质标准对 H_2S、CO_2 以及总硫的要求；在 300 的气液比下，有机硫脱除率大于 80%，净化气符合 GB17820《天然气》中一类气质标准对 H_2S、CO_2 以及总硫的要求。

四、硫黄回收技术

"十二五"以来，在消化吸收国外引进技术的基础上，形成具有自主知识产权的硫黄回收技术。

在中国石油天然气股份公司组织下，西南油气田公司等单位参加，成功研发出具有自主知识产权和工程实用性的环保节能 CPS 硫黄回收工艺，填补了国内空白，减少了对国际大型工程公司的技术依赖。该工艺适用于 10 ~ 200t/d 硫黄回收装置，实现了中高含硫气田天然气净化技术的全面国产化和自主化的要求。近年来，该工艺得到全面推广，先后在万州、塔中、磨溪等净化厂中得到成功应用，硫黄回收率约 99.4%。

CPS 硫黄回收工艺是酸性气田天然气净化处理的关键配套技术，属于克劳斯延伸类硫黄回收工艺。该工艺根据硫化氢与氧气反应生成单质硫和水的化学反应为可逆、放热反应的机理，在流程上创新性地增加了再生态切换前的预冷工艺，降低催化剂反应温度；增加了再生前的冷凝去硫工艺，降低单质硫分压值；创新性地回收焚烧炉排放烟气废热用于催化剂再热工艺，确保再生温度稳定，同时对废热进行充分回收利用等。与国际同类硫黄回收工艺相比，具有投资省、硫黄收率高、能耗低、SO_2 等污染物排放少、适应性强的优点。

根据现行环保标准要求，该工艺适用于 10 ~ 200t/d 硫黄回收装置，实现了中高含硫气田天然气净化技术的全面国产化和自主化的要求。CPS 硫黄回收工艺流程图见图 3-7。

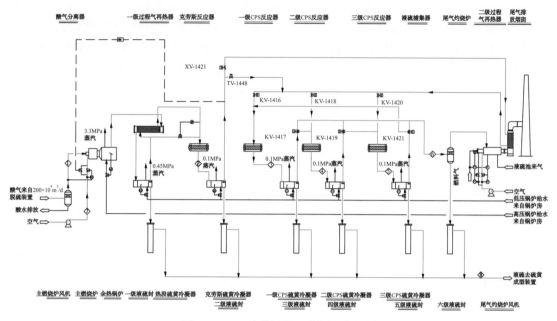

图 3-7　CPS 硫黄回收工艺原理流程图

第三节　高含二氧化碳气田开发地面工程技术

通常把流体组分中 CO_2 体积含量大于 10% 的天然气称为高含二氧化碳天然气，生产高含二氧化碳天然气的气田称为高含二氧化碳气田。2007 年以来，中国石油的高含二氧化碳气田开发地面技术从无到有，快速发展，截至 2015 年，已经形成了国内先进的高含二氧化碳气田集输与处理成套工艺技术，在吉林长岭气田和大庆徐深气田成功应用。生产的净化天然气满足国家标准，同时实现了 CO_2 资源化利用，达到了零排放。

一、高含二氧化碳气田地面工程概况

1. 吉林长岭气田

长岭气田位于吉林省前郭县，探明地质储量 $706.3 \times 10^8 m^3$，其中营城组储量 $533.4 \times 10^8 m^3$，平均 CO_2 含量 23% 左右；登娄库组储量 $172.9 \times 10^8 m^3$，平均 CO_2 含量低于 3%。

2008 年 11 月建成了试采工程，2009 年底建成一期工程，2011 年 11 月建成二期工程，2012 年 10 月建成三期工程。

长岭气田集输系统分三期建设，试采工程建成单井站 6 座、集气站 1 座、采气管道 18.26km、注醇管道 18.26km。一期和二期建成气井 7 口、新建和扩建集气站各 1 座，集气干线 12.8km，外输管线 3.36km 及单井集气管线 36.65km，注醇管线 12.76km。

长岭 1 号天然气处理厂分为四期建设。试采工程建设了营城组 $120 \times 10^4 m^3/d$ 分子筛脱水装置和登娄库组 $20 \times 10^4 m^3/d$ 三甘醇脱水装置。高含 CO_2 天然气脱水后供燃气电站作燃料。一期工程建成 $120 \times 10^4 m^3/d$ 活化 MDEA 天然气脱碳装置 1 套，$120 \times 10^4 m^3/d$ 三甘醇脱水装置 1 套，$5 \times 10^4 m^3/d$ 膜分离脱碳试验装置 1 套，并建设了 CO_2 液化、储存设施。二期工程建成 $120 \times 10^4 m^3/d$ 活化 MDEA 天然气脱碳装置 1 套，$120 \times 10^4 m^3/d$ 三甘醇脱水装置 1 套，CO_2 脱水增压设施 1 套，所产 CO_2 气相增压后供油田回注，不再液化和储存。三期工程建成 $210 \times 10^4 m^3/d$ 活化 MDEA 天然气脱碳装置 1 套，$180 \times 10^4 m^3/d$ 三甘醇脱水装置 1 套，CO_2 增压干燥外输装置 1 套。$20 \times 10^4 m^3/d$ 三甘醇脱水装置已停用。配套建设放空、燃料气、供配电、给排水及消防、循环水、锅炉房、自动控制、化验室、通信及构筑物等辅助生产设施。

长岭气田火山岩气藏为国内罕见的高含碳气田，勘探和开发技术研究被列入国家"973"和"863"项目。长岭气田的全面投产，标志着我国第一个集天然气开采、二氧化碳分离、二氧化碳埋存和驱油提高采收率技术于一体的国家与中国石油重大科技示范工程的竣工。它的全面投产，标志着我国深层火山岩复杂气藏水平井开采技术、致密砂岩气藏水平井多段压裂增产技术、二氧化碳分离和防腐技术、二氧化碳埋存和驱油提高采收率等四项主导技术取得重大突破。

长岭 1 号气田是中国石油国内第一个整体开发的陆上高含 CO_2 气田，气田所产 CO_2 副产品全部用于大情字井油田 CO_2 混相驱提高原油采收率，实现了长岭气田的绿色开发，增油效果也非常显著。是中国石油发展低碳经济、利用天然气中脱出的 CO_2 实现 CO_2 混相驱提高原油采收率的典型示范工程，气田建设体现了循环经济的科学发展观。具有三大亮点：

（1）该工程是中国石油国内第一个陆上高含 CO_2 气田开发项目，该工程成功运用活化 MDEA 胺法脱 CO_2、TEG 脱水、丙烷制冷 CO_2 液化的工艺技术，形成了具有自主知识产权的高含 CO_2 气田集输、处理技术。

（2）脱 CO_2 装置脱出的 CO_2 全部回收，作为油田 CO_2 驱提高原油采收率的注入气源，形成了世界上先进的低碳、循环经济模式，实现了温室气体 CO_2 的零排放。

（3）实现了国内中国石油首套胺法脱 CO_2 装置一次性投产成功，经连续 72 小时满负荷性能考核，原料气中 CO_2 含量高达 23.7%，净化后天然气中 CO_2 含量 2.38%，满足国家二类天然气标准要求，烃类回收率达到 99.5% 以上，副产品 CO_2 纯度大于或等于 99.5%，满足油田 CO_2 驱的注入要求，技术经济指标均达到或好于设计值。

2. 大庆徐深气田

大庆徐深气田自 2000 年开始勘探，2002 年投入开发，截至 2015 年底，大庆油田徐深气田累计动用气层气地质储量 $1449 \times 10^8 m^3$，其中深层气 $1192 \times 10^8 m^3$，中浅层气 $258 \times 10^8 m^3$。深层气投入开发区块主要为低含碳的升深 2-1 区块、徐深 1 区块和高含碳的徐深 8、徐深 9、徐深 21 区块，两大区块标定产能 $17.21 \times 10^8 m^3/a$；未动用储量 $1040 \times 10^8 m^3$ 主要分布在深层，通过开展储量评价工作，未开发气藏落实储量 $795 \times 10^8 m^3$，预计可动用储量为 $368 \times 10^8 m^3$，其中部分井高含碳的汪深 1 区块和昌德气田等预计可动用储量为 $224 \times 10^8 m^3$。

徐深 8、徐深 9 和徐深 21 区块自 2007 年以来已投入开发，设计年产气能力 $6.12 \times 10^8 m^3$，二氧化碳含量 3.1% ~ 27.5%。徐深 8 集气站管辖井数 4 口，设计规模 $60 \times 10^4 m^3/d$；徐深 9 集气站管辖井数 13 口，设计规模 $110 \times 10^4 m^3/d$；徐深 21 集气站管辖井数 2 口，设计规模 $20 \times 10^4 m^3/d$；徐深 23 集气站管辖井数 2 口，设计规模 $40 \times 10^4 m^3/d$。其流向是输送到徐深 9 天然气净化厂进行脱碳处理，脱碳后产品天然气输往庆哈管道—双合首站。

已建区块含碳量逐年上升，根据 2011 年开发试采，徐深 8 高含碳区块最高含碳量为 24.34%，目前徐深 8 区块——徐深 8-1 及徐深 8-2 井含碳量高达 27.5%，徐深 8 区块综合含碳量为 26.1%。徐深气田气井的含碳量随着开采时间的增加，呈逐渐上升的趋势，尤其是高含碳区块的上升趋势更为突出。

大庆徐深气田具有以下特点：

（1）徐深气田具有 CO_2 含量变化范围比较大的特点，区块间和井间差别较大。因此，天然气处理厂的脱碳装置应该具有较大的弹性范围。

（2）为了 CO_2 减排和充分利用 CO_2 资源，高含 CO_2 气田所产的 CO_2 需要回收利用。

（3）大庆油田树 101、芳 49 区块 CO_2 混相驱试验取得了较好的效果，徐深 8、徐深 9、徐深 21 三个区块所产 CO_2 可以用于大庆油田的 CO_2 混相驱项目。

二、集输与处理工艺

1. 高含二氧化碳气田集气工艺

吉林长岭气田同时开发高含二氧化碳的营城组和低含二氧化碳的登娄库组，分别建设两套集气系统。采用了井口注醇节流、气液混输至集气站，在集气站进行加热节流、轮换计量、气液混输至处理厂的多井集气工艺。营城组气井采用高压集气，登娄库组气井采用中压集气。注醇装置集中设在集气站，经注醇管道输送至各采气井口，注醇管道与采气管道同沟敷设。

营城组集气管道采用 316L 复合管，解决了高含 CO_2 天然气湿气输送的腐蚀问题，登娄库组集气管道采用 L245NB 碳钢管。集气站采用多井式真空加热炉，降低了能耗，减少了占地。

采气井口装置流程简单，放空、排污均设在集气站，井口设置安全截断系统，提高了系统安全性，实现了井场无人值守。

多年的生产实践表明，长岭气田集气工艺符合高含 CO_2 气田特点，流程简单、适应性强、输送效率高。

2. 高含二氧化碳气田天然气处理工艺

在各种脱碳工艺中，对于高含二氧化碳天然气采用活化 MDEA 胺法脱碳工艺具有高 CO_2 的吸收速率、低能耗、低溶液循环率等诸多优点，因而在国内外天然气脱碳净化领域得到广泛的应用。

在吸取国内装置成功经验的基础上，吉林长岭天然气处理厂采用了活化 MDEA 胺法脱碳、TEG 脱水工艺，工程布局合理，设备选型得当，工艺设计先进，节能效果明显，工厂自动化程度较高，编制定员人数较少，满足生产要求。

天然气脱 CO_2 采用了一段吸收、两段闪蒸再生的活化 MDEA 工艺，是中国石油首套胺法天然气脱 CO_2 装置，其工艺流程较先进，工艺过程较简单，装置溶剂再生蒸汽消耗量低。CO_2 回收采用了压缩机增压、分子筛干燥、丙烷制冷液化、2400m³ 大型子母罐储存工艺。天然气脱水采用了成熟可靠的 TEG 脱水工艺，形成了具有自主知识产权的天然气脱 CO_2 工艺技术。

一段吸收、两段闪蒸再生的活化 MDEA 工艺流程图见图 3-8。

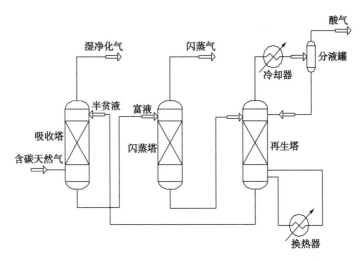

图 3-8 一段吸收＋两级闪蒸再生的脱碳工艺流程示意图

对 CO_2 副产品相态选择方面也进行了认真研究，一期工程生产的 CO_2 液化后回注，吉林油田研究后认为可以考虑气相 CO_2 增压后超临界回注。二期工程脱出的 CO_2 不再进行液化，脱水、增压后回注。

第四节　高压凝析气田开发地面工程技术

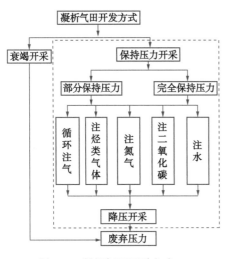

图 3-9 凝析气田开采方式

凝析气藏是一种特殊而复杂的气田，气体中含有戊烷以上的重碳氢化合物较多，具有反凝析性。凝析气藏开发机理复杂，同时采出气和凝析油，使凝析气田具有开发难度大、技术工艺要求高等特点。

凝析气田开发方式主要有两种：一种是衰竭开采；另一种是保持压力开采。其开采方式见图 3-9。

凝析气田地面工程包括凝析气收集、计量、处理、产品外输，其产品有天然气、液化气、轻烃、凝析油等。凝析气田由于同时含有天然气和凝析油，集输与处理工艺复杂、生产单元多、产品种类多，涵盖了天然气集输与处理的全过程，因此凝析气田地面工程较常规气田要复杂得多。

"十一五"以来形成了凝析气田高压集气技术、长距离气液混输技术、高压凝析气处理技术等。

一、高压凝析气田地面工程概况

目前，我国较大的凝析气田主要集中在塔里木、新疆、吐哈、华北等地区。其中高压凝析气田主要集中在塔里木油田。截至 2016 年底，塔里木凝析气田建成生产能力

$108 \times 10^8 \text{m}^3$，占塔里木油田天然气产量的 40%。塔里木盆地凝析气田具有埋藏深、压力高、上覆地层复杂、流体性质复杂等特点，高效开发难度大、技术要求高。塔里木油田经过长期的攻关，成功开发了迪那、英买力、牙哈等高压凝析气田，形成了"高压集气、气液混输、集中处理"的超高压凝析气田工艺模式，为凝析气田的地面工程积累了大量的经验，开创了国内高压凝析气田建设的新领域。

二、集输工艺技术

1. 高压集气技术

高压气田为充分利用气藏压力能，简化后续工艺，英买力气田、牙哈气田、迪那2气田应用了高压集气技术，集气压力均达到 10MPa 以上，优化了集输处理工艺，节省了工程建设投资，降低了能耗。主要高压凝析气田集输系统压力超过 10MPa 的见表 3-3。

表 3-3　集输压力超过 10MPa 的主要凝析气田

序号	地区	气田	集输压力，MPa
1	塔里木	迪那	15
2		牙哈	15
3		塔中 6	12
4		英买力	12
5		吉拉克	12
6	新疆	玛河	15

2. 长距离气液混输技术

英买力、牙哈、迪那2等高压气田均采用气液混输的输送工艺，简化了地面工艺流程，减少了管线投资，降低了运行管理费用，其中英买力气田西、东集气干线管径 DN350mm，长度分别为 75km 和 65km，是目前我国最长的混输管道，相比气液分输方案可节约投资约 9500 万元。

英买力气田群是西气东输工程的主力气源之一，包括英买 7、羊塔克和玉东 2 三个凝析气田。这三个气田具有高压、高密度、高凝固点、高矿化度等特点，同时气田分布零散，井流物组分物性、井口压力、产气量、单井产量均不同，而且有较大的差别。该气田群共分为 8 个区块，属于"串珠"型凝析气田群，整个气田群覆盖面积约 $65\text{km} \times 45\text{km}$，集输半径最大为 76km，总输气量为 $26 \times 10^8 \text{m}^3/\text{a}$，总输液量为 $55 \times 10^4 \text{m}^3/\text{a}$（图 3-10）。

依据气田开发方案，主要生产井的气油比平均在 6000 左右，分输时的湿气输送管线管径与混输的管线管径相当，通过采用 OLGA 软件进行模拟计算，按 2006 年的各集气站的产气量、产液量及产水量预测数据，两种输送工艺采用相同的管网规格，各集气站的出站压力见表 3-4，气液分输方案集气支干线的起点压力比气液混输最多只低了 0.49MPa，因此采用气液分输方案集气支干线的管径并不能缩小，然而在每个集气站需增加气液生产分离器等设备及液体管道，增加了投资，并增加了后期的管理成本，其增加的主要工程量及投资见表 3-5。

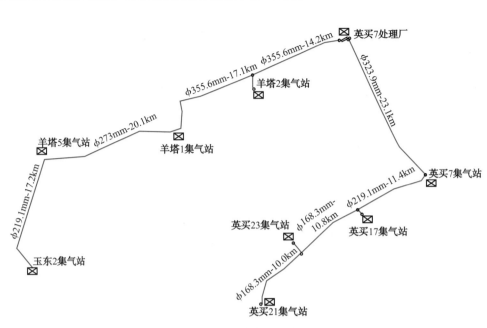

图 3-10 总体布局示意图

表 3-4 混输与分输压差对比表

序号	名称	气液混输，MPa	气液分输，MPa	两种方案压差，MPa
1	玉东 2 集气站	13.41	12.92	0.49
2	羊塔 5 集气站	13.02	12.58	0.44
3	羊塔 1 集气站	12.23	12.01	0.22
4	羊塔 2 井场	11.99	11.83	0.16
5	英买 21 集气站	13.19	12.93	0.26
6	英买 23 井场	12.69	12.42	0.27
7	英买 17 井场	12.08	12.02	0.06
8	英买 7—19 集气站	11.74	11.69	0.05
9	英买 7 处理厂	11.00	11.00	0.00

表 3-5 分输工艺增加的主要工程量及投资表

主要工程量	工程投资，万元
（1）ϕ168mm×12mm 75.70km （2）ϕ114mm×9mm 26.00km （3）ϕ76mm×7mm 33.50km （4）ϕ60mm×6mm 6.60km （5）ϕ48mm×5mm 2.80km （6）中间加热站、分离器、阀门及其他	9549

采用混输工艺时，只需设置一条混输干线，在气井相对集中的井区设置集气站，将多井产物汇集后输入混输干线，而零散气井就近接入混输干线。因此，采用混输工艺可大幅

度地简化集输工艺、减少管道、设备的工程量，降低工程投资，又可减少建成后气田群的运行管理费用。

1）气液混输适用范围

气液混输工艺适用于以下条件：

（1）输送气量及气液比较为稳定。

（2）具有足够的井口压力，且压力波动小。

（3）线路地形起伏较小，最好是平坦地形或单面坡。

（4）集输半径不宜过大，集输半径与气液比有关，通常气液比越低，集输半径越短，气液比越高，集输半径越大；通常不超过 30km 为宜。

（5）混输管道中的气体流速均保持在 3m/s 以上。

以上条件在混输工艺实际应用中并不需要全部满足，比如，只要管道中的流速在 3m/s 以上，集输半径就可以适当扩大，也允许有一定的高程起伏；反之，如果不能保证 3m/s 以上的流速，则允许的集输半径及高程起伏就会受到很大的限制。

以下是不宜采用油气混输工艺的情况：

（1）地形较大起伏较大，且输送距离较长。

（2）气田开发不确定性程度较高，产量不稳定。

（3）后续替补单井井位与开发方案偏差较大。

（4）采用枝状管网时，集输干线起点部分由于气量很小，流速很低，易出现严重积液现象。

若在项目实施时开发方案或设计基础数据有较大的变化时（如井位变化导致产能中心变化、气液产量变化等）必须重新校核工况。

2）凝析气田气液长距离混输工艺设计要点

（1）管输流速设计分析。

集气管道的流速确定需考虑两方面的因素，一方面是管道沿线的压力损失，另一方面则是气体流速对管道冲刷及管内持液量的影响。

集气管道的流速越高，管路沿线的压力损失就越大，上游所需供气压力的提高将缩短气田的稳定时间。同时，过高的流速也将对管道弯头、三通等管路附件及线路阀门造成严重的冲刷及腐蚀，产生不安全因素。根据资料介绍，对于采用碳钢的集气管道，天然气的流速应控制在 10m/s 以内以减缓气体冲刷所造成的冲蚀影响。集气管道的流速过低，则不仅会造成集气管道的管径偏大，投资浪费，而且对于气液混输管道，由于气流速度较慢，在管道低洼处易形成积液，局部腐蚀情况将更加严重。因此，合理的流速选择应是对以上两种因素的综合考虑。

在气液混输工艺集输管道设计中，管线流速一般宜为 4 ~ 8m/s；当输送介质为酸性天然气时，管线流速宜控制在 3 ~ 6m/s，这样既可保证气体一定的携液能力，又可防止因气流速度过快所造成的缓蚀剂不易黏附的问题。若采用内衬不锈钢复合管材时，由于不加注缓蚀剂且内衬耐冲蚀性能较佳，流速应尽可能提高以增强携液能力。

（2）压力级制的选择。

气液混输工艺在实验室及理论研究领域大多集中在小直径管道，而工业应用已经不断向大口径、长距离管道发展。根据已建气液混输管道实际生产运行参数进行模拟复核，软件计算的压力结果通常小于实际生产的运行压力。因此设计压力应在软件计算压力基础上考虑充分的余量。

（3）段塞流的设计对策。

气田集输中由于气液比较大，气体流速较高，流态通常以间隙流、层流及环状流为主，在低洼地段会出现局部段塞流，输送压损也比较小。在正常输送下，液相可以在处理厂入口通过重力式分离器分离后进入净化装置。而在清管工况时，管道内滞留的液体在短时间内被集中排出管道，这部分液体体积较大，排出的时间较短，液塞会瞬间充满分离器，使下游的天然气净化装置不能正常工作。因此，怎样接收这部分液塞，保证下游净化装置生产工况平稳，就成为陆上气田采用气液混输工艺进行输送的难点。

为了消除清管产生的段塞流对处理厂的天然气净化装置的影响，使天然气处理装置平稳、安全运行，在工艺设计上有多种方案可选择：

①设置段塞流捕集器。

在集气干线末端（即处理厂入口）处设置段塞流捕集器。在英买力气田及迪那气田处理厂入口均设有多管式段塞流捕集器，其中迪那气田段塞流捕集器按照最大排液量同时考虑20%的的缓冲容积采用2台13.6MPa、70m^3多管式段塞流捕集器，每台储液段由2根直径分别为DN1000mm、长45m管段组成。英买力气田段塞流捕集器储液段由4根直径分别为DN800mm、长80m和DN1000mm、长120m的管段组合而成，储液段容积320m^3，设计压力12MPa。

迪那和英买力段塞流捕集器实际应用效果良好，基本可以取代捕集器之后的入口分离器功能。但段塞流捕集器投资较大，其中迪那气田段塞流捕集器投资约1127万元。

②设置多条集气干线

通常处理厂位于气田中心，原料气经两条及以上的集输干线输往处理厂，当其中一条集输干线单独清管时，清管所产生的液塞量可过旁通管道排入另外的集气干线，此时未清管的集气干线作为一个"段塞流捕集器"容纳清管干线的清管排液量，这部分液体随未清管干线气体逐步进入处理厂，避开了峰值流量。

③设置中间清管站。

对于清管排液量大的集气干线，考虑在干线中部设置清管站，将干线分为两段分别进行清管。以长北气田为例，未分段清管工况下液塞容量达到了约167m^3，分段后清管工况下进入处理厂的最大液塞容量仅76m^3。

④设置调节阀。

在处理厂集气装置区入口分离器前设节流阀，控制清管时进入入口分离器的液体流量，充分利用了入口分离器的缓冲容积，满足入口分离器的正常操作，同时尽量满足下游净化装置的正常运行。此方案在塔中6凝析气田中成功应用。

分离器的选择通常采用卧式重力气液分离器，近年来管式旋流分离器也在逐步应用，后者具有制造周期短、分离效率高的特点。在排液控制设计上，对于气、液流量比较稳定的工况，仅通过液位连锁排液阀设计即可满足工况要求，若气、液流量波动较大，则需要进行分离器后气相管路、液相管路与液位相连锁的设计。

（4）凝析气田采用清管工艺是保证气田平稳运行的主要手段，主要考虑以下因素：

①清管周期的确定。

清管周期的确定是两相流管线操作中的重要环节,理论上清管周期可以根据计算得到,清管后管道内的持液量恢复到最大时的时间间隔即为清管周期,这可以通过软件进行动态模拟计算,如 PIPEPHASE、PROFES、OLGA 等软件。但最大持液量的确定所涉及参数较多,软件模拟与实际工况操作差别较大,因此软件的计算结果仅可作为参考。在实际生产过程中对每次清管操作的有关参数诸如压力、气液流量、清管时间等进行分析和研究以便选择比较准确的清管周期。

②气相流速的影响。

当管线处于低气量输送时,由于流速低,管内的持液量相对较多,此时不宜清管,需要在增加气量输送一段时间后再进行清管。

③清管速度的影响。

控制清管速度,使清管器以较低的速度进行清管,清管排液时间延长,瞬时排量会减少。

④轮换清管。

采用多集气支线、多集气干线输送的气田有条件采取轮换清管的操作方法,先进行局部支线、干线清管,清管会使干线内的持液量在短时间内增加,间隔一定时间后使干线内持液量恢复到正常水平时才进行下一步清管,可以很大程度上减小清管液塞的峰值量。

在进行气田总体工艺设计时可以兼顾此因素,将处理厂设置在气田的中部,集气干线至少有两条,这不仅提高气田生产抗风险的能力,而且可以利用管网的特点减少清管时的液塞量。克拉 2 气田、迪那凝析油气田、塔中Ⅰ号凝析气田均采用此总体工艺流程设计。

⑤旁通式清管器。

旁通式清管器由一个中央圆筒连接清管器的头部和尾部,气体通过中央圆筒由清管器头部的折板使其流向管壁(图 3-11)。旁通的气体对清管器前的段塞吹扫,使液体分散,其峰值流量减小。改变支撑于前盘上折板与前盘的间距,可改变旁通通道的大小。该清管器适用于外径大于或等于 20in 的管线,重 120kg。使用旁通式清管器能减少终端液体流量的峰值,尽量使液体流动均匀。

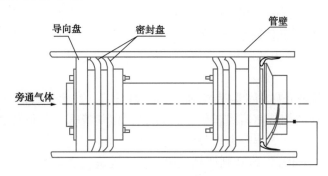

图 3-11　旁通式清管器

对于气田开发中的气液混输工艺,气相分率占主导地位、液相分率相对较小,段塞流的处理方式应结合下游净化工艺的不同要求,优先从操作方式的灵活性上考虑设计对策的选取,尽量避免建设占地面积大、投资高、设计复杂的段塞流捕集器,从而简化、优化工艺流程，节省投资。

三、高压凝析气处理技术

凝析气田天然气中一般 C_{3+} 以上重烃含量高，处理工艺不仅要控制烃、水露点，还要对凝析油进行稳定。对于具有回收液化气和轻烃经济价值的，同时要尽可能多地回收液化气和轻烃以创造更高的经济效益。

塔里木高压凝析气田处理工艺为充分利用压力能，节省投资和降低运行费用，均采用 J-T 低温分离工艺。凝析油稳定多采用多级闪蒸＋微正压提馏回收工艺，详见表3-6。

表3-6　塔里木主要高压气田凝液回收、凝析油稳定工艺一览表

序号	处理厂名称	规模 $10^4m^3/d$	入厂压力 MPa	出厂压力 MPa	烃露点 ℃	脱烃工艺	凝析油稳定	轻烃回收
1	牙哈集中处理站	370	13.5	6.26	−16（6.3MPa）	J-T 阀＋乙二醇	三级闪蒸＋微正压提馏	脱乙烷＋脱丁烷
2	英买力油气处理厂	350×2	10.5	5.5	≤−15℃	J-T 阀＋丙烷制冷	三级闪蒸＋微正压提馏	脱乙烷＋脱丁烷＋脱戊烷
3	迪那2油气处理厂	400×4	12	6.9	−5（7MPa）	J-T＋乙二醇	三级闪蒸＋微正压提馏	脱乙烷＋脱丁烷＋脱戊烷（未投）

迪那2油气处理厂采用 J-T 阀膨胀制冷工艺，在满足产品气水、烃露点的基础上，浅冷回收凝液中的液化气和轻油。设计建设4套具有相同处理能力的脱水脱烃装置，单套装置正常运行时原料天然气的处理量为 $400 \times 10^4m^3/d$。迪那2气田12.1MPa的天然气经集气干线输至油气处理厂集气装置，分离出部分凝析油和水后天然气经空冷器降温至小于或等于40℃，计量后进入脱水脱烃装置 J-T 阀节流至7.1MPa后，温度降至约−20℃，低温分离进一步脱出天然气中的水和部分液烃后，得到产品气至输气首站计量外输。

脱水脱烃装置分离出的液烃经轻烃回收装置的脱乙烷塔及脱丁烷塔回收液化气和轻油，回收的液化气进入罐区液化气罐储存及外输，回收的轻油直接至输油首站外输或进入罐区储存。集气装置分离出的凝析油至凝析油稳定装置稳定后至输油首站外输或进入罐区储存。

凝析油稳定装置的0.15MPa闪蒸气增压至2.5MPa后，与集气装置的2.5MPa闪蒸气及脱水脱烃装置醇烃液三相分离器降压至2.5MPa的闪蒸气混合，经脱水脱烃装置换冷后进入轻烃回收装置的三相分离器分离。分离的2.5MPa的闪蒸气与脱乙烷塔顶气混合经闪蒸气增压装置增压到7.1MPa后掺和到产品气中外输。闪蒸气节流换冷过程中易形成水合物的地方均注入乙二醇。

脱水脱烃装置及轻烃回收装置分离出的乙二醇富液进入乙二醇再生及注醇装置精馏，得到乙二醇贫液到脱水脱烃装置注醇循环使用。迪那2油气处理厂工艺流程示意图见图3-12。

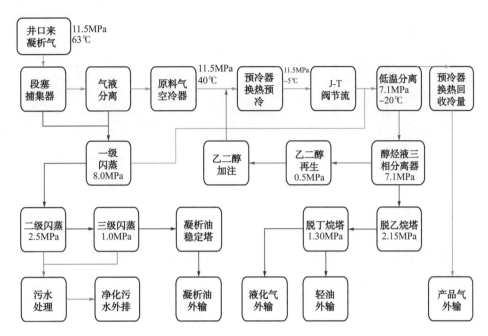

图 3-12　迪那 2 油气处理厂工艺流程示意图

第五节　煤层气开发地面工程技术

我国煤层气资源十分丰富，2000m 以浅煤层气资源量为 $36.8 \times 10^{12} m^3$，主要分布于西北、东北、华北及西南等地区，其中高阶煤占 23%，中阶煤占 34%，低阶煤占 43%。

中国石油可供煤层气勘探开发的面积达 $16.1 \times 10^4 km^2$，拥有煤层气资源约 $16.48 \times 10^{12} m^3$。2015 年煤层气总产量达到 $18 \times 10^8 m$，其中中石油煤层气公司 $8.5 \times 10^8 m$，华北油田 $8.7 \times 10^8 m$，浙江油田 $0.5 \times 10^8 m$。

2010 年 2 月，集团公司组织进行科技重大专项"煤层气勘探开发关键技术研究与示范工程"，对煤层气勘探开发的关键技术进行攻关，取得了重大突破。其中煤层气地面工艺技术形成了较为完善的煤层气地面工艺技术体系，满足了煤层气井低产生产、低压输送、低成本建设的目标。

一、煤层气开发特点及地面工程现状

1. 开发特点

煤层气主要是以吸附状态赋存在煤层中的甲烷（CH_4），其性质与化学组分与常规天然气相似，但由于其吸附特性，使煤层气在赋存成藏条件及其开发工艺技术上有很大差别。

煤层气的生产过程是通过排水、降压、吸附实现的。煤层气井排采一般要经过"见套压前、憋套压、初始产气、产气上升、稳定产气和产气递减"等 6 个阶段。排水规律：整体呈缓慢下降趋势，初期产水量大、连续排水；后期产水量小、间歇排水。产气规律：憋套压期前不产气，见气后表现为持续上升—稳定产气—缓慢下降的产气特征。煤层气排采过程见图 3-13。

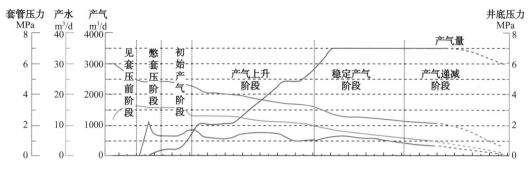

图 3-13　煤层气排采标准曲线

煤层气的地面集输和处理与常规天然气相类似，但由于煤层气储存和产出的特点，其具体方案又与常规的天然气有所不同，主要体现在地面低压集输和大量排出水的处理上。煤层气是通过煤层降压气体解吸而被开采出来的，因此它的产出压力不会太高，所以在进入输送管道之前必须进行增压。

与常规天然气相比，煤层气开发经济性较差。这是因为：第一，煤层气田开采压力明显低于常规天然气气田，而需增压设备；第二，采气前与采气过程中伴有排水，采出水需处理排放；第三，与常规天然气为游离气，易开采，初期产量较高不同，煤层气为吸附气，不易开采，初期产量较低，生产规模较小。

典型的煤层气生产井，采用在常规油田常用的在生产套管中下入油管的结构，能有效地使气、水在井下就得到初步分离。水一般用泵从直径 10mm 或 22mm 的油管中抽出，而气通常从油管和生产套管之间的环形空间采出。从井口产出的气、水，分别进入到井口两相分离器进一步分离后，分别进入煤层气集气系统、集水系统，进行相应处理和增压。

对于天然气产量，苏里格气田低渗透、低压、低产气田，其井口回压也能达 1.2MPa，单井产量 5000 ~ $2 \times 10^4 \text{m}^3/\text{d}$，而煤层气田井口回压正常生产时就比天然气气田关井压力还低，一般为 0.2 ~ 1.0MPa，单井产气量低、差异大（200 ~ 15000m³/d）、单井产水量变化大（0.5 ~ 300t/d），排水期长（有时长达 2 ~ 5 年），气质以甲烷为主（90%以上），含煤粉（约 0.7mg/m³），饱和含水。这使煤层气地面集输工艺与常规天然气有显著差异。产气量变化规律要求设备具备较高操作弹性（10% ~ 120%）。采出水需全部处理后达标排放，山区地形要求合理设计采出水集输系统，水量变化规律要求水处理设备成橇可搬迁。井多、线长、压力低，要求集输工艺优化简化。气质条件要求选用适宜的处理设备。

2. 地面工程现状

"十一五"以来，中国石油加大了投入，建成沁水、鄂东两大煤层气产业基地，形成两大盆地四个地区的发展格局。鄂东、沁水盆地煤层气资源量 $2.66 \times 10^{12} \text{m}^3$。累计探明煤层气地质储量 $4225 \times 10^8 \text{m}^3$。

沁水盆地包括樊庄、郑庄、沁南、马必、夏店等 6 个区块，有探矿权、采矿权面积 5169km²，煤层气总资源量 $1.08 \times 10^{12} \text{m}^3$。累积探明含气面积 1639km²、煤层气地质储量 $2819 \times 10^8 \text{m}^3$。第一批建成了樊庄、郑庄 $15 \times 10^8 \text{m}^3/\text{a}$ 生产能力和中央处理厂一期 $15 \times 10^8 \text{m}^3/\text{a}$ 处理、外输工程。

截止到 2015 年 6 月，鄂尔多斯盆地共批复 $21 \times 10^8 m^3/a$ 产能建设，分别为韩城区块 $5 \times 10^8 m^3/a$、保德区块北部 $5 \times 10^8 m^3/a$、保 6 井区 $5 \times 10^8 m^3/a$ 产能建设及临汾地区 $1 \times 10^8 m^3/a$ 勘探开发一体化试采工程。

二、集输工艺技术

1. 总工艺流程

煤层气集气系统总流程主要根据煤层气气质、气井产量、压力、温度和气田构造形态、驱动类型、井网布置、开采年限、逐年产量、产品方案及自然条件等因素，以提高气田开发的整体经济效益为目标，综合考虑确定。

经过不断的优化和总结已建煤层气试验工程的经验，煤层气田地面集输系统宜采用"排水采气、井口计量、井间串接，低压集气、集中增压"的总体工艺技术路线。

煤层气集气系统有二级布站和一级布站方式。二级布站是将各单井来气用采气管线串接后再汇集到采气干线至阀组或直接输送至集气站，在集气站中进行过滤分离、增压、二次分离、计量后通过集气管线至处理厂，在处理厂增压、脱水后输往下游用户；一级布站模式，根据市场需求，集气站增压脱水后就近销售，或压缩成 CNG 和液化成 LNG，槽车拉运至用户。

总体工艺流程见图 3-14 和图 3-15。

图 3-14 二级布站集气系统流程框图

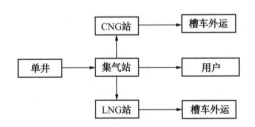

图 3-15 一级布站集气系统流程框图

樊庄区块煤层气田地面工程位于山西省东南部的沁水县境内，是我国首个数字化、规模化煤层气田，它标志着我国煤层气工业化大规模开发的开始。沁水盆地樊庄区块建设规模为 $15 \times 10^8 m^3/a$，其中一期在樊庄区块先建设 $6 \times 10^8 m^3/a$ 产能规模，配套 $10 \times 10^8 m^3$ 处理厂；二期在郑庄区块建设 $9 \times 10^8 m^3/a$，并扩建处理厂。

目前沁水盆地煤层气集输是两级增压，单井来气汇入进站汇管，经过分离器分离后进入压缩机进行增压和计量外输，进站压力为 0.1MPa 左右，出站压力为 1.0MPa 左右，出站后通过集气管线输送至处理厂。各集气站来气全部集中至处理厂，经过清管区接收进入过滤分离器进行过滤，然后由压缩机进一步增压至 5.6MPa，再通过三甘醇脱水装置干燥处理，达到国家二类天然气输送标准。沁水樊庄区块煤层气地面集输总工艺流程见图 3-16。

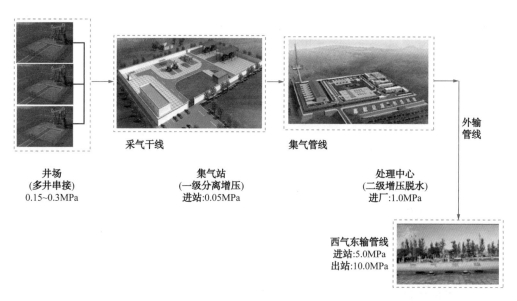

图 3-16　沁水樊庄区块煤层气地面集输总工艺流程图

鄂东气田韩城区块产能建设位于渭南韩城市板桥乡和薛峰乡，距韩城市 10km，分两期建设，已建成产能 $10 \times 10^8 m^3/a$。韩城区块采用"井间串接、枝状管网、低压集气、集中增压、统一处理"的地面集输工艺。具体流程为井口→采气支线→采气干线→集气增压站→集气干线→处理厂→外输（图 3-17）。

图 3-17　鄂东韩城区块集输工艺总流程

2. 低压集气工艺

对于低压、低产、含液量少的气田，集输工艺主要有 3 种：井间串接，分散增压工艺；集气阀组汇集，集中增压工艺；井口串接，枝状管网，集中增压工艺。

在煤层气气田建设中，由于井数众多，所以大规模采用了多种井间串接方式，单井不必直接敷设进站，而是根据地形、地貌、井型等情况，通过采气支管把相邻的几口气井灵活串接到采气干管，汇合后集中进站。缩短了采气管线长度，增加了集气站集气半径，降低了管网投资，减少了对植被的破坏，提高了采气管网对气田滚动开发的适应性。

以上 3 种串接方式可依现场实际情况进行灵活选择，由于串接工艺的成功应用，单井集气半径达到 15km，减少了站场数量，节约了建设投资。

多井串接进站方式较为灵活、压力损失小，适合煤层气井口压力低的特点，把相邻的井串接后集中输送至附近的阀组，或多井串接后在支线与干线相连的根部加截断阀，当采气管线出现故障时可截断单枝集气管线，减少影响井数，便于维修。

3. 逐级、按需增压工艺

按照逐级增压的方式，结合气井压力级制、外输压力、集气管网的运行压力和集气站的分布，采用逐级升高气体压力的方法满足不同用户需求。采用逐级增压，降低了地面工程投资，节省了运行费用。

华北油田樊庄煤层气井口压力 0.15MPa 左右，低压输至集气站，集气站进站压力控制在 0.05MPa 左右，在集气站第一次进行增压，出站压力在 1.0MPa 左右，出站后通过集气管线输送至处理厂。各集气站来气全部集中至处理厂，经过清管区接收进入过滤分离器进行过滤，然后由压缩机进一步增压至 5.6MPa，外输至西气东输管道。

煤层气公司为适应就近销售的要求，在保德区块将脱水工艺前置至集气站，实现分散脱水，取消处理厂建设，变两级布站为一级，在集气站增压至 1.0 ~ 1.5MPa 后直接进入地方管网，保德项目由此减少投资约 2.5 亿元。

4. 系统压力优化技术

煤层气气田具有井口压力低、产量低的特点，集输管网必须采用逐级增压的方式才能满足煤层气输送要求，所以合理确定集输系统压力级制至关重要。为此研究和评估了各种因素对集输系统的投资、运行费用的影响，提出优化系统压力的方案，达到降低地面建设投资和运行成本的目的。对投资和费用现值影响敏感因素依次为集气量、集气干线长度、集气干线管径。

5. 单井计量技术

由于煤层气排采的特点，为了解排采规律和气井产量的变化情况，按照开发要求需对每口井的产量情况进行计量。

煤层气井多处于山区，交通多为不便，井数多并且井位分散。目前大多采用丛式井场。如采用人工轮换计量，操作人员工作量大，管理难度大，并且对于同一个井场，如果单井产量差异大，会对流量计的量程范围造成不适应，因此人工轮换计量不适用于煤层气井场。对于单井计量，由于不需要人工切换，并且流量计与单井一一对应，具有一定的优势。根据技术经济对比，对于 4 口井以下的井场宜采用单井计量，对于 4 口井及以上的井场多通阀自动选井计量装置具有经济优势，可实现自动选井计量，减少现场操作强度，方便管理。

低成本橇装多井自动选井计量装置其核心设备是数控计量多通阀，数控计量多通阀是油气计量专用阀门，主要由多通阀体、电动执行器及控制器等组成。该装置在控制器软件的控制下可以实现油田生产的自动选井，与传统的计量选井技术相比，具有占地面积小、阀门控制可靠、配管及安装简便合理等优点。多通阀自动选井计量流程见图 3-18。

中石油煤层气公司研发的自动选井计量装置获得实用新型专利，在韩城、吉县和保德等区块累计推广使用 160 套，减少单井流量计 650 个，节省投资 400 万元，减少流量计校验费用 130 万元 /a。

6. 采气管网湿气排水技术

煤层气采气管网由于低压和采用多井串接方式集输，导致无法采用通球方式进行管网维护，但输送的介质是湿气，在起伏的地形下管网在"十一五"期间受冷凝水的影响非常严重，部分煤层气田每天约有 10% 的产量无法正常生产。为此经过研究形成了采气管网湿气排水的简单、实用、操作性强的技术方案，有效提高了管网效率。结合煤层气田的特点，采用设积液缸（图 3-19）来解决管道积水的问题，根据地形起伏，合理选择管道的低点并在此处加设凝水缸，利用管道自身的压力将管道中的凝结水定期排出。

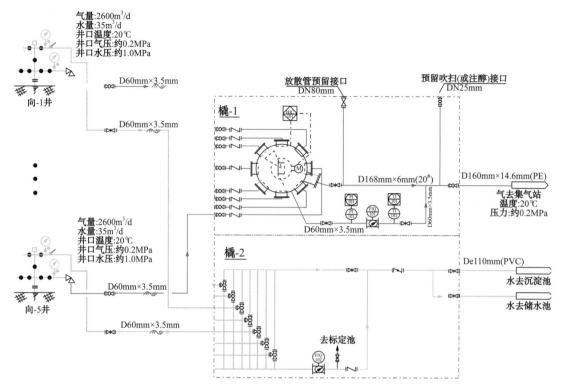

气量:2600m³/d
水量:35m³/d
井口温度:20℃
井口气压:约0.2MPa
井口水压:约1.0MPa

向-1井

气量:2600m³/d
水量:35m³/d
井口温度:20℃
井口气压:约0.2MPa
井口水压:约1.0MPa

向-5井

图 3-18　多通阀自动选井计量流程图

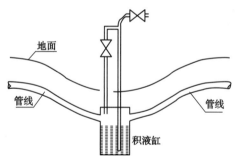

图 3-19　采气管线积液缸示意图

7. 井口驱动方式优化技术

从动力设备的复杂程度、使用稳定性及可靠性、技术成熟度、工期等多方面，对排采动力技术分析，推荐出不同条件下的井口驱动方式。

（1）在利用外电有建设条件的地区排采系统及集气站的供电方式选择应结合输电线路、变电所等的投资，经技术经济综合对比后筛选出利用国家电网方案和集中发电方案，在二者相差不大时应以利用国家电网为主。但当外接电网条件投资过高或遇到电力部门的苛刻要求时，也可采用区域集中自发电方案。

（2）采用燃气发电机带动抽油机，适用性较好、投资较低，在开发期是主推模式。而燃气发动机，对一些边远井、试采井在正规开发前可利用燃气发动机驱动，但燃气发动机对维护管理提出较高的要求，维护人员必须进行专业化培训。

（3）农用电网由于建设标准低、可靠性差、停电事故率高，为确保连续、稳定、安全生产，供电方式一般情况下不予考虑采用农电网，但在试采期间可适当考虑采用。

（4）根据煤层气开发的特点，开发面积大、井场数量多，井场应做到无人值守，排采设备及其驱动机要标准化、橇装化，可移动以便重复利用。

三、处理工艺技术

煤层气气质较为纯净,其处理工艺主要为增压和脱水。主要处理工艺有三甘醇脱水和恒温露点控制工艺。三甘醇脱水技术成熟,在气田中应用广泛,樊庄煤层气中央处理厂、韩城煤层气中央处理厂均采用了三甘醇脱水工艺。

中石油煤层气公司部分煤层气田的煤层气是通过集气站就近销售给地方,本着短距离输送对露点控制深度的要求,简化处理工艺,设计、采用、安装了恒温露点控制装置。其主要工艺流程为煤层气经压缩机增压至 1.2MPa 进入恒温露点控制橇的一级空冷器预冷到 40℃,再经过两股流绕管换热器预冷至 5℃,之后通过雾化器注入甲醇。注入甲醇后的煤层气与气提器出口气体汇合,温度升至 15℃,当环境温度低于 15℃时,进入二级空冷器将气体温度冷却至 0℃,当环境温度高于 15℃时,二级空冷器停用。之后,气体进入外冷系统冷却,进入脱水分离器,保证煤层气露点在冬季和夏季都维持在 –5℃,与原料气复热后达到 30℃外输。分离出的甲醇水溶液经过气提装置再生,实现循环使用。恒温露点控制装置流程和现场应用见图 3–20 和图 3–21。

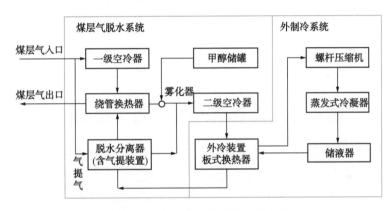

图 3-20　恒温露点控制仪工艺流程

图 3-21　恒温露点控制仪现场应用

四、管材优化技术

煤层气田多处于山区，地形复杂，管线常常敷设于山地及河谷地带，非金属管道不需要防腐、连接方便、施工速度快，施工质量可得到保证。经过多年来的实际运行，聚乙烯管（PE管）在煤层气气田中的优势逐步显现出来。煤层气采气管网所用的PE管材主要有PE100 SDR11和SDR17.6两个系列。

为了降低山区地形的施工难度、节约投资，将壁厚更薄的PE100 SDR21管材首次应用在国内煤层气领域，同时PE管应用管径逐渐增大至DN350mm，逐步实现了集气站前采气管网的全部PE化（表3-7），保德项目累计应用该型号管材约150km，节省投资约600万元。

表3-7　中石油煤层气公司采气管网PE管应用历程

阶段	钢管与PE管组合应用	钢管与PE管组合应用	全PE管时期
	第一阶段（2009—2012年）	第二阶段（2012—2015年）	第三阶段（2015年后）
管材	公称管径≤200mm：采用PE100 SDR11为主	公称管径≤350mm：采用PE100 SDR17.6为主	全管径推广应用PE100 SDR21
	公称管径＞200mm：采用钢管	公称管径＞350mm：采用钢管	
参照规范	《城镇燃气规范》	《城镇燃气规范》+编写行业规范+新系列老化测试	推广行业规范

第六节　页岩气开发地面工程技术

页岩气是从页岩层中开采出来的天然气，是一种重要的非常规天然气资源。作为中国石油长远发展的战略性接替资源，页岩气勘探开发经过10年艰苦探索，通过自主创新，实现了规模建产和效益开发，截止到2016年底，长宁—威远、昭通2个国家级示范区建成配套产能30×10^{8}m^3/a，年产页岩气27.8×10^{8}m^3，引领了我国页岩气产业从无到有的革命。

一、页岩气开发特点及地面工程现状

与常规天然气相比，页岩气开发具有开采寿命长和生产周期长的优点，而且页岩分布范围广、厚度大，且普遍含气，这使得页岩气井能够长期地以稳定的速率产气。但页岩气储层渗透率低，开采难度较大。页岩气采收率比常规天然气低，常规天然气采收率在60%以上，而页岩气仅为30%～40%，单井产量低。

1. 开发特点

页岩气在开发过程中具有生产周期较长的特点，一般都在30～50年之间。由于页岩气资源分布广泛，并且页岩的厚度较大，因而能够实现页岩气大面积开采。但是页岩岩性比较致密，孔隙度及渗透率都较低，所以开采的难度比常规天然气难得多，工程的风险度较高。

由于页岩气开发的特殊性，丛式水平井组和水力压裂技术是实现页岩气商业开发的重要技术，这两项技术不仅极大地提高了页岩气的开采速率，还提高了单井最终采收率。整体上，页岩气的开发主要包括以下过程：钻井、水力压裂、压裂液返排、返排后气井生产。

在单井生产特点方面，国内页岩气生产特点基本与国外页岩气生产特点相似：在投产初期产量高，递减率较高（55% ~ 75%），随着生产时间的延长，递减率也随之降低，图3-22为国内昭通页岩气区块单井产量递减变化趋势图；压力在初期较高，其变化趋势基本与产量变化趋势相同；产水主要是返排的压裂液，投产初期水量较大，下降趋势快，投产1 ~ 2月后产水量基本很少。

页岩气气质组成，C_1含量为97% ~ 98%，含少量CO_2，C_2以上含量较低，基本不含H_2S。页岩气气质组成较为简单，主要是由于我国目前勘探的页岩区块页岩气储层的发育较成熟造成。

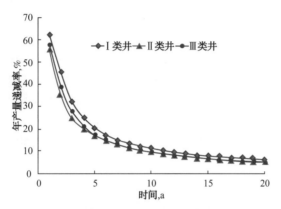

图3-22　昭通黄金坝页岩气区块单井产量递减趋势图

通过近10年的勘探开发，我国页岩气已实现了商业化开发，但是由于页岩气的特殊性，其经济效益与常规天然气相比较差，主要由于：产量下降快，需不断新建大量的产能以维持产量；钻完井及水力压裂技术不成熟、投资高；环保要求高，压裂返排液处理费用高等。

由于页岩气开发需采用水力压裂，因此所有投产井经过压裂增产施工后都需进入排采阶段（暨生产初期），目前国内的压裂返排液返排率较高，长宁区块平均单井返排率约为30%，威远区块的平均单井返排率达到了40% ~ 55%，大量的压裂返排液产出是页岩气开发的一个显著特点。

2. 地面工程现状

我国页岩气资源丰富，2016年国家能源局公布全国页岩气埋深4500m以浅地质资源量$122 \times 10^{12}m^3$，可采资源量$22 \times 10^{12}m^3$，现实可采资源量$5.5 \times 10^{12}m^3$。截至2016年底，国内累计设立页岩气探矿权48个，面积近$14.29 \times 10^4km^2$。2015年底完成钻井820口，产气量为$44.6 \times 10^8m^3$；2016年产页岩气$75 \times 10^8m^3$；主要分布在四川、陕西、重庆等地，由中国石油、中国石化和延长石油等石油公司投资勘探开发。目前，中国石化和中国石油在四川盆地及周边取得了重大的进展，其中中国石化已在重庆涪陵地区建成了年产$50 \times 10^8m^3$页岩气田，中国石油在四川宜宾地区和云南昭通地区建成了年产$27 \times 10^8m^3$左右页岩气田。

中国石油作为国内最大的天然气开发商，是中国页岩气勘探开发的开拓者之一，2006年率先开展页岩气评层选区，2009年率先开展先导试验，2012年在四川盆地南部和滇黔北建立了长宁—威远和昭通2个页岩气国家级示范区，2014年实施规模建产，2016年9月启动深化评价和规模上产。

1）长宁—威远示范区

目前，中国石油西南油气田公司在四川盆地拥有 9 个页岩气矿权，面积 $5.6 \times 10^4 km^2$，龙马溪组埋深 4000m 以浅有利区页岩气估算资源量 $5.18 \times 10^{12} m^3$，勘探开发潜力大，其中已实现规模开发的区块为长宁—威远页岩气示范区，示范区包括长宁区块和威远区块。在长宁、威远建成投产井 136 口，日产能力 $850 \times 10^4 m^3$，年产能 $25 \times 10^8 m^3$，超额完成国家下达的 $20 \times 10^8 m^3$ 产能建设任务。

2）长宁区块

长宁页岩气区块位于四川盆地西南部，横跨四川省宜宾市长宁县、珙县、兴文县、筠连县境内，地表属典型山地地形，地面海拔 400 ~ 1300m。

截至 2016 年底，区块已建成投产宁 -201 井区页岩气区块，年产页岩气 $10 \times 10^8 m^3$，目前正在建设宁 209 井区页岩气区块，预计 2020 年长宁区块形成年产 $30 \times 10^8 m^3$ 页岩气开发规模；截至 2016 年底，长宁区块开钻井 74 口，完钻井 67 口，投入生产井 55 口，日产气量 $360 \times 10^4 m^3$，单井日产气量为 0.5×10^4 ~ $31.47 \times 10^4 m^3/d$，单井平均日产气量 $9.59 \times 10^4 m^3/d$；2016 年长宁区块产气 $11.24 \times 10^8 m^3$，累计产气 $19.85 \times 10^8 m^3$。

长宁页岩气区块地面工程方面已建成：平台站场 7 座 55 口井，宁 201 井区中心站 1 座，脱水装置 1 套（规模为 $300 \times 10^4 m^3/d$）；单井增压站 1 座，平台增压站 2 座；集输管线 42.45km，供水管线 45.47km；变电站所 15 座，电力线路 30.12km；页岩气外输管道 1 条——宁 201-H1 井脱水站—双河集输末站—双河阀室试采干线，试采干线起于脱水站，至纳安线双河阀室站与西南管网连接，管道设计压力 6.3MPa，设计输量 $450 \times 10^4 m^3/d$，管径 $\phi 457mm$，线路总长度 93.7km。图 3-23 为长宁区块宁 201 井区地面集输系统现状图。

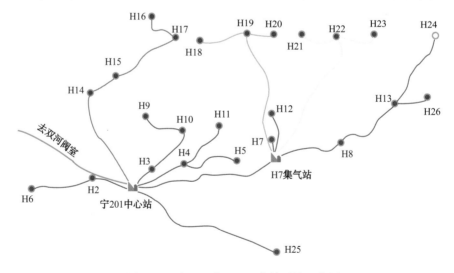

图 3-23　宁 201 井区地面集输系统现状图

长宁区块当前正在扩建宁 201 井区产能规模，并开展宁 209 井区产能建设，主要包括：宁 201 井区中心站扩建 1 套 $300 \times 10^4 m^3/d$ 的集气装置和 1 套 $150 \times 10^4 m^3/d$ 三甘醇脱水装置；新建 1 座宁 209 井区脱水装置工程，新建 $300 \times 10^4 m^3/d$ 和 $150 \times 10^4 m^3/d$ 三甘醇脱水装置各 1 套；新建宁 201—宁 209 井区联络线 23.3km，设计规模 $300 \times 10^4 m^3/d$；新建 1 条页岩气外输管道 1 条——长宁页岩气田集输气干线，干线起于宁 209 中心站，至纳溪西站，管道设计压力 6.3MPa，设计输量 $1200 \times 10^4 m^3/d$，管径 $\phi 813mm$，线路总长度 119.1km。长宁页岩气区块地面工程总体布局见图 3-24。

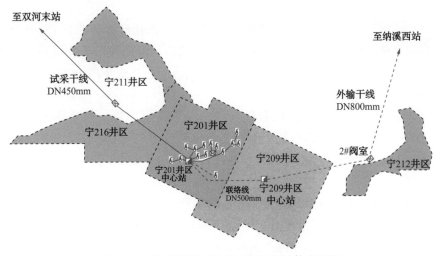

图 3-24　长宁页岩气区块地面工程总体布局图

根据中国石油页岩气开发的规划安排，长宁区块 2020 年页岩气产量将达 $50 \times 10^8 m^3/a$，其中宁 201 井区 $15 \times 10^8 m^3/a$、宁 209 井区 $25 \times 10^8 m^3/a$、宁 216 井区 $10 \times 10^8 m^3/a$。

3）威远区块

威远区块位于四川盆地西南部，四川省内江市威远县、资中县、自贡市荣县境内；区块涵盖内江—犍为矿权区，面积 7000km²；地区地貌以中低山地和丘陵为主，海拔 300 ~ 800m。

截至 2016 年底，威远区块形成规模开发的区块主要为威 202 井区和威 204 井区，其中威 202 井区已建 $7 \times 10^8 m^3/a$，威 204 井区已建 $5 \times 10^8 m^3/a$。

截至 2016 年底，威远区块已建的地面工程包括有：井站 14 座；脱水站 2 座，脱水装置 3 套，总能力 $680 \times 10^4 m^3/d$，尚有余量；压缩机组 3 台；内部集输管道 52km，外输干线 25km，供水管道 67km，泵站 8 座。威远区块地面系统布局现状见图 3-25。

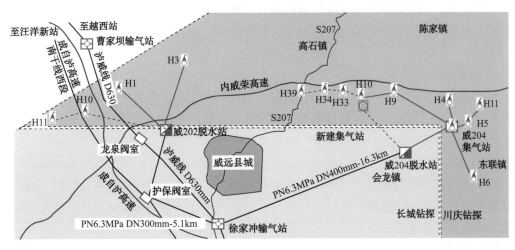

图 3-25　威远区块地面系统布局现状图

根据中国石油页岩气开发的规划安排，威远区块 2020 年页岩气产量将达 $50 \times 10^8 m^3/a$，其中威 202 井区 $20 \times 10^8 m^3/a$、威 204 井区 $15 \times 10^8 m^3/a$、自 201 井区 $15 \times 10^8 m^3/a$。

4）昭通示范区

滇黔北昭通国家级页岩气示范区主要位于四川宜宾市和云南昭通市，面积 15078km²，地质储量超过 $1.6 \times 10^{12} m^3$ 以上，该示范区属于中国石油浙江油田分公司开发。目前示范区已建成年产 $5 \times 10^8 m^3$ 页岩气的黄金坝区块，同时在积极推进年产 $15 \times 10^8 m^3$ 页岩气的紫金坝—大寨区块的开发建设。

已投产的黄金坝区块地处四川盆地南缘、云贵高原北麓，山峦叠嶂、沟壑纵横，海拔相差悬殊，整个地势西高东低，南陡北缓，海拔 400 ~ 1650m，相对高差最高可达 1000m，属于高原山地地貌。区块面积 154km²，地质储量 $652.6 \times 10^8 m^3$，开发规模为年产页岩气 $5 \times 10^8 m^3$。

截至 2016 年底，黄金坝区块已开钻 13 个平台，开钻井 59 口，完钻 45 口，投产水平井 28 口，2016 年页岩气产量 $5.01 \times 10^8 m^3$，累计产页岩气 $7.32 \times 10^8 m^3$；按控压降稳长生产，第一年平均日产量 $7.9 \times 10^4 m^3$，第一年递减 40% ~ 50%，平均经济可采储量达到 $9360 \times 10^4 m^3$；产出的页岩气通过外输管道进入宁 201 井站，而后再通过长宁页岩气试采干线进入西南大管网。

截至 2016 年底，黄金坝区块已建的地面工程包括有：井站 7 座；集气脱水站 1 座，脱水装置 1 套，能力 $150 \times 10^4 m^3/d$；内部集输管道 20.3km；外输管线 1 条，管道起于黄金坝集气脱水站，至宁 201 井站，管道设计压力 6.3MPa，设计输量 $150 \times 10^4 m^3/d$，管径 $\phi 355.6mm$，线路总长度 5.1km。

二、页岩气集输

1. 总工艺流程

根据页岩气生产规律，页岩气生产一般分为排液生产期和正常生产期，两个生产期的页岩气生产特点不同。排液生产期压力、产量高，而且带有压裂返排液，而正常生产期压力、产量较低，采出气基本不含压裂返排液，产水量小。

结合页岩气不同生产阶段的特点，页岩气集输工艺流程分为排液生产期流程和正常生产期流程。

1）排液生产期流程

在排液生产期，页岩气单井产出气具有产量高、压力高、产量递减快的特点，生产过程带有一定压裂返排液，因此在此期间采用"井口除砂、节流、气液分离、轮换计量、湿气输送、集气站集中脱水、计量外输"的整体工艺流程。

2）正常生产期流程

正常生产期页岩气单井产出物中不含返排压裂液，井口压力、产量有明显的下降，因此井场工艺采用"井口除砂、节流、轮换计量、湿气输送、集气站集中增压、脱水、计量外输"的整体工艺流程。

总工艺流程见图 3-26。

图 3-26　页岩气地面工程总工艺流程示意图

2. 井场工艺

1）除砂设施的设置

页岩气井开发采用水力压裂，根据国内水力压裂情况，每万方压裂液需配 900t 左右的砂，用于页岩地层压裂后的裂缝支撑，但在压裂过程中不是所有的砂都能进入地层中支撑裂缝。

根据生产及试采，在排液生产过程中，压裂返排液中含有少量的砂，为防止在生产过程中地层中带出的砂砾对阀门、仪表及管线等设施的冲蚀，在井口需设置除砂设施，如除砂器等。

2）防止水合物生成工艺

页岩气初期井口压力都较高，为有效降低集输系统的投资，一般井口进行节流降压，而在节流过程中需防止节流减压后形成水合物。防止水合物生成的工艺包括有加热、注抑制剂或井下节流等。

页岩气排液生产期是利用页岩气井排采期压力高的特点尽快将压裂返排液带出，为正常生产期生产创造有利条件；采用井下节流工艺，不利于压裂返排液排出，影响页岩气生产；同时在此期间井下流体压力下降趋势快、变化大，因此国内页岩气开发基本不采用该方式。

由于国内页岩气开发生产时间尚短，还没有完全掌握单井生产规律，特别是井口压力、产量和采出水量三者联动的变化规律，这给注抑制剂防冻工艺计算带来了较大的不确定性，因此前期国内页岩气示范区区块的井口多采用加热工艺。

通过近 2 年来的生产经验，目前井口加热设施利用率较低，需采取加热的时间基本不超过 1 个月，因此防止水合物生成工艺的选取还有待进一步优化。

3）井场工艺流程

为了提高设备利用率，降低地面工程投资，以及优化简化井场工艺流程，目前中国石油页岩气开发区块的丛式井井场基本都采用临时生产流程和正常生产流程相结合的方式进行生产。在排液生产期采用临时生产流程，满足此阶段高压、高产等生产要求，在进入正常生产期后采用正常生产流程，临时生产流程则拉运至其他新的投产井组进行重复利用。

排液生产期流程：生产时间较短，为临时生产流程，井场工艺采用"井口—除砂器—一次节流—二次节流—气液分离—轮换计量—集气站"的整体工艺流程。

正常生产期流程：生产时间长，井场工艺采用"井口—除砂器—节流—轮换计量—集气站"的整体工艺流程。

3. 集输工艺技术

1）集输工艺

根据页岩气生产特点，初期压力高后期压力低，无法采用高压集气，推荐采用中压集气，既能充分利用地层压力，也能满足中后期的生产需求。

由于页岩气规模开发需布置大量的水平井，而且分布范围较广，若采用干气输送需要在每个井场建设脱水装置，将造成投资高，井场工艺设施复杂，管理难度大，因此为降低投资，简化井场工艺，建议采用湿气输送工艺。

总体上看，页岩气集气工艺推荐采用中压集气、湿气输送。

2）集输管网

根据美国已开发页岩气田集气系统的工程实践和做法，常见的集气管网布置主要有以下几种类型：放射式、枝状式、环状式、放射枝状组合式、放射环状组合式集气管网。此外，还有枝状计量式集气工艺、枝状站间单管串接工艺等。

根据页岩气生产特点，页岩气开发生产与苏里格低产低渗透气田较为类似，在开发期内采用滚动开发，需建设大量生产井，气井分布面积较广；页岩气资源丰富的区域主要位于西南四川盆地周边，该区域为丘陵自然地貌，以低山为主，而且根据页岩气区块基本上都将以水平井组方式进行开发，平均每个井组将有3～8口井，若采用单井集气工艺管线投资过大，因此采用多井集气技术，在丛式井场建设页岩气预处理装置，将其所辖丛式井或周边相邻的丛式井的页岩气通过采气管线输至集气站，并在此进行节流、分离、计量等预处理。

页岩气田初期压力变化速率下降快，若采用井间串接，后期投产的井压力过高将会影响先期投产井的正常生产，因此采气管线以放射形式敷设至多井集气站。

集输多采用以放射—枝状组合式集气工艺。页岩气井通过采气管线输至多井井场，经过预处理后，距离集气站较远井组通过集气支线与集气干线相连接，输至集气站进行最终处理，距离集气站较近的井组则直接进入集气站，图3-27为页岩气田集输管网布置示意图。

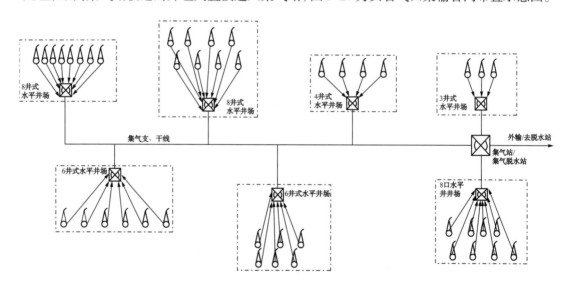

图3-27 页岩气田集输管网布置示意图

由于页岩气初期井口压力下降较快，在中后期可能造成井口压力低于先期确定的集输压力，因此在集输管网布局时，如果按照井组的布置进行管网连接，同一集气干线连接井组由于投产年限不同，在中后期先期投产的部分井组压力已经下降并低于原集气压力，而后投产的井组压力仍较高，这样将造成后期投产的高压井的节流幅度变大，无法充分利用地层压力能，增加增压设施的负荷。

因此，集输管网布局可按生产井组投产时间不同进行连接，将同一时间投产或投产时间相近的井组安排至同一集气干线，以达到充分利用后期投产井的地层压力能，减少增压设施的投资和能耗，同时在生产中后期集输管网可以实现高低压集气运行，方便后期增压工程分期实施。

3）增压工艺

根据页岩气生产特点，气井生产 1 ~ 2 年后，井口压力将低于原设计的集输压力，因此需要考虑进行增压。

由于页岩气开发需布置大量的生产井，而且在生产后期单井产量较小，若采用单井增压方式，所需的压缩机数量多，投资过大，能耗高、占地面积大，采用集中增压方式和分散增压相结合的方式。

第七节　储气库地面工艺及配套技术

我国于 20 世纪末 90 年代启动储气库建设，经过 20 多年的发展，目前已经初具规模。截至 2015 年底，中国石油已建和在建储气库 17 座，总设计工作气量 $173.82 \times 10^8 m^3$，占全国的 78.7%。实际形成工作气量 $76 \times 10^8 m^3$。

2009 年 12 月，在国家财政的支持下，中国石油开始了第一批国家商业储气库建设，并于 2013 年、2014 年陆续建成投产，在稳定天然气供应方面发挥了重要作用。我国储气库地面工程建设技术也迅猛发展，形成了具有世界先进水平的复杂地质条件建库地面工程技术。

创新形成了气藏型储气库高效节能地面工艺技术，自主研制了高压大功率往复注气压缩机、国际首创了双金属复合管爆燃复合制管和模态无损检测技术。建成了 12 座储气库（群），工程投资降低了 15%，技术整体达到了国际先进水平。主要包括 4 项核心技术：气藏型储气库高效节能地面工艺技术、高压大型采气处理装置设计制造技术、大口径高钢级双金属复合管建造技术、大功率高压高转速注气往复压缩机设计制造技术。

气藏型储气库地面工艺技术在 12 座储气库（群）得到应用，通过高压密相输送实现了一级布站，少建了 6 座集注站，通过高压采气装置大型化，少建了 7 套采气处理装置，与常规技术相比，地面工程投资降低了 23.3 亿元（21%），减少占地 501 亩（18%），削减定员 750 人（50%），降低年运行费用 2.3 亿元（6%）；高压大型往复压缩机替代进口，已应用于苏桥储气库和塔里木牙哈集中处理站，采购成本降低 30%，供货周期缩短 50%，备品备件费用整体降低 50%；双金属复合管在辽河双 6 储气库和新疆呼图壁储气库应用了 65km，管材采购成本降低了 50%，焊接成本比国外低 70%。

未来 10 年，我国的储气库建设处于快速发展阶段，功能上调峰兼顾战略储备，以油气藏型为主，具有向大型化发展的趋势。

一、气藏型储气库高效节能地面工艺技术

与气田建设相比，储气库具有"大进大出、注采循环、气量波动大、运行压力高、启停频繁，使用寿命长、投资高"等特点。

储气库地面工程的设计建设要满足储气库的特点，在保证工程的安全性和可操作性的

基础上，要从多个方面进行优化简化，降低工程投资、节约生产运行费用、减少占地和定员。

为了规范气藏型储气库的建设和运行，提高储气库地面工程的建设管理水平，研究形成了成套储气库地面工程标准化设计文件。对储气库按照规模进行了分类，针对不同类型的储气库从储气库总体布局优化、井口流程标准化、注采管网优化、注气系统优化、采出气处理工艺、放空系统设计、智能化储气库建设、标准化设计模块化建设等方面进行研究，创新提出了地上地下一体化优化运行模型，开发了地质地面一体化模拟计算软件，实现了精准注采。首创了"一级布站、自动精准注采、高压密相输送、节能露点控制、分区延时泄放"储气库地面工艺技术，形成了储气库地面工程配套技术和标准化设计体系，支撑了中国石油 22 座储气库地面工程建设，形成了 $14000 \times 10^4 m^3/d$ 的采气能力和 $7500 \times 10^4 m^3/d$ 的注气能力。

1. 储气库分类

将储气库按照规模分为小型、中型、大型、超大型四类。

小型储气库：工作气量 $Q \leqslant 5 \times 10^8 m^3$，其采出气处理规模约为 $500 \times 10^4 m^3/d$，其集注站采出气处理规模与三级处理厂、四级脱水站相当。

中型储气库：$5 \times 10^8 m^3 < Q \leqslant 10 \times 10^8 m^3$，其采出气处理规模大致低于 $1000 \times 10^4 m^3/d$，其集注站采出气处理规模介于二级、三级处理厂之间，与三级脱水站规模相当。

大型储气库：$10 \times 10^8 m^3 < Q \leqslant 30 \times 10^8 m^3$，采出气处理规模 $1000 \times 10^4 \sim 3000 \times 10^4 m^3/d$，其集注站采出气处理规模与二级处理厂、二级脱水站相当。

超大型储气库：工作气量 $Q > 30 \times 10^8 m^3$，其采出气处理规模一般大于 $3000 \times 10^4 m^3/d$，其集注站采出气处理规模与一级处理厂相当。

2. 储气库总体布局优化

储气库地面工程一般包括双向输送管道、集注站、集配站、集注管道、注采井场、作业区综合公寓、辅助公用配套系统等内容。

储气库总体工艺流程：在注气期，输气管道的天然气经双向输送管道至集注站，增压后经注气支干线、单井注气管线输至注采井场，计量后注入地层；在采气期，注采井采出的井产物经计量后经采气管道、集气支干线输至集注站，经天然气处理装置处理合格后经双向输送管道或输气管道输至长输管道或用户。尽量不设或者少设集配站。注气管道与采气、集气管道或计量管道应尽量合一设置。

储气库注采集输模式应根据油气藏类型特点、采出物组分特点、面积、地形地貌等方面综合考虑确定。对于中小型储气库，可以采用注采井—集注站的模式，大型超大型储气库可以采用注采井—注采阀组—集注站的模式，如果注采井分布比较分散、地面情况复杂，也可以采用注采井—集配站—集注站的模式。

储气库地面工程总体布局应根据注采井位置、自然条件等情况，以注采集输系统为主体，统筹考虑采出液处理、给排水及消防、供配电、通信与自控、道路、生产维护及生活设施等配套工程，经技术经济对比分析确定。

一般情况下，在靠近注采井的区域布置集注站，注采集输半径不超过 5km。但是对于大型和超大型储气库，由于井数相对较多，区域面积较大，如果不增加注采集输半径，将建设多座集注站，有必要进行总体布局优化。

对于大型、超大型储气库（群），集中建设 1 座集注站经济性较好，但是需要攻克超高压大口径注采管道设计施工技术，控制安全风险，确保运行安全。

3. 注采井场流程优化

国内油气藏型储气库的生产井有注采井、采气井两种。新钻井一般为注采井，采气井一般是利用已有老井。储气库注采井的布置常采用丛式布井，即一个井场有多口注采井，每座多井井场井数差别较大，2～6口。

我国已建储气库注采井场基本采用注采分开、手动调节注采气量，流程比较复杂，且不能满足注气采气量远程调控的功能，有的井口设置了放空立管，占地面积大。国外储气库井场普遍流程简单、调控灵活。有必要对注采井场流程进行优化简化，实现远程调控、精准注采，并形成标准化流程，指导储气库建设。

一般情况下注采井口装置具有以下功能中的一部分功能：紧急关断、井口压力检测、井口温度检测、单井注气量计量和远程调节、单井采气量计量和远程调节、井口节流、注水合物抑制剂、加热炉加热、放空、排污、发球等。

储气库注气时，每口注气井的吸气能力不同，需要精准控制注气量，采气时需要根据配产精准调整每口井的采气量。已有储气库采用注气采气分别计量的方式，手动调节，流程较为复杂、自动化水平低，不适合储气库的要求。通过筛选和研究，首次选用了超高压双向轴流式调节阀和双向靶式流量计，实现了注采合一计量调节，简化了流程，节省投资、方便管理。

标准化储气库注采井口流程如下：

（1）井口 ESD 系统设置。

地面工程和采油工程统一考虑井口紧急切断阀（ESD 阀）的设置，设井下安全阀 1 个、井口 ESD 阀 1 个，控制信号均传至井口控制柜，并上传至井口 RTU，且可以接收集注站控制中心发送的关井信号。ESD 阀门应尽量靠近井口采气树。

（2）井口注气、采气计量。

满足注气、采气双向计量的，在井口设双向计量流量计，可以选择能够双向计量、允许少量带液的超声波流量计及靶式流量计。

注气、采气分开计量的，在井口设注气流量计，注气流量计可选用靶式流量计、孔板流量计或超声波流量计。在多井井场或者集配站设多井轮换计量装置，分别计量油、气、水的产量。

（3）注气、采气量调节。

注采井口有必要设置注气、采气气量调节，可采用轴流式双向调节阀。双向调节阀不能满足要求的，可以在采气支路上设角式节流阀、注气支路上设电动节流截止阀。

（4）防止水合物生成措施。

储气库井口流程应尽可能简化，井口设采气节流的，应计算后确定节流后压力，尽量保证节流后温度高于水合物生成温度、原油/凝析油的凝固点和析蜡点，正常生产时，尽量不考虑防止水合物生成工艺。当原油/凝析油的凝固点和析蜡点很高时，可以采用加热节流工艺。

在开井初期，节流阀后背压低、地温场还未建立，节流后温度会低于正常生产时的温度，可能形成水合物，可采取临时防止水合物生成的措施。可以选择注醇或者加热工艺，计算对比后确定。

（5）放空。

无特殊要求的，井场不设置固定的放空立管，可以根据需要设置就地手动放空口，需要设双阀，即球阀＋节流截止放空阀。修井时可接入临时放喷管将放空介质引至安全地点。

4. 注采管网优化

储气库注、采气管道设置方案的优化，应根据储气库的总体布局、注采规模、注采气工艺等，分析计量工艺方案、注采气管道的设计能力、设计压力等参数，考虑我国的钢管制管水平、管件制作水平和管道建设的施工技术水平，对注气、采气支干线设置方案进行比选和优化。

注气管道、注采合一管道设计压力高，需要采用无缝钢管，根据我国无缝钢管生产情况，壁厚大于30mm的厚壁无缝钢管最大管径为457mm。

采气管道可以采用有缝钢管或者双金属复合管。目前我国设计压力超过10MPa的超高压双金属复合管成熟应用的最大管径为355mm，通过技术攻关，有望实现660mm的实际应用。因此采气管道最大管径选择660mm。当单条管道输气能力不足时，采用双管。

5. 注气系统优化

国内外储气库均采用集中注气方式，即在集注站集中布置注气压缩机组，压缩机入口均设置过滤和分离两级预处理设备。

不同规模储气库注气压缩机组配置建议：

小型储气库：工作气量小于 $5 \times 10^8 m^3$，压缩机功率小于12MW，2～3台往复机。

中型储气库：工作气量为 5×10^8 ～ $10 \times 10^8 m^3$，压缩机功率为12～25MW，1～2台离心机+1台往复机。

大型储气库：工作气量为 10×10^8 ～ $30 \times 10^8 m^3$，压缩机功率为25～100MW，2～4台离心机+1台往复机。

超大型储气库：工作气量大于 $30 \times 10^8 m^3$，压缩机功率大于100MW，多台离心机。

注气压缩机兼顾采气时增压工况，具有灵活的串联、并联流程。

往复式压缩机可选配无级流量调节装置，离心机可选配变频控制装置。

离心压缩机可采用两段增压方案。

6. 储气库采出气处理工艺

储气库采出气中轻烃含量较低，装置仅在采气期运行，不适合采用深冷处理，因此采出气处理主要以控制烃水露点为主。在储气库的采出气烃水露点控制程度方面，烃露点一般要不低于最低输送环境下的温度，水露点一般要至少低于环境温度5℃，实际中，可以取2～3℃的裕量。储气库采出气处理烃、水露点控制宜统一考虑。

在进行处理工艺选择时，首先绘制储气库采出气的烃露点曲线，根据储气库地层压力、采出气的压力逐年变化和采出气外输压力进行分析，确定是否需要控制烃露点。一般油气藏型储气库需要同时控制水烃露点，纯气藏储气库仅需控制水露点。

当烃、水露点同时需要控制时，可选用J-T阀制冷或外加辅助制冷工艺。当采出气井口压力和外输压力存在一定压差，采用J-T阀制冷控制水烃露点可以达到外输要求时，可采用J-T阀制冷＋乙二醇防冻工艺；当采用J-T阀制冷无法达到外输要求时，推荐采用外加冷剂制冷工艺。

采出气不经处理烃露点满足外输要求，只需进行水露点控制时，无论采出气与外输气之间是否具足够的压力差，三甘醇脱水以其经济、安全、成熟性为水露点控制技术首选。

由于凝析气藏、油藏型储气库采出气中，含较多的液烃，需要同时控制水烃露点，选用了 J–T 阀 + 乙二醇低温露点控制工艺，对于纯气藏型储气库，可以选用三甘醇脱水工艺。对于含有 H_2S 的储气库，充分利用气田已建脱硫装置的处理能力。

7. 放空系统设置

放空系统设置建议：

（1）储气库集注站应分别设置高压放空系统、低压放空系统，二者的分界线为 2 ~ 3MPa，即高于分界线的排入高压放空系统，低于分界线的排入低压放空系统；

（2）高压火炬分液罐、低压火炬分液罐宜分别设置；

（3）高压放空气体和低压放空气体可以共用 1 座火炬。

二、高压大型采气处理装置

针对储气库"大吞大吐、高压运行"的特点，已有压力低、规模小的采气处理技术和装备已经不能适应储气库特别是大型储气库的建设需要，已有采气处理装置设计压力均低于 10MPa，处理能力不超过 $500 \times 10^4 m^3/d$。对于设计压力 15MPa、处理能力超过 $500 \times 10^4 m^3/d$ 的大型采出气处理装置还没有设计先例。制约高压采出气处理装置大型化的瓶颈是：高压多股流绕管式换热器和高效低温分离器。

高压多股流绕管式换热器：常规浮头式换热器具有单台处理能力较小、仅两股流换热、热效率低、冷端温差大导致冷量损失大等缺点，必须采用多台串联流程，设备数量多、耗钢量大、流程复杂、占地面积大、投资高。常用的冷箱，具有热效率高、多股流换热、冷端温差小等优点，但是使用压力一般不超过 7MPa，无法用于储气库高压采气处理装置。绕管式换热器具有适用于高压、可以多股流换热、热效率高、冷端温差小等优点，但是由于其管子细、管路长，易造成冻堵且不易维修等缺点，制约了其在储气库采气处理装置的应用。针对绕管式换热器防止冻堵难题，研发了高压大型绕管式换热器防冻技术，改进了绕管式换热器的结构形式，在湿气入口处设置了专门的甘醇喷注装置，形成了高压大型绕管式换热器设计制造技术，实现了高压多股流绕管式换热器在大型采出气处理装置的应用。

高效低温分离器：常规低温分离器分离效果差，气出口雾沫夹带严重，造成单台处理能力差、干气露点不达标等问题。为了解决单台设备处理能力小的难题，减少低温分离器出口天然气中液滴含量，保证出站天然气的水烃露点，研发了"入口叶片式动量吸收、规整丝网填料液滴捕集、气液旋流分离"的气液高效分离工艺，创新形成了高效低温分离器设计制造技术，设备处理能力比常规低温分离器提高了一倍以上。

在高压大型采气处理核心设备——高压多股流绕管式换热器和高效低温分离器设计制造技术的基础上，研制了高压大型采出气处理装置（15MPa、$750 \times 10^4 m^3/d$）。与规模为 $500 \times 10^4 m^3/d$ 的处理装置相比，新疆呼图壁、西南相国寺、华北苏桥、辽河双 6 储气库共少建处理装置 7 套，节约工程投资约 2.5 亿元。

三、大口径高钢级双金属复合管

尽管储气库采出气中 H_2S，CO_2 含量低，但是由于储气库运行压力高、采出物组分复杂（含有油、水、Cl^- 等），导致 CO_2 分压高于 0.2 ~ 0.3MPa，采气管道处于强腐蚀环境。

考虑到储气库使用寿命长（国外一般高于 50 年）、可靠性要求高等要求，常规的碳钢管材加注缓蚀剂方案，安全可靠性较差、运行成本较高；不锈钢方案，管道壁厚大、钢材耗量高、管材费用是普通碳钢的 3 ~ 5 倍，尤其是对于高压大口径采气管道，因为制管水平所限，大型储气库的大流量采气管道需要敷设双管，投资成倍增加。必须寻求耐蚀性好、经济性高的解决方案。

应用大口径高钢级双金属复合管作为大流量采气管道用管，可以彻底解决 CO_2 腐蚀难题，大幅度降低管材费用，节省注入缓蚀剂的费用。但高压大口径高钢级双金属复合管制管技术、基层衬层结合强度检测技术、现场焊接合格率低等难题亟待研究解决。

攻克了爆燃压力、衬层/基管形变、残余应力精确控制难题，研发了水下爆燃推进剂，在国际上首创了管状空间水下精确爆燃复合技术；针对 X 射线、超声、涡流、磁粉等常规检测技术无法实现机械复合管界面结合强度准确检测的世界级难题，建立了机械复合管衬层/基管间结合强度振动模态无损检测数学模型，开发了结合强度检测软件，研制了专用检测设备，国际首创了振动模态无损检测评价技术；针对超薄不锈钢衬层和高钢级基管两种金属的力学、化学性能差异巨大，常规焊接工艺易出现裂纹和渗碳，降低管道强度和衬层耐蚀性能的难题，发明了"TGF316L 焊丝打底、ER309L 焊丝过渡、JM-68 焊丝填充和盖面、焊接过程中氩气保护、合理控制层间焊接温度"的三层复合自动焊接工艺；研发了双金属复合弯管和管件。国内首创了最大口径最高钢级（14MPa D660 L485）双金属复合管及管件成型、焊接施工、质量检测系列建造技术，经济高效地解决了大流量采气管道 CO_2 腐蚀难题，保障了管道的本质安全，降低了工程投资。

新疆呼图壁储气库和辽河双 6 储气库现场施工中，创建了大口径双金属复合管内焊、半自动焊接工艺，研发了专用外对口器装置、内部充氩保护装置、具有背面保护功能的内对口器装置，并获得相应专利，使高压大口径双金属复合管的现场焊接一次合格率达到 95% 以上。建成了 D660mm × 22.2mm 管道 12km、D508mm × 16mm 管道 7.7km。节省缓蚀剂注入系统投资 3000 万元，可节约缓蚀剂 230t/a，节约运行成本 1000 万元/a。

四、大功率高压高转速往复式注气压缩机组

1. 机组性能

天然气注气压缩机作为一种高端动力装备与其他用途压缩机相比有着独自的特点和要求。目前，国内已建和在建的储气库注气压缩机全部依赖进口，国内还没有一家企业能够生产。注气压缩机的生产厂家主要集中在美国，以 GE（库柏）公司、Ariel 公司和西门子（德莱赛兰）公司为代表。进口压缩机价格高、供货周期长、备品备件价格昂贵、售后服务不及时，有必要研发自主知识产权的大型高压储气库注气压缩机组。

试验定型 6CFB 型储气库压缩机组，代替进口，为我国大规模建设储气库提供技术保障。主要性能如下：

介质：天然气。

主机额定功率：6000kW。

主机额定转速：1000r/min；转速范围 700 ~ 1000 r/min。

主机最大许用活塞力：35t。

进气压力：4.0 ~ 5.5MPa。

排气压力：17.0 ~ 41.0MPa。

单台排量：$121 × 10^4 m^3/d$（设计点 p_s=4.5MPa，p_d=41.0MPa）；排量范围为 $85 × 10^4$ ~

$153 \times 10^4 \mathrm{m}^3/\mathrm{d}$。

机组振动值：$\leqslant 7.1 \mathrm{mm/s}$（GB/T 7777—2003 标准中对称平衡型结构压缩机要求振动速度 $\leqslant 18 \mathrm{mm/s}$）。

机组噪声值：$\leqslant 105 \mathrm{dB}$（A）［JB/T 9105—2013 大型往复活塞式压缩机允许噪声值为 $112 \mathrm{dB}$（A）］。

2. 主要研究内容

1）6CFB 型压缩机主机优化设计和制造技术

包括 46.0MPa 级高压压缩缸研制，轴承测温系统结构设计及工艺试验，活塞杆双层自锁螺母试验研究，以及适应于注气工况的气阀及密封件试验研究等。

2）储气库压缩机组成橇关键技术

对大型机组气流脉动和机械振动分析及抑制措施研究，活塞杆负荷监控的系统研制，以及电动机驱动的往复式压缩机组轴系扭转振动分析进行专题研究。主要包括机组工艺管道系统设计制作，包含滤波器型缓冲罐 6 只和分离器 4 只；橇座等压缩机钢结构件设计制作；机组冷却系统设计制作；机组排污系统设计制作；机组放空系统设计制作；机组控制系统设计制作；机组电动机采购、机组联轴器采购、机组空冷器制作。

3）机组安装调试和现场试验技术

包括储气库压缩机组现场试验方案研究，往复式压缩机离线式状态监测系统应用，机组振动和噪声测试，储气库压缩机组现场试验装备与技术配套，以及机组可靠性试验等研究。

3. 关键技术

（1）宽气道自然冷却气缸：针对传统水冷三层壁气缸结构复杂、气道窄效率低的问题，创新形成了大型高压压缩机气缸自然冷却技术，研制了宽气道双层壁高效气缸，提高了效率，取消了复杂的循环冷却水系统。

（2）核心运动部件：攻克了高速大功率压缩机主机运动部件平衡难度大的难题，创新形成了压缩机惯性力平衡和轴系扭转振动控制技术，研制了新型调频平衡曲轴、抗交变载荷柔性活塞杆等核心运动部件，优化定型了 120° 曲柄夹角，6 列对称平衡结构主机。

（3）机组振动与脉动控制：采用声学模拟、限流与阻尼缓冲技术，解决了高速大型压缩机气流脉动大的难题。

（4）压缩机智能控制系统：针对注气压缩机组运行工况复杂的特点，首创了活塞杆负荷在线监测技术，研发了压缩机智能控制系统，实现了压缩机组的负荷自动调节、故障自动保护和智能远程监控。

（5）压缩机组成橇技术：自主研制了国内最大高压高转速（6000kW、42MPa、1000r/min）往复式注气压缩机组，填补了国内技术空白，并实现了系列化，已推广应用。

4. 应用效果

通过项目的实施，试验定型了 6CFB 型储气库压缩机组产品，填补国内空白、改变了同类产品依赖进口的被动局面，有效降低成本，为我国储气库建设提供强有力的动力。

高压大型往复压缩机已应用于苏桥储气库和塔里木牙哈集中处理站，采购成本降低 30%，供货周期缩短 50%，备品备件费用整体降低 50%。

同时培养了一批专家队伍，具备了自主设计研发、试验、运行维护的能力，并取得了丰富的科研成果。

第四章　注水及采出水处理技术

"十一五"以来，中国石油在油田注水、化学剂注入、油田采出水处理、气田采出水处理等方面开展了大量的工作，技术上取得了显著的进展，使得中国石油油气田的采出水处理水质达标率不断上升、注水系统能耗不断降低、站场得到了简化优化。

第一节　油田注水技术

恒（稳）流配水技术、水力自动泵调压技术、泵控泵（PCP）技术、液体黏性调速技术、泵涂膜技术自"十五"期间开始采用，经过"十一五"和"十二五"的发展得以日益完善、成熟，并得到了规模化的应用。"十一五"以来，对于高压变频技术、斩波内馈调速技术、注水系统仿真优化技术等技术的特点、局限性及适应范围有了进一步的认识。

一、恒（稳）流配水技术

恒（稳）流配水技术主要的设备为恒（稳）流配水装置。该装置集稳流配水、计量、调节等功能为一体，取消了传统配水间，简化了工艺和流程，大大减少了单井注水管线长度，降低了投资。目前，在大港、长庆、大庆、辽河等油田公司得到了一定的推广应用。恒（稳）流配水工艺如图4-1所示。

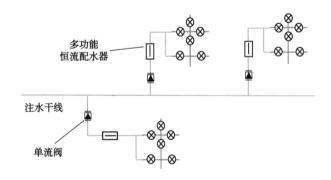

图4-1　恒（稳）流配水工艺示意图

恒（稳）流配水装置主要有自力式恒（稳）流调节器和高压流量自控仪两种形式。

1. 自力式恒（稳）流调节器

自力式恒（稳）流调节器是通过机械部件完成流量的负反馈调节，使得当自力式恒（稳）流调节器前后压差在一定范围内变动时，仍然可以保持流量基本恒定。计量方式采用旋涡流量计计量。自力式恒流配水器依靠压差机械自动调节，计量误差范围在10%左右。其优点是现场安装不需要电源；缺点是该调节器的最小启动压差为1.5MPa，这意味着采用该设备井口至少有1.5MPa的能量损失。因此，需要根据实际情况合理选用。

2.高压流量自控仪

高压流量自控仪主要由流量测量、流量调节机构、控制器（包括流量控制和数据通信）等组成。其工作原理是：控制器采集流量计的各种信号，与预先设定的量值进行分析和比较。若流量偏离预先设定的量值，控制器将发出调整指令给执行机构，由执行机构调整阀门的开启，使高压流量自控仪达到预先设定的量值，从而实现闭环控制。高压流量自控仪具有计量误差小（误差范围在5%之内）、没有启动压差等优点，但需要外接电源。对于缺少电源的井场，可采用太阳能式高压流量自控仪。

二、水力自动泵调压技术

1.结构组成及工作原理

水力调压泵由进排液单向球阀组、双作用液力缸、机架和液路转换器等构成。水力自动调压泵的工作原理如图4-2和图4-3所示。

其工作原理是：注水管网中的水动力在液路转换器的控制下推动双作用液力缸中的活塞上下往复运行，对来水能量进行变换，高压腔的水注入高压井中，低压腔的水注入低压井中。

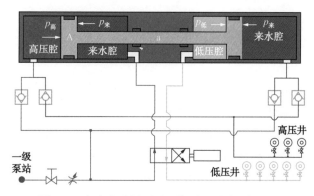

图4-2 水力自动调压泵工作原理图（左行程）

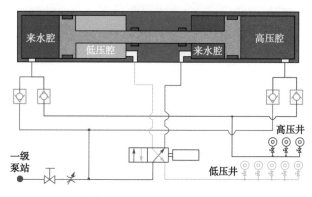

图4-3 水力自动调压泵工作原理图（右行程）

2.技术特点

（1）高效节能。水力自动调压泵主要采用液力驱动，仅采用一台2.2kW的电动机，为压力蓄能器增加液压油的压力，达到规定的压力范围后，电动机不再启动。与三柱塞增注泵相比，不需外加能量，通过水力调节将来水分为高压部分和低压部分，并分别注入高压井和低压井，节能可达 30% ~ 60%，节能效果显著。

（2）与目前使用的三柱塞增注泵相比，工作冲次低，日常维护的工作量小，维护费用少。

（3）安全可靠，噪声低。水力调压泵一般不会出现憋泵爆管事故，安全可靠；工作过程中噪声低，无外泄液。

（4）局限性：由于采用注水站的高压水作为动力，所以必须有压力高的注水井和压力低的注水井同时存在且注水量、压力匹配方可采用此项技术。

3. 应用实例

冀东油田柳 2 注水站有两个配水间，每个配水间有 6 ~ 10 口注水井，干线压力 31MPa，总注水量约为 1200m³/d，配水间注水井压力差异较大。在两个配水间各加装一台水力自动调压泵后，干线压力由原来的 31MPa 降低到 18MPa，注水单耗降低 3.6kW·h/m³。每年节电 157.7 × 10⁴kW·h。

4. 适用范围

该技术适用于注水压力高的注水井和注水压力低的注水井相距不远，且流量、压力可相互匹配的井。

三、泵控泵（PCP）技术[1]

1. 技术原理

首先对泵站原有多级离心注水泵减级，然后在高压注水泵进水端添加前置增压泵，即高压注水泵与前置增压泵串联。通过增压泵电动机变频控制调节增压泵的输出压力和流量，达到调控高压注水泵输出压力和流量的目的，实现泵控泵，使大功率注水泵始终运行在高效区。PCP 技术实质上是注水泵和增压泵特性的叠加。注水泵、增压泵串联，流过注水泵、增压泵的流量相同，管网入口处压力等于注水泵及增压泵的工作扬程之和。

2. 技术特点

（1）利用低压泵调节高压注水扬程。

前置泵采用注水电动机一级（两级）扬程的低压泵，与高压注水泵串联，串联机组总扬程等于两泵扬程之和，两泵流量相等。调节前置泵输出扬程及流量控制注水泵出口压力和流量。

（2）依照要求确定一定调节区域。前置泵调速工作，调节区域为注水泵的一级或两级扬程和部分流量。

（3）具有工艺简单、技术成熟、可靠性高、电压等级低等特点。

（4）设备一次性投资低，操作、维护维修安全、简便。

（5）对电网产生的干扰及谐波污染小。

3. 技术局限性

调节范围小，对生产波动较大的注水站不适应。前置泵投入生产运行，只有一级到两级注水泵扬程的调节能力，且需要注水泵先行减级改造及采用固定式工艺安装。当生产波动超过调节范围时，能耗升高，并且对安全平稳生产构成影响。因此，不适于应用在小区块且所辖井数经常变动的注水站。

4. 应用实例

大庆油田采油一厂聚中五注水站自从 2006 年 12 月应用该技术以来，泵管压差下降 1MPa，可调控在 0.4 MPa 内，注水单耗下降 0.7kW·h/m³，泵效提高 6%，日节电 5500kW·h 左右。解决了原注水泵站无调节手段的问题，满足了注水工艺需求，达到了节能降耗的目的。

四、液体黏性调速技术

1. 结构原理

液体黏性调速离合器的主机结构原理如图 4-4 所示。主动轴的左端有外齿，与有内齿的主动摩擦片连接而同步旋转，主动摩擦片通过油膜的剪切作用带动具有外齿的被动摩擦片，进而带动具有内齿的被动毂旋转，被动毂通过被动盘带动被动轴旋转。

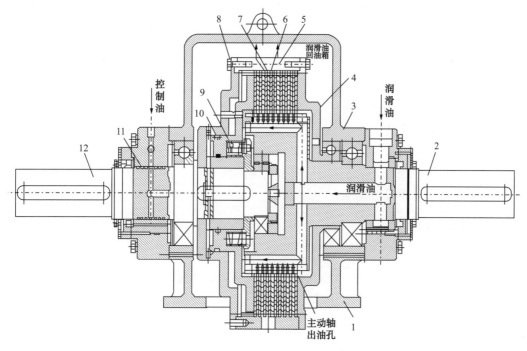

图 4-4　液体黏性调速离合器的主机结构原理图

1—下箱体；2—主动轴；3—上箱体；4—支撑盘；5—被动毂；6—被动摩擦片；

7—主动摩擦片；8—被动盘；9—弹簧；10—活塞；11—胀圈；12—被动轴

2. 工作原理

根据牛顿内摩擦定律，活塞左端受控制油压的作用克服弹簧力而右移，使主动与被动摩擦片间的间隙减小，输出转速增大。当控制油压力减小时活塞左移，间隙增大，输出转速减小。由于注水泵的转速可在主电动机启动后逐步增加，因而可以起到轻载启动的作用。润滑油的作用是向摩擦片之间充分供油形成工作油膜，并将产生的热量带走。控制油通过给油缸不同压力实现注水泵的无级调速。

3. 技术特点

（1）调速范围大，可实现从零调节到 98%，实现无级调速。

（2）可实现电动机的空载启动，降低启动电流。

（3）全部国产化，技术成熟，结构简单，操作方便，维修方便。

（4）没有电气连接，可工作于危险场地，对环境要求不高。

（5）投资少、占地面积小。

（6）不会产生谐波和次谐波的污染，对电网影响小。

（7）当转速比为 0.9 以上时，效率较高。

4. 技术局限性

（1）传动效率约等于转速比，转速比较小时，传动效率较低。

（2）调速精度较低。

（3）液力耦合需装在电动机和负荷中间，在安装时需将电动机移位方能安装。

5. 应用实例

大庆油田在采油二厂聚南二十六注水站安装 1 套液体黏性调整离合器，通过调速使总流量等于有效流量，完全关闭联通阀，满足了生产要求。经测试，有功功率由 1674kW 下降到 1260kW，节约功率 414kW，按每年运行 350 天，电费 0.65 元 /（kW·h）计算，年节约电费 226 万元。

6. 适应范围

对于采用低压电动机的注水泵站，低压变频技术成熟、效率更高、经济适用，而液体黏性调速离合器不具有优势。

因此，液体黏性调速离合器适用于采用高压电动机的注水泵站，但由于转速比低于 0.9 时其效率比高压变频要低，在选用时应根据调速的范围与斩波内馈调速技术、高压变频器、泵控泵技术等进行技术经济比选。

五、泵涂膜技术

1. 工艺原理

随着注水泵运行时间越长，积累的结垢就越多，会导致泵的工况日益恶化，最后不得不停泵除垢。结垢严重的会使叶片等部件损坏，不能重复利用，必须拆卸机泵更换叶片。这样，不仅要耗费时间进行设备维护及部件更换，还缩短了机泵的使用寿命，影响了企业生产的正常运行。

泵涂膜技术是利用化学合成材料（如氟树脂、聚四氟乙烯）喷涂于泵的各种机件表面，其中，氟树脂效果最好。氟树脂涂膜具有耐高温、耐老化、不黏性、润滑性、涂层表面光洁、摩擦系数小等特点，可防垢、防腐，提高泵效。涂膜技术首先是对待涂机件进行除锈脱脂、表面处理、净化，然后喷涂底漆、干燥、烧结、喷面漆冷却，最后进行抛光处理。泵涂膜技术对泵体的喷涂机件包括泵壳体、叶轮、导翼、口环间隔套、平衡盘等。水泵经过涂膜后能够很好地防止垢的生成，泵体内脏部件可达到一个很高的光洁度，减小运行中的机械损失，并能增加流速来提高整体效率，从而降低能量损耗。

目前，国内流行的聚四氟乙烯涂膜技术虽然具有防腐性能，但是它的黏接能力差、寿命短，高压注水泵涂膜后使用 6 个月左右，涂膜表面就会有剥落现象。将氟树脂应用在注水泵上，可以使用 2 年左右，涂膜表面没有较大变化，可达到防设备腐蚀和延长大修周期的双重目的。

2. 节能原理分析

在流体力学中，泵的流量受叶轮和涡轮摩擦和由黏性产生的阻力影响，泵表面的水分子作为独立的个体产生了旋涡和急流，这也导致了能量损失。除此之外，表面摩擦也不断作用于分界层，相对平滑的表面的厚度可以起到保护作用。当表面粗糙时，次层面可被喷射物导致的拖曳力度损坏。按泵上的能量损失来计，由于表面摩擦或拖曳产生的表面粗糙占了很大比例，即使经过抛光的原金属表面也会变得粗糙，并且由于腐蚀或汽蚀，表面会越来越粗糙，导致泵运行质量下降，效率降低。而涂有氟树脂的泵机件表面比抛光后的不锈钢还要光滑 20 倍，因这种涂层的不沾水特性，使水直接从表面滑过，减少了抽出来的液体分界层和液体内部的涡流，进而减少功率消耗、增加流速，保证了泵的高效运行。

3. 技术特点

（1）氟树脂涂膜具有耐高温、耐老化、涂层表面光洁、摩擦系数小、显著降低机泵叶轮和涡轮表面粗糙度等特点，可以提高泵效。

（2）涂膜技术具有可防垢、防腐的功能。

4. 应用实例

大庆油田采油三厂北十二注水站 2# 注水泵于 2009 年底采用了氟树脂涂膜技术，平均泵效由 79.7% 提高到 80.6%，泵效提高了 0.9%，注水单耗减少 0.3kW·h/m³，年可节约电量 80.4×10^4 kW·h，节能效果显著。

5. 适用范围

该技术适用于注水水质腐蚀性、结垢性较强的离心泵注水泵站。

六、高压变频技术

1. 节能原理

依据测得的注水泵出口压力和管汇压力，来适当改变注水电动机电源的工作频率，进而改变水量来减小泵、管的压力差，减少电动机在正常运转时经出口节流及回流调节注水泵导致的能量损耗。

2. 技术特点

（1）无级调速精度高，调速范围宽，可在 0 ~ 100% 范围内调节。

（2）调速效率高，损耗小，最高效率可达 98%。

（3）功率因数高，可以降低变压器和输电线路的容量，减少线损，节省投资。

（4）变频装置可以兼作软起动设备，通过变频器可将电动机从零速启动连续平滑加速直至全速运行。

3. 技术局限性

（1）高压变频器对环境要求较高。

（2）需要的配套设施多，占地面积较大。

（3）设备稳定性较差，存在谐波干扰。

（4）老化快，使用年限短，一般使用年限约为 10 年。

（5）投资高。

（6）维护复杂、频繁，零备件昂贵，费用高，需专业人员维护，维护时间长。

（7）在低频运行时，对于普通电动机，易产生发热和输出转矩降低现象，且易出现爬行现象。因此，对于普通电动机，一般调速不宜小于 50%。

（8）变频会使普通电动机损耗增大，噪声增加。

4. 应用实例

大庆油田聚北十六注水站设置了 1 台高压变频器，电动机功率为 2240kW，高压变频器投产后，节电达 210×10^4kW·h/a，节能效果明显。

5. 适用范围

该技术适用于新建和改造的高压注水泵站。

由于投资较高，建议该技术与液体黏性调速离合器、泵控泵技术、斩波内馈调速技术等进行技术经济比较后，择优采用。

对于新建注水泵站，建议采用变频电动机。对于改造的注水泵站，宜充分注意电动机发热问题。

七、斩波内馈调速技术

1. 技术原理

斩波内馈调速技术是一种以低压（转子侧）控制高压（定子侧）的高效率调速技术。该技术将内馈电动机与斩波控制技术有机结合起来，通过交流控制装置将转子的部分功率转移出来，以电能的形式反馈给电动机输入端。反馈功率越多，电动机的输出功率越少，转速就越低，从电网输入的电动能越少；反之，反馈功率越少，电动机输出的机械功率越多，转速就越高，从电网输入的电能越高。

2. 技术特点

（1）价格低廉，只是变频调速的 1/3 ~ 1/2。

（2）运行可靠，连续无故障运行 10000h 以上。

（3）效率高，斩波内馈调速的效率高达 99.87%，变频调速 90% ~ 98%。

（4）功率因数高，为 0.92。

（5）谐波污染小，电流畸变率小于 5%，而且由于转子的隔离作用不会反馈至电网，污染小，是绿色环保产品。

（6）控制功率小，由于是在转子侧实施调速控制，而转子电压较低，其控制功率只为电动机功率的 40% ~ 50%。变频调速是在电动机网侧控制，直接承受电源电压，控制功率要大于电动机功率，一般为电动机功率的 1.2 ~ 1.3 倍。

（7）体积小，结构简单。

（8）调速范围比较宽。斩波内馈调速技术采用专用绕线式电动机，不同于普通笼式电动机，具有转矩大、调速范围宽的特点。

（9）旁路式安装，设备维修不影响主回路运行。斩波内馈调速控制部分与主接线为并联关系，当调速系统出现故障时，可在线切除调速控制部分，高压电动机可继续全速运行，对生产连续运行影响小，故障兼容性好。

（10）设备操作及维护维修相对安全、方便。

3. 技术局限性

（1）绕线式电动机要定期维护。

（2）与现有注水电动机通用性差。

（3）内馈式电动机制造工艺复杂。

（4）调速装置和绕线式电动机的维护和使用与常规笼式电动机及配电柜不同，需要培养专业的维护力量。

4. 应用效果

大庆油田北八注水站采用斩波内馈调速技术，电动机功率为2240kW。应用斩波内馈调速技术后，泵管压差由0.8MPa降到0.1MPa，单耗由5.85kW·h/m³降低到5.24kW·h/m³，耗电量由47820kW·h/d降到37220kW·h/d。

5. 适用范围

该技术适用于采用高压电动机的新建注水泵站，不适用采用笼式电动机的注水泵站。

八、注水系统仿真优化技术

1. 工作原理

油田注水系统运行状况比较复杂，压裂测试、钻关井（由于钻井生产必须关闭某一区域的注水井）、洗井、新投注水井及设备维护、管网改造和配注水量的改变等现象普遍存在，仅依靠操作人员的经验来控制注水系统的运行难以满足系统配注要求，同时，存在调试周期长和系统耗能大的弊端。因此，有必要把虚拟现实技术和仿真技术应用到油田注水系统中，实现油田注水系统从设计到运行的总体优化，为运行管理和生产决策提供科学的依据，从而实现系统的节能降耗。

注水系统仿真优化依据大系统理论、网络理论和优化理论，建立起注水系统仿真优化数学模型。它根据油田注水系统管网中各种泵站、管线、阀门、弯头、配水间和注水井等布局走向，在计算机上建立其数学模型，数学模型中包含上述各项必要的物理和水力学属性，在此基础上，提取注水井和注水站的生产数据，通过仿真计算，确定管网中各点压力、管段压降、流量和流向以及每个注水站的注水半径范围等，计算整个注水系统的管网效率、注水效率、系统效率等，并在此基础上优化出系统开泵方案及运行参数，使整个注水系统在高效节能工况下运行，从而实现大型注水系统整体最优实时分布控制和能耗最低运行。

2. 技术特点

（1）该系统充分利用了虚拟现实技术和仿真技术，具有智能化、可视化的优势。

（2）系统复杂，建模工作量大，技术要求高，投入较高，推广应用较为困难。由于每个注水区块泵站、管网、注水量等均不一致，且随着开发方案的调整经常出现变化，而每次变化均需要调整数学模型，工作量大，技术要求高，推广应用较为困难。

3. 应用实例

大庆油田在杏南油田开展了"大型注水系统仿真优化运行技术研究"，通过注水系统能量最优利用、注水泵运行优化、注水站微机巡控、注水泵优化设计技术和大功率高压变频调速等技术的应用，取得了明显的效果，注水单耗由优化前的6.04kW·h/m³下降到5.81kW·h/m³，年节电3320×10⁴kW·h。

4. 适用范围

该技术适用于整装油田注水系统的计算分析及仿真运行。为设计和生产运行管理提供技术支持，提高注水系统的智能化水平，大大降低注水能耗。

第二节 驱油剂注入技术

驱油剂注入技术按化学助剂类型可分为聚合物驱、二元复合驱及三元复合驱等。由于化学助剂的注入，与常规水驱油田相比，地面建设注入工程增加了三采助剂配制和注入设施，系统以保持注入液黏度为核心，工艺相对复杂。

"十一五"以来，中国石油在聚合物驱地面工程配注工艺技术、二元复合驱地面工程配注技术、三元复合驱地面工程配注工艺等方面取得了新的进展。

一、聚合物驱地面工程配注工艺技术

"十一五"之前，经过20多年的技术研发和发展，聚合物驱配制注入技术基本成熟、配制注入设备实现了国产化。"十一五""十二五"期间，研发了"比例调节泵"注入工艺，对配制、注入工艺进行了系统的总结和优化，开展了配制站、注入站的标准化设计工作，并形成了以下工艺技术系列。

1. 集中配制、分散注入工艺技术

该工艺适用于大规模工业化应用，集中建设规模较大的聚合物母液配制站，在其周围卫星式分散布建多座聚合物注入站，由配制站分别向各注入站供给母液，在注入站完成最终目的液的复配。

2. 配注合一工艺技术

即聚合物配制部分和注入部分合建在一起的配注工艺。"配注合一"工艺，流程紧凑，即配即注，配注站聚合物分子量、体系配方、注入浓度等注入方案调整灵活，适用于小规模零散三次采油开发及现场试验。

3. "分散—熟化—外输—过滤"短配制工艺

针对聚合物配制长流程工艺复杂、设备多、投资及生产维护成本高的问题，经过对工艺设备优化，取消了母液储罐，简化形成了熟储合一的"短流程"聚合物配制工艺（图4-5）。

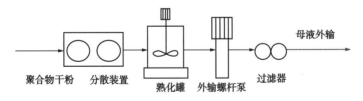

图 4-5 聚合物短配制工艺流程图

聚合物干粉通过分散装置与清水按比例混合，由螺杆泵送至熟化罐，经过一定时间的搅拌熟化使聚合物干粉完全溶解，通过外输螺杆泵增压过滤后，直接输送至注入站。

4. "一泵多站"母液外输工艺

配制站外输泵联合运行；配制站母液外输采用一条母液管道同时为多座注入站输送母液的方式，注入站来液自动控制。

5. "单泵单井"注入工艺

配制站聚合物母液进入高架缓冲罐，采取静压上供液方式喂入注入泵；聚合物母液经注入泵增压后，与注水站来的高压水混合成聚合物目的液后外输至注入井。该注入工艺聚合物母液增压部分采用单台注入泵对单口注入井。

单泵单井注入工艺的优点是每台泵与每口井的压力、流量匹配，流量及压力调节时无需大幅度节流，能量利用充分，单井配注方案容易调整（图4-6）。随着聚合物驱的大面积开展，注入工艺不断改进，单井流量调节方式由手动改为自动，可根据各井的开发配注量变频控制泵排量，单井水流量自动调节。主要缺点为投资大。

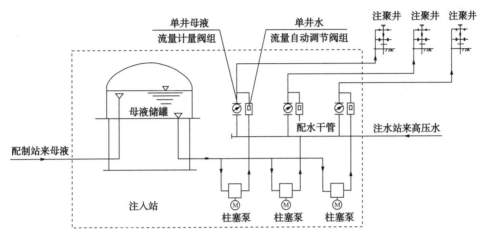

图4-6　"单泵单井"注入工艺流程图

6."一泵多井"注入工艺

"一泵多井"注入工艺与"单泵单井"注入工艺不同的是聚合物母液增压部分采用一台大排量注入泵对3～7口注入井，通过低剪切流量调节器实现单井母液自动分配（图4-7）。该工艺具有设备数量少、占地面积小、流程简化、维护工作量少、投资省、设备可重复利用等优点。该工艺的缺点为：全系统分为几个注入压力，流量调节存在一定压力损失，并增加了一定的黏度损失，单井流量调节存在互相干扰，增加了流量调节器的投资。

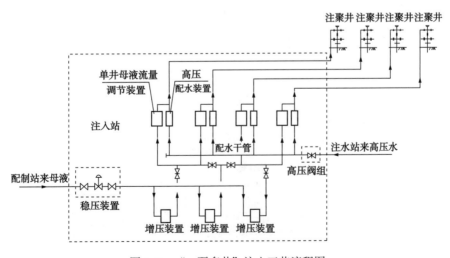

图4-7　"一泵多井"注入工艺流程图

7. 比例调节泵一泵多井注入工艺

2009年，通过对配制注入工艺优化简化，研发了新型注入工艺——比例调节泵注入工艺（图4-8）。主要设备包括母液缓冲储箱装置、比例调节泵阀组装置和母液回收装置等，核心部分为比例调节泵阀组一体化集成装置。

该装置与单泵单井注入工艺相比，注入泵数量减少65%，建筑面积大幅度减少，节省投资约8%。与一泵多井注入工艺相比，节省了母液汇管和流量调节器，减少了流量调节器对母液的剪切降解，简化了注入站自控系统。

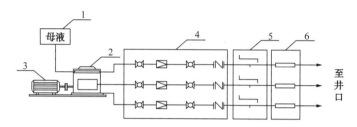

图4-8　比例调节泵一泵多井注入工艺流程图

1—母液储箱（不含）；2—比例调节泵；3—电动机；4—母液阀组；5—高压水阀组；6—静态混合器

二、二元复合驱地面工程配注工艺技术

2007年以来，中国石油先后在辽河油田锦16块、新疆油田七中区、吉林红岗油田、大港油田港西三区、长庆油田马岭北三区等区块开展了二元复合驱试验。在充分借鉴聚合物驱配注工艺技术基础上，研发了基本能够适应二元复合驱的地面工程配注工艺技术。

1. 二元复合驱配制工艺

聚合物干粉通过分散装置与清水按比例混合，由螺杆泵送至熟化罐，表面活性剂同时注入熟化罐和污水掺水管道。在熟化罐内经过一定时间的搅拌熟化使聚合物干粉和表面活性剂完全溶解，通过外输螺杆泵增压过滤后，直接输送至注入站（图4-9）。

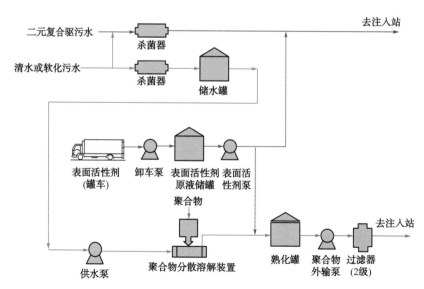

图4-9　二元复合驱配制工艺流程图

2. 二元复合驱注入工艺

二元复合驱注入工艺与聚合物驱注入工艺基本相同，多采用单泵对单井、一泵对多井和二者相结合工艺。

三、三元复合驱配注工艺技术

三元复合驱工业化试验初期，为满足三种化学剂个性化调整的需要，采用的第一代配注工艺是"单泵单井单剂，分散配注"工艺，该配注工艺由三联计量泵、注入水组合流量计、组合式混合器组成。配制好的聚合物母液、碱和表面活性剂分别用计量泵升压计量，在注水阀组处按顺序与高压水混配成三元复合体系。

在工业化试验阶段，经过工艺简化和现场试验，简化为第二代"高压二元、低压三元，分散配注"工艺，可节省投资 30%。该工艺是在聚合物进注入泵之前加入为目的液浓度的碱和表面活性剂，配制成三元液，其余的碱和表面活性剂注入高压水中，高压水中碱和表面活性剂的浓度也为目的液浓度。以单泵单井注聚的混合方式把目的液浓度的 AS（碱和表面活性剂）二元液和三元液进行混合调配，经注水阀组计量分配，通过静态混合器混合成符合指标的三元体系，分配到各注入井。

为进一步降低投资，将碱和表面活性剂的配制环节集中到注水站和配制站，应用了"高压二元、低压三元，集中配制、分散注入"第三代三元配注工艺，进一步简化了注入站工艺，减少了分散建设的配制设备，比第二代工艺节省投资 26%。检测结果表明，注入量误差 ≤ ±2%、注入液中化学剂浓度误差 ≤ ±5%、界面张力合格率达 95% 以上，满足油田开发的要求。

为解决腐蚀结垢严重问题，近年来三元注入采用第四代"低压二元、高压二元、单泵单（多）井"三元配注工艺。该工艺三元体系配注分为高压部分和低压部分两路生产运行。低压二元包括 PS（聚合物与表面活性剂）二元液部分和 AS 二元液部分。PS 二元液部分：聚合物溶液与 50% 浓度的表面活性剂溶液按一定比例进入同一座调配罐搅拌、混合、熟化，熟化后的 PS 二元液由转输泵输至 PS 二元液储罐。AS 二元液部分：碱（碳酸钠）通过碱分散配制成 1.25% 碱液，再与 50% 浓度的表面活性剂按照一定比例进入 AS 二元液储罐，混合成 AS 二元液，AS 二元液经喂液泵送至高压离心泵，再增压成 AS 高压二元液。高压二元：AS 高压二元液与增压后的 PS 二元液按比例混合成目的液，输送到注入井口。图 4-10 所示为三元复合驱低压二元和高压二元工艺流程图。

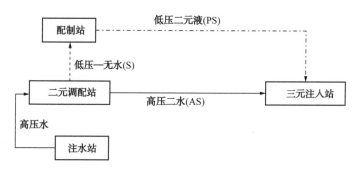

图 4-10　三元复合驱低压二元和高压二元工艺流程图

第三节　油田采出水处理技术

"十一五"以来，中国石油在稠油污水回用锅炉技术、蒸汽辅助重力驱油（SAGD）/火驱采出水处理技术、聚合物驱采出水处理技术、二元复合驱地面工程采出水处理技术、三元复合驱采出水处理工艺技术、特种生物法强化除油技术、高效杀菌技术等方面取得了一些进展。

一、稠油污水回用锅炉技术

"十一五"及"十二五"期间，稠油污水回用锅炉技术得到进一步发展、完善和推广，辽河油田和新疆油田分别采用"调节缓冲、高效斜板气浮、大孔弱酸树脂软化技术"和"调节缓冲、离子调整、重核—催化强化絮凝、旋流反应、强酸树脂软化技术"，实现了稠油污水资源化利用，大幅度减少了清水用量，回收了热能，节约了燃料，避免了过剩污水外排或回灌，创造了显著的社会效益和经济效益。目前已在13座稠油污水处理站推广应用，年创造效益约6亿元。

1. 辽河油田稠油污水回用锅炉技术

1）典型工艺流程

根据辽河油田稠油污水的水质特点，针对注汽锅炉水质指标，污水处理工艺主要控制水中原油、悬浮物、总硬度、总铁、溶解氧、二氧化硅等项指标，总碱度、总矿化度以及pH值一般不超标，不需处理。因此，辽河油田稠油污水深度处理工艺主要包括除油和除悬浮物工艺、除硅工艺、除硬度工艺以及脱氧工艺等。

（1）不除硅污水处理流程：原油脱出水→调节水罐→提升泵→混凝沉降罐→溶气浮选机→过滤泵→一级过滤器→二级过滤器→一级大孔弱酸树脂软化器→二级大孔弱酸树脂软化器→出水外输至热注站（热采锅炉）。

（注：在热注站进行化学脱氧。）

（2）除硅污水处理流程：原油脱出水→调节水罐→提升泵→混凝沉降罐→溶气浮选机→除硅池→过滤泵→一级过滤器→二级过滤器→一级大孔弱酸树脂软化器→二级大孔弱酸树脂软化器→出水外输至热注站（热采锅炉）。

（注：在热注站进行化学脱氧。）

2）关键处理技术

（1）调节缓冲技术。

由于原水的水量和水质波动较大，给后段处理工艺造成十分不利影响。为此，处理工艺前端具有调节功能十分重要。调节功能对后续工艺具有以下好处：

①调节单元内设浮动收油装置，排除罐内浮油，减少后段坏油的产生量，减轻坏油返回原油脱水系统时，对原油脱水系统的影响；

②保证后段工艺在恒定流量下工作，避免水量波动对浮选、除硅、过滤、软化等工艺设备的影响；

③有利于后段工艺分段水质指标控制；

④保证后段工艺投加各种化学药剂与水量、水质的最佳匹配，既保证水质处理效果，

又保证了化学药剂的最小投加量；

⑤保证除油罐、浮选机等设备的恒液位收油及排渣。

（2）高效溶气浮选技术。

浮选技术在国内外稠油污水处理中普遍采用，是稠油污水处理的核心与关键设备之一。辽河油田在欢三联稠油污水处理回用热采锅炉工程中，国内首先引进了国际上先进的荷兰产高效溶气浮选机，并陆续在辽河及其他油田含油污水处理工程中成功应用。

该浮选机的高效性主要体现以下几点：

①高效药剂混合反应设备。与传统浮选机相比，该浮选机不但配备药剂管道混合、反应器，而且通过高压溶气水提高管道混合、反应效果，达到设计要求的药剂混合、反应时间和强度指标（GT值）。

②先进的布水、布气方式。传统溶气浮选机由于表面负荷低，单位长度的布水量小，因此布水、布气方式沿用传统方式，即在浮选机短边侧布水和布气，另一侧出水。由于高效浮选机在分离区采用斜板，比传统浮选机表面负荷率提高 2 倍以上，浮选机单位长度的布水量也相应提高。如果沿用传统的布水方式，单宽流量将超过 50m³/（h·m）。单宽流量过大，极易引起偏流和裹胁顶部浮渣，使出水水质恶化。

为此，引进高效浮选机改变了传统布水、布气方式，在不改变分离区面积的条件下，充分利用溶气浮选机的长边，即在浮选机长边一侧布水布气，另一侧出水。巧妙地解决了由于处理效率的提高而给布水与布气造成的影响。

③高效固液分离。高效浮选机的高效除体现在溶气效率和能耗方面外，占地也是一个重要指标。传统溶气浮选机分离区不加斜板，表面负荷率一般在 5 ~ 7m³/（h·m²）。引进高效溶气浮选机在分离区增加斜板，在相同的分离效果的前提下，表面负荷率可达 15m³/（h·m²）以上。因此，相比传统溶气浮选机，引进高效溶气浮选机对分离区占地可节约 60% 以上。

④可靠实用的刮渣、排渣系统。

（3）苛性钠—镁剂除硅技术。

苛性钠—镁剂除硅工艺是向水中投加液体氢氧化钠和液体镁盐，在水中形成氢氧化镁絮体，吸附水中的硅后，再通过投加混凝剂、助凝剂，二次絮凝后沉淀澄清。

典型的试验表明：当 pH 值调整到 10.3 ~ 10.7 时，二氧化硅可以处理到 50mg/L 以下，除硅效率为 70% 左右，总硬度上升 1 倍左右。随着 pH 值的上升，硬度逐渐降低。

苛性钠—镁盐除硅工艺使用的处理构筑物主要为机械混合反应池、平流沉淀池以及机械加速澄清池。

苛性钠—镁剂除硅工艺（苛性钠法）与传统的石灰—镁盐除硅工艺（石灰法）相比，具有效率高、废渣量少、操作方便、不宜结垢堵塞等优点。

（4）大孔弱酸树脂软化技术。

离子交换软化技术是含油污水处理回用锅炉关键技术之一，是最后一道去除水中硬度工序，关系到整个工艺出水硬度指标能否达到注汽锅炉进水指标。

离子交换软化技术主要包括离子交换树脂的选择、软化工艺设备以及配套的树脂再生工艺设备，其中离子交换树脂的选择是核心和关键。

离子交换树脂的选择主要根据水中总矿化度、总碱度以及总硬度确定，同时还要考虑水温、水中污染物成分和含量，一般还要通过软化实验进一步确定树脂类型和树脂性能参数。

典型的试验表明：大孔弱酸树脂 D113 适合辽河油田稠油污水的软化，D113 是大容量带羧酸基的大孔弱酸阳离子交换树脂，具有下列优点：

①适合高矿化度及高碱性水。当上游污水有除硅工艺时，原水碱度提高 1 倍以上，特别适合采用大孔弱酸树脂；

②具有极好的物理和化学性质，耐高温（最高运行温度 120℃）、抗污染；

③具有较高的交换容量，是 001×7 强酸树脂交换容量的 2 倍以上。

3）应用效果

辽河油田应用稠油污水深度处理回用热注锅炉技术，先后建成 7 项工程，取得良好经济效益和社会效益。无除硅工艺，处理单位水量药剂费 2.00 元 /m³ 左右；有除硅工艺，处理单位水量药剂费 5.00 元 /m³ 左右。

2. 新疆油田稠油污水回用锅炉技术

1）典型工艺流程

来水 →沉降罐→提升泵→反应罐→ 斜板沉降罐→过滤缓冲罐→过滤提升泵→双滤料过滤器→改性纤维球过滤器→ 2000m³ 净化水罐→外输泵→去热注站。

2）关键技术

（1）离子调整旋流反应法技术。

新疆油田采出水通过加入以 Ca²⁺ 和 Zn²⁺ 为主要成分的离子调整剂，调整污水的 pH 值，使乳状液破乳，悬浮固体颗粒聚并，油—水—渣迅速分离，水质得到净化，并通过改变离子调整剂的配方以适应油田采出水水质的变化及不同油田的采出水处理。药剂的总量控制在 200mg/L 以内，净水药剂费用不大于 1.8 元 /m³。

（2）重核—催化强化絮凝净水技术。

重核—催化强化絮凝净水技术是按照不同的反应顺序及加药时间要求，首先加入比重大的金属阳离子，形成较为密实的"重核"，加大絮体的比重，利于絮体沉降。然后加入催化剂，选择带有高正电荷密度的催化剂，对水中的胶体颗粒进行脱稳预处理，使胶体表面的电位减小，降低水质净化难度。再投加混凝剂和絮凝剂，吸附桥架，使污水形成较大的絮体而沉降，水质迅速得到净化（图 4-11）。

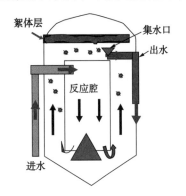

图 4-11　重核—催化强化絮凝净水技术反应设备原理图

药剂投加后，不改变水中离子含量，对油田采出水进行综合利用无影响，且能保持原水水质特性。药剂的总加入量控制在 220mg/L 以内，药剂费用控制在不大于 1.9 元 /m³。

（3）污水多功能反应器。

研发的污水多功能反应器可保证净水药剂与稠油采出水反应的时间间隔和混合强度，满足净水药剂对混合强度的不同要求，使油—水—渣迅速分离。在污水多功能反应器内，新生的悬浮物颗粒在穿过污泥吸附层时被吸附拦截，这样污水多功能反应器出口的油及悬浮物可控制在不大于 15mg/L。

该装置获国家实用新型专利，专利号 ZL200820302182.8；反应器主要由罐体、中心反应筒体、进出水管汇、加药管汇、排油管、排泥管等几部分组成。

（4）加药智能控制技术。

药剂投加量首先是随水量投加，保证了加药量与水量匹配。另外，污水的 pH 值可调到适当的值，通过对污水多功能反应器出口的 pH 值及浊度的检测，加药智能控制技术可对药剂加药量给定自动修正，从而建立了"流量 +pH 值复合环模糊加药控制"程序，保证了水质连续稳定达标。

3）应用效果

目前，新疆油田公司共建 6 座稠油采出水处理站，总设计处理规模为 $12.3 \times 10^4 m^3/d$。处理后净化水全部回用油田注蒸汽锅炉，回收了高温采出水的热能、节省了天然气用量、替换了大量的清水资源。

二、SAGD 采出水处理技术

稠油采出水主要集中在辽河油田和新疆油田，考虑到对已建地面水处理设施的依托，SAGD 的采出液，从进入联合站开始，即与吞吐等其他稠油采出液混合，一并处理。目前，SAGD 采出水都实现了处理后回用于锅炉，多余采出水和浓盐水处理达标后外排。

国内 SAGD 采出水处理主要采用"常规处理 + 深度处理"的工艺路线，常规处理即为"除油 + 过滤"处理流程，去除污油和悬浮物，以满足后续水质要求，深度处理工艺主要是去除硬度，以满足注汽锅炉给水指标后回用于锅炉，包括"离子交换"和"MVC 蒸发"等技术，离子交换工艺成熟可靠，目前已在国内推广应用，而 MVC 蒸发技术在国内已经取得初步效果，待进一步试验验证以后可大规模推广应用。

1. 辽河油田 SAGD 采出污水处理工艺

辽河油田 SAGD 采出污水处理工艺主要集中在曙光采油厂采用，目前由吞吐、SAGD 的采出水没有进行严格区分，其采出水属于混合污水，主要集中在曙四联深度处理站和曙一区深度处理站进行处理。目前，曙光采油厂的吞吐、SAGD 采出水基本实现全部回用于注汽锅炉，剩余约 1000m³/d 污水输至曙一联用于回注。

1）曙四联深度处理站

曙四联深度处理站主要接收来自曙四联和曙五联的污水，属于吞吐、SAGD 的混合污水，设计规模 22000m³/d，现运行规模为 12000m³/d，采用常规处理 + 离子交换深度处理的工艺流程，处理后污水回用注汽锅炉。

曙四联污水深度处理站工艺流程如图 4-12 所示。

曙四联污水深度处理站分段指标见表 4-1。

2）曙一区污水深度处理站

曙一区污水深度处理站主要接收来自特一联的污水，属于吞吐和 SAGD 混合污水，设计规模 20000m³/d，目前满负荷运行，采用常规处理 + 离子交换深度处理的工艺流程，处理后污水回用于注汽锅炉。

曙一区污水深度处理站工艺流程如图 4-13 所示。

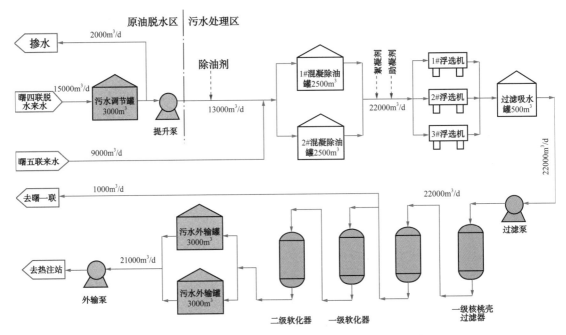

图 4-12　辽河油田曙四联污水深度处理站工艺流程图

表 4-1　辽河油田曙四联污水深度处理站分段指标表

序号	名称	水温，℃	含油，mg/L	悬浮物，mg/L	硬度，mg/L
1	原水	85	1000	4000	100
2	除油缓冲水罐出水	82	200	500	100
3	DAF浮选机出水	80	20	50	100
4	过滤器出水	79	5	20	100
5	弱酸软化器出水	78	2	5	0
6	外输水	76	2	5	0

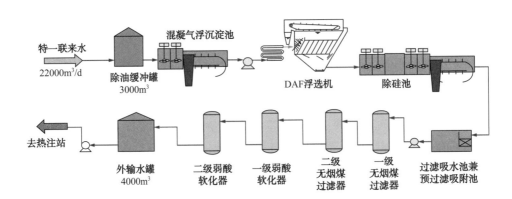

图 4-13　辽河油田曙一区污水深度处理站工艺流程图

曙一区污水深度处理站分段指标见表 4-2。

表 4-2　辽河油田曙一区污水深度处理站分段指标表

序号	名称	水温 ℃	含油 mg/L	悬浮物 mg/L	总铁 mg/L	硬度 mg/L	SiO₂ mg/L
1	原水	80	411	1286	0.1	56	—
2	除油缓冲水罐出水	78	119	46	0.05	—	—
3	混凝气浮池出水	78	57	35	0.05	—	—
4	DAF 浮选机出水	77	3.8	8.7	0.05	64	172
5	除硅池出水	77	2.7	7.1	0.05	60	—
6	过滤器出水	78	1.5	3.6	0.05	—	—
7	弱酸软化器出水	77	1.5	3.4	0.05	0	—
8	外输水	78	1.8	3.2	0.05	0	170

注：除硅池目前不加药，已放弃其除硅功能。

3）辽河油田 MVC 技术现场试验

辽河油田根据超稠油污水性质，结合国外 MVC 技术，研究设计了一套适合于超稠油污水处理的 MVC 装置，该试验装置于 2014 年 5 月建成投产，设计处理水量 21m³/h，产品水量 20m³/h，排污率 3.2%，采用的工艺流程如图 4-14 所示。

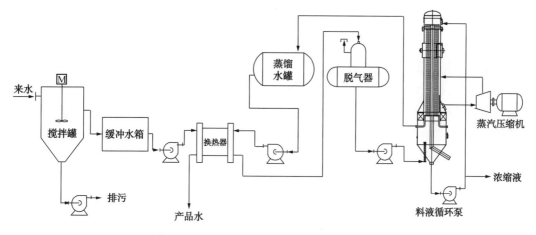

图 4-14　辽河油田 MVC 试验装置工艺流程图

为验证 MVC 装置的适应性，辽河油田分别以软化出水、气浮出水和 SAGD 分离水作为 MVC 进水水源，进行试验。

辽河油田 MVC 试验装置试验效果数据见表 4-3。

表 4-3　辽河油田 MVC 试验装置试验效果数据表

序号	项目	单位	软化出水		气浮出水		SAGD 蒸汽分离水	
			进水	出水	进水	出水	进水	出水
1	硬度	mg/L	5	未检出	70 ~ 100	未检出	1.52	未检出
2	总铜	μg/L	0.1	0.03	5	0.02	0.2	0.03

续表

序号	项目	单位	软化出水		气浮出水		SAGD 蒸汽分离水	
			进水	出水	进水	出水	进水	出水
3	总铁	μg/L	0.15	0.1	30	0.05	0.3	0.03
4	油	mg/L	0.8	未检出	10	未检出	17	未检出
5	二氧化硅	mg/L	100	未检出	200～250	0.15	1800	未检出
6	pH 值（25℃）		7.5～8.0	7.5	7.5～8.0	7.5	11	7.5
7	电导率	μS/cm	—	55	—	58	—	54
8	浊度	NTU	—	0.1	—	0.19	—	0.1
9	水量	m³	—	—	26358	25080	24600	23760
10	运行时间	d	—		55		50	
11	综合成本	元	9.92		10.6		8.8	

2. 新疆油田 SAGD 采出污水处理工艺

新疆油田 SAGD 主要集中在风城作业区，其采出水与其他吞吐采出水均输入风城 1 号处理站进行处理，属于混合污水，目前风城作业区"吞吐和 SAGD"采出水处理合格后，部分回用于注汽锅炉，多余的采出水则外排或存储。

新疆油田火驱主要集中在采油一厂红浅区块，其采出水与其他吞吐采出水均输入红浅稠油处理站进行处理，属于混合污水，目前红浅区块的"吞吐和 SAGD"采出水处理合格后，部分回用于注汽锅炉，其余用于注水驱油。

1）风城 1 号站

风城 1 号处理站主要接收重 32 井区、重 37 井区、重 18 井区和重 45 井区等稠油采出水，属于"吞吐和 SAGD"的混合污水，设计规模为 30000m³/d，现运行规模为 12000m³/d，采用"常规处理 + 软化除硬度"工艺流程，处理后污水回用于注汽锅炉，其中常规处理包括两种工艺流程：一种是气浮选工艺流程（10000m³/d）；另一种是混凝沉降（水质改性 20000m³/d）工艺流程。

风城 1 号污水处理站工艺流程如图 4-15 所示。

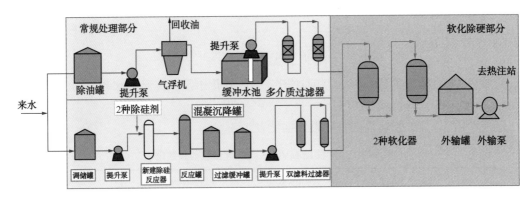

图 4-15　新疆油田风城 1 号污水处理站工艺流程图

风城 1 号污水处理站进出水指标见表 4-4。

表 4-4 新疆油田风城 1 号污水处理站进出水指标表

项目	温度 ℃	TDS mg/L	含油 mg/L	SS mg/L	SiO₂ mg/L	总硬度 mg/L
进水水质	85	4000	4000	500	350	—
出水水质	80	4000	2	2	<100	0.1

注：TDS—溶解性固体总量；SS—悬浮物。

2）红浅稠油污水处理站

红浅稠油污水处理站主要接收红浅老区、四二区、红一 4 井区、红 006 井区和红 003 井区采出水，目前，红浅火驱先导试验站污水进入红浅稠油污水处理站，属于"吞吐和火驱"的混合污水，设计规模 25000m³/d，现运行规模为 12000m³/d。采用"常规处理 + 软化除硬度"工艺流程，处理后污水与软化后清水勾兑（清污比为 1：2）后回用于注汽锅炉，其中常规处理采用混凝沉降（水质改性）工艺流程，深度除硬处理采用离子交换软化工艺。

红浅稠油污水处理站工艺流程如图 4-16 所示。

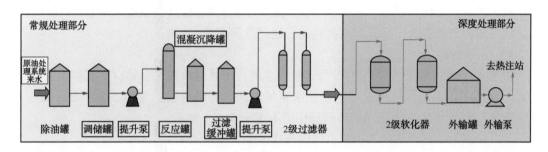

图 4-16 新疆油田红浅稠油污水处理站工艺流程图

红浅稠油污水处理站进出水指标见表 4-5。

表 4-5 新疆油田红浅稠油污水处理站进出水指标表

项目	温度 ℃	TDS mg/L	含油 mg/L	SS mg/L	SiO₂ mg/L	总硬度 mg/L
进水水质	80	5000	1650	300	130	50 ~ 90
出水水质	—	5000	2	5	130	0.1

三、聚合物驱采出水处理技术

"十一五"及"十二五"期间，在对传统重力沉降工艺和横向流除油工艺总结分析的基础上，研发了"气浮"工艺和"沉降罐 + 气浮"技术工艺。

1. 二级沉降、过滤处理工艺（重力沉降工艺）

1）工艺流程

工艺流程：来水→自然沉降→混凝沉降→缓冲罐→过滤。

二级沉降、一级压力过滤流程为聚合物驱采出水常规处理工艺，处理后水质达到了聚合物驱注水水质指标。

大庆油田根据已建的聚合物含油污水处理站多年的实际运行情况和对采油六厂喇 360 聚合物驱含油污水处理站及聚北十三含油污水处理站的现场实际测试，提出将一次沉降罐的停留时间由 10.3h 变成 8.0h，二次沉降罐的停留时间由 5.2h 变成 4.0h，即总停留时间由 15.5h 降为 12h，有效地减小了一次及二次沉降罐容积，节省了污水站建设投资。

2）主要设计参数

主要设计参数见表 4-6。

表 4-6 "两级沉降、一级压力过滤"含聚污水处理工艺主要设计参数表

设计来水指标	含油 ≤ 1000mg/L，悬浮物含量 ≤ 300mg/L，原水聚合物含量 ≤ 500mg/L
设计出水指标	含油 ≤ 20mg/L，悬浮物含量 ≤ 20mg/L，悬浮固体粒径中值 ≤ 5um（高渗透层）
主要设计参数	（1）自然沉降有效停留时间 7 ~ 9h； （2）混凝沉降有效停留时间 3 ~ 5h； （3）石英砂滤速 ≤ 8m/h，反冲洗强度 15（L/s·m²），历时 15min，反冲周期 24h； （4）加药：絮凝剂 80mg/L，连续投加；杀菌剂 20 ~ 50mg/L，连续投加（1227、HQ-126，交替）；助洗剂 100 ~ 200mg/L，每周一次

3）流程特点

该工艺优点是技术成熟、管理难度小、抗冲击能力强；缺点是虽然后期参数有所优化，但仍然存在占地面积大、系统伴热能耗高、建设投资高等。

4）应用效果

根据大庆油田水质调查情况看，聚合物驱含油污水处理站在聚合物驱工艺参数条件下，处理后水质基本上能够达到聚合物驱注水水质标准（高渗透层，含油不大于 20mg/L，悬浮物含量不大于 20mg/L，悬浮固体粒径中值不大于 5μm）要求。

2. 一级横向流聚结除油器、压力过滤处理工艺（横向流工艺）

1）工艺流程

工艺流程：来水→调节缓冲罐→一级横向流聚结除油器→过滤。

2）主要设计参数

（1）横向流聚结除油器。含聚采出水有效停留时间为 2 ~ 3h。

（2）过滤器滤速。核桃壳：≤ 16m/h；石英砂：≤ 8m/h；双滤料：≤ 10m/h。

（3）药剂投加。水质不同，投加药剂的种类也有所不同。加药剂一般有 3 种：① 混凝剂采用聚合氯化铝连续投加，投加量为 80mg/L；② 杀菌剂；③ 清洗剂，与杀菌剂共用一套装置，间断投加。

3）主要优点

（1）容积小，停留时间较短，污水在系统中停留时间仅 3 ~ 4h，与沉降工艺相比，缩短停留时间近 2 倍。

（2）处理效率高，除油效率可达 90% 以上，平均除悬浮物效率为 45%。

（3）操作方便，能够实现连续收油和排泥。

（4）投资少、占地小，相比重力式沉降工艺可节省占地 50% 以上，节省基建投资 10% 以上。

4）主要缺点

（1）由于前段采用聚结材料，在悬浮物高和存在泥砂的情况下易堵塞填料。目前，

大庆油田大部分粗粒化装置因被悬浮物、泥砂等堵塞阻力增加，而失去了粗粒化作用，粗粒化装置逐渐停止使用。

（2）由于停留时间较短，容积小，对来水流量冲击敏感，在前段宜设调节罐。

（3）只对粒径大于10μm的分散油起作用，不能对乳化油和溶解油起作用，当乳化油和溶解油占比例较大时，必须加药，而加药又易与一些悬浮物起反应，当悬浮固体含量大时，易堵塞填料。

5）应用效果

根据大庆油田水质调查情况看，聚合物驱含油污水处理站在聚合物驱工艺参数条件下，处理后水质基本上能够达到聚合物驱注水水质标准（高渗透层，含油不大于20mg/L，悬浮物含量不大于20mg/L，悬浮固体粒径中值不大于5μm）要求。

目前，大庆油田有4座含聚采出水污水站采用横向流过滤器。但随着油田聚合物含量的逐步增高，通过现场实际生产发现，该工艺在聚合物浓度增高后，出现了填料堵塞、过流能力下降等一系列问题，在聚合物驱污水处理应用中除油效果不理想；同时，由于停留时间短，加之聚合物驱原水黏度高、含砂量大，对悬浮物祛除效果也较差，造成过滤段压力增大，全站出水水质不达标。因此，在后续建设的聚合物驱污水处理站中对此工艺流程要慎重选择。

3."沉降＋气浮＋过滤"工艺（气浮工艺）

该流程是以气浮法为主的工艺。由于含聚污水油粒小、黏度大，油粒或细小悬浮固体颗粒不易上浮，而气浮方法的本质是将携带微小油粒或悬浮固体颗粒黏附在微小气泡上，加大了油粒和悬浮固体浮力，使其更易被去除，因此，从理论上讲，气浮法非常适宜此类污水的处理。

1）工艺流程

工艺流程：来水→调节缓冲罐→气浮→过滤。

2）主要设计参数

（1）沉降罐。有效停留时间为3～5h。

（2）浮选机。溶气压力：0.6MPa；回流比：15%～25%；溶气比例：10%～15%；气浮池总水力停留时间：8～12min；管式混凝器水力停留时间：约30s。

（3）过滤器滤速。石英砂：≤8m/h；双滤料：≤10m/h。

（4）药剂投加。水质不同，投加药剂的种类也有所不同。加药剂一般有3种：① 混凝剂采用聚合氯化铝连续投加，投加量为100mg/L；② 杀菌剂；③ 清洗剂，与杀菌剂共用一套装置，间断投加。

3）优点

（1）与大罐沉降工艺相比，停留时间减少了55%甚至更多，占地面积大大减少，节省了投资。

（2）抗水质冲击能力强，出水水质优于传统的大罐沉降工艺，降低了后段滤罐的负荷。

4）缺点

（1）气浮技术会增加系统内的溶解氧含量，需根据污水的腐蚀性确定后续是否除氧。

（2）动力消耗比重力式流程稍大，比重力式流程多耗电费0.07元/m³。

（3）管理要求严格。

5）处理效果分析

从部分工程实例看，气浮出水油、悬浮固体含量分别为 7.44mg/L 和 16.46mg/L，气浮段油、悬浮固体的去除率分别达到了 89.8% 和 75.6%，对于含聚污水来说，处理效果要比大罐沉降效果好。

水质处理后达到大庆油田高渗含聚注水水质标准，即含油：≤ 20mg/L；悬浮固体含量：≤ 20mg/L；悬浮物粒径中值：≤ 5μm。

4. "沉降罐 + 气浮"技术

随着油田开发的不断深入以及聚合物的注入，采出水黏度越来越大，处理难度越来越高，常规的沉降处理工艺已经很难满足要求，在这种情况下，对已有的沉降罐进行改造，将气浮技术引入沉降罐中，成为很好的技术改造方案之一。

1）技术原理

"沉降罐 + 气浮"技术是通过增设管式反应器、溶气泵、在罐内增加上下层布气穿孔管，使原有沉降罐增加了气浮选功能，对于由于黏度增大而难于沉淀的细小悬浮颗粒以及难于上浮的细小油珠，具有很好的去除效果，解决了现有沉降罐处理效率低的问题（图 4-17）。改造后，沉降罐含油去除率提高 50% 以上，悬浮固体去除率提高 25% 以上。该技术在大庆油田杏十二联的实验中，达到了预期效果。

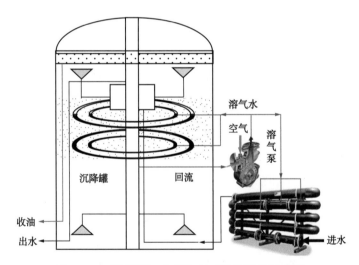

图 4-17　"沉降罐 + 气浮"技术装置结构示意图

2）技术特点

该技术具有结构简单、耐冲击负荷、能够提高处理效率的特点，实现了沉降技术与气浮技术的有机结合，对于那些由于水质发生变化而无法达到处理指标，且采用重力沉降的含油污水处理站进行改造完善，特别适用。这种处理技术，增加投资有限，处理效果明显。

3）缺点

该技术对管理要求较高，能耗稍高；大罐本身的结构决定了产生的污油、污渣不易排出，从而影响出水的效果。

4）适用范围

该技术适用于由水驱改为聚合物驱后常规稀油采出水处理站的改造。

四、二元复合驱地面工程采出水处理技术

2007 年以来，辽河、新疆等油田开展了二元复合驱（聚合物和表面活性剂）试验。油田采用二元复合驱采油后，随着采出污水中聚合物和表面活性剂含量增加，含油污水黏度成倍增大，由于水相黏度的增加，絮凝作用明显变差，加大了二元驱污水的处理难度。在充分借鉴聚合物驱和三元复合驱工艺技术基础上，研发了基本能够适应二元复合驱的地面工程采出水处理技术，形成了"曝气沉降 + 气浮 + 过滤"工艺技术（图 4-18）。

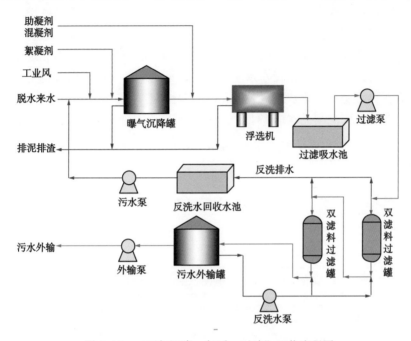

图 4-18　"曝气沉降 + 气浮 + 过滤"工艺流程图

工艺流程说明：通过向曝气沉降罐内加入压缩空气并均匀混合成为气—液两相流，对聚合物及原油进行预处理，降低聚合物的含量，降低后段工艺除油的难度。同时，在曝气沉降罐内投加复合絮凝剂，对原油及聚合物进行絮凝处理，形成的絮体通过静沉分离达到除油效果。曝气沉降罐出水进入溶气式气浮进行处理，通过高压回流溶气水减压产生大量的微气泡，使其与二元驱污水中密度接近于水的石油或悬浮物微粒黏附，形成密度小于水的气浮体，在浮力的作用下，上浮至水面，进行固—液和液—液分离，进一步去除小颗粒原油及乳化油，并能去除大部分悬浮物。最后经过二级双滤料过滤器进一步去除油和悬浮固体。

五、三元复合驱采出水处理工艺技术[2]

"十五"期间，大庆油田根据三元复合驱采出液处理先导性试验站的研究成果，在某采油厂建成一座国产重烷基苯磺酸盐表面活性剂强碱三元复合驱采出液处理试验站，提出了以"横向流聚结—气浮组合分离装置"为除油沉降分离设备，以石英砂磁铁矿双层滤料过滤设备为一级过滤，以海绿石磁铁矿双层滤料过滤设备为二级过滤的三段处理工艺。

"十一五"期间，大庆油田建设了2座强碱三元复合驱采出液处理生产性试验站，其中一座采用的工艺流程为"曝气沉降罐＋横向流聚结气浮组合式沉降分离装置＋石英砂磁铁矿双层过滤器＋海绿石磁铁矿双层滤料过滤器"，另一座的工艺流程为"曝气沉降罐＋三元高效油水分离装置＋石英砂磁铁矿双层过滤器＋海绿石磁铁矿双层滤料过滤器"。现场试验研究表明，经过这些处理工艺处理后的水质达到了大庆油田含聚污水高渗透油层回注水水质控制指标，实现了三元复合驱采出水的有效处理。

"十二五"期间，大庆油田针对黏度大、乳化程度高、含三元驱油剂的采出水处理，转变前期过于依赖投加药剂为主的研究思路，充分考虑物理化学的协同作用，提出了序批式的沉降处理工艺及其由此产生的序批式油水分离设备，采用沉降时间长、耐冲击的沉降设备和降低过滤罐滤速的方法；同时，当三元含油污水中出现离子过饱和现象时，配合投加药剂，来实现三元复合驱含油污水水质达标。在此期间，大庆油田进行了"序批式曝气沉降→一级双滤料过滤→二级双滤料过滤"的实验研究。

截至2015年，大庆油田已建成13座三元复合驱采出水处理实验站，工艺流程见表4-7。

表4-7　三元复合驱采出水处理站工艺流程

序号	采用的工艺流程	数量，座
1	曝气沉降→高效油水分离→双滤料过滤→双滤料过滤	5
2	曝气沉降→横向流聚结气浮→双滤料过滤→双滤料过滤	1
3	曝气沉降→气浮→双滤料过滤→双滤料过滤	1
4	横向流聚结除油→组合式沉降分离装置→核桃壳过滤→双滤料过滤	1
5	序批式沉降→双滤料过滤→双滤料过滤	5
合　计		13

六、特种生物法强化除油技术

近年来，中国石油多个油田应用了特种微生物强化除油技术，能有效地去除采出水中所含油和悬浮物及有机污染物。

1. 技术原理

由于采油污水中成分复杂，含难处理、难生化降解的有机污染物较多，可生化性差，杂菌较多且相互竞争性较强，因此一般微生物通过竞争难以形成优势菌群，而且在高含盐量的采油污水中难以生长繁殖，因而一般生化处理难以正常运行。特种微生物强化处理技术在采油污水中通过投加特定的"倍加清"特种微生物联合菌群，促进其对特定污染物的降解能力，从而提高污水处理系统去除有毒有害、难降解化学物的能力，并提供适宜的生长环境，通过与污水中微生物间的竞争形成优势菌群，同时在不断的竞争中又提高了生物群抗毒抗冲击的能力，因而使污水中能够快速建立一条有效降解苯系、烃类、脂类、萘类等有机污染的生物群，对污水中各种复杂的脂肪族和芳香族等有效地进行生物降解；同时，可强化对烃类、蜡类以及酚、萘、胺、苯、煤油等的生物降解，这些特种微生物有着很高的繁殖率，它们通过水合、活化、氧化、还原、合成，把复杂的有机物降解成为简单的无机物，最终产物为 H_2O 和 CO_2。特种微生物以污水中有机污染物为营养并获得能量，实现自身生命的新陈代谢，达到净化污水的目的。

选配的"倍加清"特种联合菌群能适应 60000 ～ 150000mg/L 高含盐量采油污水，不但能降解水中的油，而且对其他有机污染物的降解也十分明显。微生物处理系统的关键是给予联合菌群适当的生长环境和停留时间，使特种联合菌群能在适宜的条件下不断生长和繁殖。

2. "倍加清"特种微生物的特点

（1）微生物生物活性大于 10^{11} ～ 10^{14} 个 /g（常规为 10^4 ～ 10^6 个 /g），容易形成优势菌群，调试启动快，一般只需 7 ～ 10 天即可。

（2）针对不同的有机污染物可选择相应的特种微生物，并通过生物间的协同作用对污水中难降解有机污染物进行有效生物降解。

（3）通过投加"倍加清"特种微生物，可提高系统处理效率，出水通过膜过滤，出水可达到"5，1，1"的回注水指标。

（4）环境友好，污泥产量少，且基本无二次污染，是一种无害化处理的方法。

（5）相比其他生物处理法，抗毒和抗冲击性能强，运行时间越长，处理效果越好。

通过"倍加清"专性微生物的强化处理，使得进膜前污水中的油及其他有机污染物已得到有效降解，含油量在 5mg/L 甚至 1mg/L 以下，因此，对膜的污染问题也得到有效控制，解决了油及其有机污染物对膜的污堵问题。其次，微生物反应池内高浓度的活性污泥活性强，对污水中的有机污染物具有较强的吸附能力，因此，在膜分离过程中，活性污泥呈湍球状，可以把存积在膜管表面的污物吸附随活性污泥带出回至微生物反应池内循环处理，进一步减少对膜的污染，延长膜的清洗周期和使用寿命。

3. 应用条件

（1）使用环境温度：10 ～ 45℃（最佳 25 ～ 35℃）。

（2）运行压力：常压（也可在不大于 0.5MPa 条件下运行）。

（3）溶解氧：≥ 2mg/L。

（4）一般进水水质条件：

①pH 值：6 ～ 9；②含油量：20 ～ 300mg/L；③悬浮物：50 ～ 300mg/L；④硫化物：≤ 50mg/L，否则须进行特殊处理；⑤含聚浓度：≤ 500 mg/L，超过浓度需调整微生物反应池结构形式；⑥矿化度：≤ 150000mg/L。

（5）一般水力停留时间为 6 ～ 8h，具体根据实际试验情况决定。

4. 适用范围

（1）对于注水要求高的低渗透和特低渗透油田，可用作膜前预处理工艺。

（2）对于含聚污水，可采用"特种微生物 + 过滤"处理工艺，适用于注水水质要求较高的含聚污水处理。

七、高效杀菌技术

高效杀菌技术主要有：电解盐水杀菌技术、二氧化氯杀菌技术、紫外杀菌技术、LEMUPZ–D 多相催化氧化杀菌技术。

1. 电解盐水杀菌技术

1）工艺原理

该技术的杀菌原理是利用次氯酸钠发生装置，通过电解饱和盐水产生次氯酸钠溶液（NaClO），次氯酸钠不稳定，在水中产生了原子态氧，原子态氧是强氧化剂，能够氧化细菌，使细菌中的蛋白质变性，失去复制和生存能力，从而达到杀灭细菌的目的。

阳极反应：

$$2Cl^- \longrightarrow Cl_2 \uparrow +2e$$

阴极反应：

$$2H_2O+2e \longrightarrow 2OH^-+H_2 \uparrow$$

极间的化学反应：

（1）
$$Cl_2+2OH^- = ClO^- + Cl^- + H_2O$$

（2）
$$ClO^- = Cl^- + [O]$$

总反应：

$$NaCl+H_2O \longrightarrow NaClO+H_2 \uparrow$$

$$NaClO \longrightarrow NaCl+ [O]$$

当含有 3.0% ~ 3.5% 的盐水通过次氯酸钠发生装置的电解槽时，直流电会使它发生电解反应，从而产生次氯酸钠溶液，加入污水系统中，防止水中细菌的繁殖或生长。

2）工艺流程

电解盐水的发生装置如图 4-19 所示，其工作的主要流程为：盐水池与化盐罐中制成的饱和浓盐水按一定的比例经过配比器后，配成一定浓度（3% ~ 5%）的稀盐水，进入稀盐水罐中，经过稀盐水泵加压后送入电解槽。稀盐水进入电解槽的下部，在电解槽中由下至上流过其中各个电解小室，直流电作用使溶液开始产生次氯酸钠，再由电解槽上部的出口流出，通过管道输送入次氯酸钠储藏罐内。次氯酸钠溶液随后再由加药泵加压后送至加药点，电解时产生的氢气经次氯酸钠储罐上部的排气口排至室外，钙、镁等沉淀沉积在储罐下部，由排污口定期排出。由于水中存在钙离子和镁离子，电解时会在电极板上产生沉淀，从而导致电解效率下降，因此必须定期对电解槽进行酸洗。配制盐水用的清水矿化度也不同，清洗周期也不同，一般酸洗周期约 1 次 / 周。

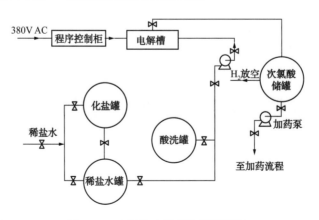

图 4-19　电解盐水杀菌装置流程图

3）技术特点

电解盐水杀菌技术不需投加任何药剂，只消耗电能和食盐，可连续密闭生产，自动化程度高，具有杀菌效果好、投资较少、运行成本低等特点；同时，长期使用不会使细菌产生抗药性，还可以保持适当的余氯量，确保外输及注水等后续系统中不再滋生细菌。

该技术从作用原理上属于氧化性杀菌技术。因此，当污水中的 Fe^{2+}，S^{2-}，SO_3^{2-} 和 HS^- 等还原性离子或有机质含量较高时，对次氯酸根离子有较大的消耗，当然，当采用次氯酸钠作为除硫剂时，该技术具有一定的优势；同时，次氯酸根离子呈弱酸性，当污水呈碱性，一般指 pH 值高于 8 时，使药剂有效浓度有所下降，现场加药浓度需要提高，耗盐量相应增加。

4）存在的主要问题

由于盐中含有氯化钙、氯化镁等杂质，增加了电解电极的结垢速度，使电解槽因结垢而酸洗频繁。

5）应用效果

辽河油田高二联污水处理站设有 1 套 KXKB–3 型电解盐水杀菌装置。该站设计污水处理能力 1500m³/d，实际处理量 1598m³/d。运行效果表明，当次氯酸钠加入浓度为 20mg/L 时，腐生菌和铁细菌的含量为 0.0 个 /mL，SRB 菌为 2.5 个 /mL，完全达到了注水水质标准的要求。

6）适用范围

该技术适用于水中还原性离子少、净化后水有机质含量较低、pH 值为 6.5 ~ 7.5 的污水处理站。

2. 二氧化氯杀菌技术

1）工艺原理

二氧化氯是一种很强的氧化剂，可与多种有机物、无机物发生氧化—还原反应，对细菌的细胞壁有很强的吸附和穿透能力，可以快速地抑制微生物蛋白质的合成来破坏微生物，在 2 ~ 10min 即可杀灭各种细菌，而且不产生抗药性。二氧化氯的水溶液是由亚氯酸钠和盐酸两种原料通过二氧化氯发生装置现场制备。

其反应式是：

$$2NaClO_2+HOCl+HCl \longrightarrow 2ClO_2+2NaCl+H_2O$$

二氧化氯发生器由供料系统、反应系统、控制系统、吸收系统、安全系统组成。该发生器以氯酸钠和盐酸为原料，通过计量泵按一定比例输入反应器中，在一定温度和负压条件下进行充分反应产出以二氧化氯（占 70%）为主、氯气（占 30%）为辅的消毒气体，经水射器吸收与水充分混合形成消毒液后，通入水体中。实现现场制备，现场投加。

过去由于二氧化氯储存与应用存在安全性能差、产率低等原因，一直未能广泛应用。近年来，由于二氧化氯现场发生器的成功研制，使二氧化氯杀菌的现场应用变得更加安全、经济、有效，目前已分别在辽河、新疆、大港、大庆等油田应用。

二氧化氯的氧化性是普通氯气的 2.6 倍，因此，二氧化氯杀菌技术杀菌效果明显优于电解盐杀菌技术，而且二氧化氯杀菌不受污水 pH 值的限制。

2）特点

二氧化氯杀菌技术具有杀菌效果好、投资少、不受污水 pH 值限制等特点；同时，长期使用不会使细菌产生抗药性，还可以保持适当的余氯量，确保外输及注水等后续系统中不再滋生细菌，同时具有井下解堵作用，但当污水中的 Fe^{2+}，S^{2-}，SO_3^{2-} 和 HS^- 等还原性离子或有机质含量较高时，对二氧化氯有较大的消耗。

3）运行成本

根据水质不同，投加浓度不同，二氧化氯吨水运行成本为 0.16 ~ 0.28 元。

4）适用范围

该技术适用于水中还原性离子少、净化后水有机质含量较低的污水处理站的杀菌处理。

3. 紫外线杀菌技术

1）工艺原理

紫外线是指波长小于 400nm 的肉眼不可见光，根据波长的长短又可将紫外线分为 A、B、C 三个波段，C 段（波长 280 ~ 200nm）主要用于消毒、杀菌使用。这是由于生物细胞（如细菌、病毒等）内的核酸 DNA 和 RNA 对紫外线有强烈的吸收，导致 DNA 和 RNA 的碱基形成二聚体，引起 DNA 的突变，阻止其复制和蛋白质的合成，直接导致细菌死亡。

紫外线 C 杀菌技术是基于现代防疫学、医学、光学和动力学的基础上，利用特殊设计的高效率、高强度的 C 波段紫外线光发生器产生的 254nm 波长的紫外光照射污水，强烈破坏生物细胞 DNA 和 RNA 的结构，从而达到杀菌的目的。

2）特点

紫外线杀菌技术已是比较成熟的技术，不受污水的 pH 值、还原性物质含量的影响，但污水中的悬浮物、含油会对灯管外壁造成污染，使得杀菌效果受到了一定的影响。同时，紫外线杀菌对后续流程中滋生的细菌没有作用，一般要配合化学药剂进行杀菌处理。

3）运行成本

紫外线杀菌技术吨水运行成本为 0.04 元。与化学药剂配合使用时，采用冲击式投药方式，化学药剂的投加成本一般小于 0.05 元，总运行成本小于 0.09 元。

4）适用范围

该技术与化学药剂配合，适用于一般采出水、化学驱采出水的杀菌。

紫外线杀菌技术配合药剂杀菌在大庆油田得到了比较广的应用。

4. LEMUPZ-D 多相催化氧化杀菌技术

1）工艺原理

LEMUPZ-D 多相催化氧化杀菌技术属于物理杀菌，它结合了光催化氧化技术与紫外线技术。通过光催化、电化学、陶瓷氧化等作用产生的氢氧根离子、过氧化氢及羟基自由基，并和紫外线联合作用对细菌进行有效的杀灭，通过破坏细菌细胞的离子通道和破坏其细胞膜表面的结构，改变了细菌和藻类的生存物场，使水中微生物丧失生存条件达到杀菌灭藻的作用。系统所产生的 O^{2-} 和细胞内的巯基（—SH）反应，使蛋白质凝固，破坏细胞合成酶的活性，细胞丧失分裂增殖能力而死亡。系统产生的活性氧离子具有很强的氧化能力，能在短时间内破坏细菌的增殖能力使细胞死亡，从而达到杀菌的目的；同时，利用紫外线对细菌 DNA 的破坏，达到杀灭水中微生物的目的。

LEMUPZ-D 多相催化氧化杀菌装置在运行过程中产生大量的强氧化性物质，一方面起到杀菌的作用，另一方面对黏附在设备内部的有机物污染物进行氧化分解，起到清洗作用；同时，氧化分解部分水中的油等有机物，提高紫外线透光率，提高杀菌效率。

2）特点

该项技术具有操作方便、运行费用低、效率高的特点，同时具有很强抗的污染能力，特别是有很强的抗油污染能力。对来水水质要求低，不添加任何有毒有害的化学药品，不会对水体产生二次污染。尽管羟基自由基氧化能力很强，但由于其在水中存活时间极短，对后续流程中滋生的细菌作用较小，当后段流程停留时间较长时，要配合化学药剂进行杀菌处理。

3）运行成本

LEMUPZ–D 多相催化氧化杀菌技术吨水运行成本为 0.05 元。与化学药剂配合使用时，采用冲击式投药方式，化学药剂的投加成本一般小于 0.05 元，总运行成本小于 0.10 元。

4）适用范围

该技术适用于一般采出水、化学驱采出水的杀菌，对于含油污水和杂质较高的污水也有非常好的适应性。当出水中 SRB 菌类要求达到 40 个 /mL 以下或后段流程停留时间较长时，需配合化学药剂进行杀菌处理。

第四节　气田采出水处理技术

中国石油在"十二五"期间对气田采出水处理技术进行了系统的分析、总结。根据不同类型气田的特点对气田采出水进行了合理的分类。对回注、自然蒸发、达标排放、综合利用和污水零排放等最终去向进行了分析，提出了不同去向的气田采出水处理技术路线和经济、适用的流程。

一、气田采出水分类

在影响气田分类的因素中，气田压力对水质影响较小，二氧化碳在水中溶解度较小且危害程度较低，可不作为气田采出水的分类依据。干气藏、湿气藏和凝析气藏对水中含油影响较大，H_2S 气田中 H_2S 的危害较大，可考虑将其作为分类标准。通过上述分析，气田水可简要分为干气藏气田采出水、湿气藏气田采出水、凝析气藏气田采出水、含硫化氢气藏气田采出水、含其他特殊成分气田采出水。

1. 干气藏气田采出水

干气藏气田采出水是指干气藏气田的采出水。干气藏是指储层气组成中一般甲烷含量大于 95%，气体相对密度小于 0.65，开采过程中地下储层内和地面分离器中均无凝析油产出的气藏。

干气藏气田采出水一般水中含油极少，在水处理工艺中可不考虑油的影响。

2. 湿气藏气田采出水

湿气藏气田采出水是指湿气藏气田的采出水。湿气藏是指衰竭式开采时储层中不存在反凝析现象，其流体在地下始终为气态，而地面分离器内可有凝析油析出，但含量较低，一般小于 $50g/m^3$。

虽然湿气藏的气中含的凝析油一般小于 $50g/m^3$，但进入水中的含油并不低，因此在水处理工艺中要考虑油的影响。

3. 凝析气藏气田采出水

凝析气藏气田采出水是指凝析气藏气田的采出水。凝析气藏气田采出水中含有大量的凝析油，在水处理工艺中要考虑油的影响。

4. 含硫化氢气藏气田采出水

含硫化氢气藏气田采出水是指酸性气田含硫化氢气藏的采出水。含硫化氢气藏气田采出水中含有一定量的硫化氢气体，在进入水处理系统前要考虑除去水中硫化氢气体，在水处理系统中也要考虑硫化氢气体的因素。

5. 含其他特殊成分的气田采出水

某些气田采出水中含 Hg、甲醇等特殊成分，需要根据所含的成分及最终去向单独处理，这类气田水采出水统称含其他特殊成分的气田采出水。

二、气田采出水的性质、组成及特点

气田采出水有以下特点：

（1）气田采出水的矿化度普遍较高。

除产凝析水的气田外，产地层水的气田采出水矿化度普遍较高。塔里木气田和青海气田大部分区块的采出水矿化度大于 80000mg/L，西南气田和长庆气田大部分区块的采出水矿化度小于 50000mg/L。

（2）气田采出水的水型多为氯化钙水型，水中成分复杂、易结垢离子较多，腐蚀性强。

气田采出水的水型有氯化钙、碳酸氢钠和硫酸钠水型。经统计，水型为氯化钙的区块有占统计区块的 90.8%。

气田采出水中成分众多，有 K^+，Na^+，Ca^{2+}，Mg^{2+}，Cl^-，SO_4^{2-}，HCO_3^-，Fe^{2+}，Fe^{3+}，Ba^{2+}，Sr^{2+}，B 和 Li 等众多离子和成分，有的还含有 Hg、甲醇、H_2S 等有毒、有害成分。其中，Cl^- 浓度很高，具有很强的腐蚀性。Ca^{2+}，Mg^{2+}，Ba^{2+} 和 Sr^{2+} 等易结垢离子的浓度明显要高于油田采出水。统计的 74 个区块中，有 56 个区块的 Ca^{2+}，Mg^{2+}，Ba^{2+} 和 Sr^{2+} 等易结垢离子的浓度超过 1000mg/L，占统计 75.7%。

（3）气田采出水 COD_{Cr} 含量比较高，远超国家二级排放标准。

气田采出水含有石油类、悬浮固体以及生产中添加的起泡剂、消泡剂、甲醇、缓蚀剂等化学药剂，造成重铬酸盐需氧量 COD_{Cr} 较高。大部分气田采出水的 COD 值均远超国家二级排放标准（150mg/L）。

（4）气田采出水中油的密度小，油水密度差大。

气田采出水的油一般为轻质油，密度一般小于 $0.80 \times 10^3 kg/m^3$，与油田采出水相比，油的密度小，油水密度差更大，易于除油。

（5）气田采出水的水量一般较少、采出水处理站规模较小。

气田采出水是在天然气开采中，随着气藏压力的降低，地层水会逐渐侵入气藏并伴随天然气一道被采出。因此，采出水量与气田开发程度密切相关，而采出水随着开发时间的延长而不断增加。

目前，长庆、西南、塔里木、青海等气田采出水的产水量比较少，大部分区块的采出水量在 500m³/d 以下，采出水处理站的规模一般也小于 500m³/d。

（6）干气藏气田的采出水含油量很少甚至不含油。

干气藏是指在开采过程中地下储层内和地面分离器中均无凝析油产出的气藏，因此，其气田采出水一般水中含油极少甚至不含油。如青海涩北气田、西南多数区块均含油较少。

（7）部分酸性气田采出水 H_2S 浓度较高，需要特殊处理。

如西南油气田川东北气田中，含有较高的 H_2S 气体，川东北龙会、川东北铁山两个区块的采出水中 H_2S 气体含量分别达到 2334mg/L 和 875 mg/ L，处于比较高的水平。

（8）部分区块气田采出水悬浮固体含量较高。

如长庆油气田，统计的 19 座采出水处理站中，有 10 座悬浮固体含量超过了 500mg/L，最高的采出水处理站的悬浮固体含量高达 3163mg/L。

三、气田采出水处理后的最终去向

目前，气田采出水处理后的最终去向主要有 5 种：回注地层、自然蒸发、达标排放、综合利用和污水零排放等。

1. 回注地层

回注（又称地下灌注技术）是将液体储藏至地下深部多孔岩石地层中（例如砂岩和石灰岩），或灌注至低于浅层土壤层中的一项技术，灌注液体可以是水、废水、盐水或水溶性化合物等。该技术是利用深层地质环境有效处理污染物的一种方式，可以使污染物不进入生物圈的物质循环。

《中华人民共和国环境保护法》（2015 年 1 月 1 日起施行）中第六十三条规定：

企业事业单位和其他生产经营者有下列行为之一，尚不构成犯罪的，除依照有关法律法规规定予以处罚外，由县级以上人民政府环境保护主管部门或者其他有关部门将案件移送公安机关，对其直接负责的主管人员和其他直接责任人员，处 10 日以上 15 日以下拘留；情节较轻的，处 5 日以上 10 日以下拘留：

（一）建设项目未依法进行环境影响评价，被责令停止建设，拒不执行的；

（二）违反法律规定，未取得排污许可证排放污染物，被责令停止排污，拒不执行的；

（三）通过暗管、渗井、渗坑、灌注或者篡改、伪造监测数据，或者不正常运行防治污染设施等逃避监管的方式违法排放污染物的。

不少工程技术人员据此认为，新环境保护法不允许回注。实际上，我们认为这是对六十三条的误解。该条款强调的是通过灌注等逃避监管的方式违法排放污染物的行为，而只要通过环评的回注行为，就是合法的行为，我们认为通过环评的回注并不违反该条款规定。

实际上回注作为一种防止水污染的措施，国外很早就有应用，并且美国等国家有比较完善的法律法规和技术规范。

苏联奥伦堡气田日均产水 8690m³，产出水全部回注。为了避免注入水上窜至淡水层，还在回注井的附近钻了几口 150m 深的观察水井进行监测，定期分析水井有无水上窜的显示。

美国自从 20 世纪 30 年代将得克萨斯州油田的高含盐量废水回注到含油岩层里以来，该技术在美国已有 80 多年的实践应用经验，目前已成为一种成熟、安全和经济的废水处置技术，并且在地下灌注管理方面有一整套较成熟的法规及相关管理条例，这一系列法规随着新情况的出现也在不断完善。

1974年，美国国会通过了《安全饮用水法》（SDWA），授权环保署对地下灌注进行管控，保护饮用水的水源地。20世纪80年代，5类地下灌注井的标准被制定出来。1980年，EPA颁布了各州必须遵守的联邦最低标准的《地下灌注控制法规》。1984年，美国国会通过了《有害固体废物修正案》，该法案对灌注井提出了"无扩散"要求。20世纪90年代，美国环保署通过了关于地下灌注的多个法案，第一次国际地下灌注研讨会在加利福尼亚州伯克利举行。2010年，美国环保署将现有的地下灌注规范创造性地用于二氧化碳封存，把原来的灌注井种类从5类拓展到6类。

美国环保署在《地下灌注技术规范》文档中对6类井做了分级：第一类灌注井将工业和城市废水等有害和无害流体安置到地下饮用水源以下的岩层；第二类包括盐水和与石油、天然气生产有关的流体；第三类是与溶浸采矿有关的流体；第四类是有害的或放射性的废弃物，这类灌注井属于美国环保局禁止建造的设施；第五类是粪池、雨水道。第六类井属于试验性质的深井，用于向地层深处灌注二氧化碳以控制温室效应，也就是大家常说的碳埋存。

第二类灌注井根据服务对象分成三种：第一种是提高油气采收率的灌注井，这种井向油层或气层注入高温的液体或气体以获得残留在油气层中的石油和天然气；第二种是处置伴随油气开采的盐水，这些盐水与油气都来自油层或气层，被抽至地表后，经分离后又被注入原来或相似的地层中；第三种是用于储存战略能源资源，主要是利用地下已采空的盐穹进行战略能源的储备，如地下天然气储气库。根据EPA 2010年的统计，第二类灌注井在得克萨斯州、加利福尼亚州、俄克拉何马州和堪萨斯州分布最多，其数量之和占总数的72%。

根据美国环境保护署（EPA）2010年对美国原有5类灌注井分布的统计，共有684218个灌注井（场地），其中Ⅰ类灌注井650口（包括危险性废物灌注井113口和非危险性废物灌注井537口），Ⅱ类灌注井150851口，Ⅲ类灌注场地141个、Ⅲ灌注井21368口，Ⅳ类灌注场地24个，Ⅴ类灌注井511184口。这些灌注井主要用于工矿业及生活废物（液）处理，据EPA的统计，全美注入地下的废液量超过$28.4 \times 10^8 m^3/a$，其中有近$3400 \times 10^4 m^3$为危险废料，占地面处置危险性液体废料总量的60%左右。

值得指出的是，我国在实行地下灌注方面也有一些优势。国际地质科学联合会环境地质委员会副主席、中国地质环境监测院副总工程师何庆成认为，不是任何地方都可以进行深井灌注的，中国的几大盆地，包括松嫩、松辽、华北、江汉等，以及许多废弃的油气田地区等，都是很好的灌注地址。

对于那些开发区域与油田相互交叉或与油田相距较近的气田，如大庆庆深气田和吉林松采气田，将气田采出水处理后用于注水驱油，使气田采出水得到了资源化利用，变废为宝，既解决了气田采出水去向问题，同时，也为油田水驱提供了水源，使油气田互为依托，共同发展。

大庆庆深气田的采出水经过预处理后排入升一联，虽然配伍性较好，但由于气田采出水矿化度较高，给升一联污水站的容器、设备、管道带来较严重的腐蚀，目前大庆油田正准备将气田采出水单独处理后单独回注。因此，对于气田采出水与油田采出水混合注水的区块，不仅要做好配伍性研究，而且要分析气田采出水矿化度对油田设施腐蚀的影响，必要时要单独处理、单独回注。

回注的处置成本较低。我国气田采出水回注压力一般低于 10MPa，注水单耗在 5.5kW·h/m³ 左右。若电价按 0.7 元 /（kW·h）计算，加上采出水处理费用 1.5 元左右，则回注采出水的运行费用（仅包括电费和加药）约为 5.4 元 /m³。

综上所述，回注作为处置气田采出水的一种技术手段，只要通过环评，我们认为该项技术是一种经济的技术路线。

从气田采出水处理现状也可以看出，我国大部分气田采出水处理后最终用于回注地层。

2. 自然蒸发

我国西北地区地域辽阔、气候干燥、降雨量小、蒸发量大，太阳能充足，利用这种自然优势可以建设蒸发池。

拟建蒸发池场址应选在当地多年平均蒸发量为降雨量的 3～5 倍以上，且地域宽阔的地区。

蒸发池具有处置成本低、运营维护简单、使用寿命长、充分利用太阳能、抗冲击负荷好、运营稳定等优点；但蒸发池也存在占地面积大、建设投资成本高的缺点。

目前，西部地区的塔里木、青海等产水量少的气田采用蒸发池处置。随着气田不断开发，产水量逐渐增加，需要蒸发池的面积也不断增加，造成建设成本的大幅度增加。此外，有些当地环保部门对建设蒸发池也持有谨慎态度。因此，塔里木很多气田已增设了采出水回注设施，青海油田公司的气田也正要增建采出水回注站。

蒸发池适合于开发初期产水量较少、蒸发量大、具有足够的土地的西部气田。但考虑到成本因素，应在开发方案中提出开发后期（采出水量的增加）采用回注方式，以便在环评中能够通过蒸发和回注两种方式，使得蒸发和回注均能得到当地环境部门的许可。

3. 处理后达标外排

气田采出水的矿化度普遍较高。气田采出水含有石油类，悬浮固体，生产中添加的起泡剂、消泡剂、甲醇、缓蚀剂等化学药剂，以及 K^+，Na^+，Ca^{2+}，Mg^{2+}，Cl^-，SO_4^{2-}，HCO_3^-，Fe^{2+}，Fe^{3+}，Ba^{2+}，Sr^{2+}，B 和 Li 等众多离子和成分，有的还含有 Hg，甲醇，H_2S，6 价 Cr，Hg^{2+}，Cd^{2+} 和 Pb^{2+} 等有毒、有害成分。气田采出水 COD_{Cr} 含量比较高，远超国家二级排放标准。

气田水对环境的影响体现在以下几个方面：

（1）若气田水冲入河流或渗入地层，可使水体的 COD_{Cr}、色度、悬浮物、石油类、挥发酚、硫化物、金属离子等超标，影响水生生物的正常生长。部分气田水中的悬浮物含量高，并呈胶体状，若进入水体而长时间不能沉降，将导致水体生态的自净能力下降，进而影响水的使用。

（2）气田水中有害的重金属离子如 6 价 Cr，Hg^{2+}，Cd^{2+} 和 Pb^{2+} 等以及不易被动植物降解的有机物易进入食物链，并在环境或动植物体内蓄积，从而危害人类的身体健康和生命安全。

（3）气田水矿化度较高，并含有大量的氯化物。大量的氯化物排入土壤中，会造成土壤盐碱化，土壤的理化性能被改变，肥力下降，会抑制农作物对氮、磷的吸收，因而造成农作物减产。另外，气田采出水的石油类会影响到土壤的结构，危害植物的生长。

早期虽然有部分气田采出水外排，但并未达到排放标准。目前，中国石油所有的气田均没有外排的气田采出水。从文献资料看，国内有 2 座站场气田采出水经过处理后外排，分别为川西孝—新—合气田的仁智石化齐福采出水处理站和中国石化西南分公司袁家采出水处理站。

仁智石化齐福采出水处理站应用"Fenton 氧化法 + 微电解"工艺处理气田废水，该流程处理效果良好，出水达到 GB 8978—1996《污水综合排放标准》中的一级标准要求。

其处理工艺流程为：来水→一级和二级油水分离器→一级和二级沉淀池→Fenton 氧化池→微电解池→排放。

中国石化西南分公司袁家废水处理站采用两级微生物法处理气田废水。其处理工艺流程为：来水→隔油→均质流化→一级和二级气浮→活性污泥法→生物膜法→砂滤→排放。该处理站气田废水可生化性系数为 0.2 ~ 0.3，氯离子浓度为 20000 ~ 40000mg/L，处理能力 20m³/h，原水经过处理后，能达到 GB 8978—1996《污水综合排放标准》中的一级标准要求。该站在运行中出现了进水的盐度波动对生物系统造成冲击大的问题。该站的均质池容积为 1200m³，不能充分平衡水中盐的浓度，这给生物处理带来很大冲击，观察表明每一次废水氯离子浓度大幅度改变都会使 COD 去除率大幅下降，并且需要半个月以上的恢复期[1]。

通常情况下我们不推荐采用处理后达标外排的方案，主要有以下几个原因：

（1）气田采出水水质、水型不一，没有统一的处理流程，采取经济、合理的达标外排流程通常通过实验才能确定。

（2）达标外排流程通常流程长、投资高、运行维护要求高，特别是生化法处理气田采出水受采出水的矿化度、温度、开发过程中投加的添加剂等影响较大，运行操作难度大。此外，当采用生化法时，由于曝气加大了水的腐蚀性，对各种设备、管道的腐蚀影响较大。

（3）尽管能够达标排放，但高矿化度的气田采出水对环境影响极大，而靠普通的生化法、物化法等并不能降低采出水的矿化度。

高矿化度采出水会导致江河水质矿化度提高，给土壤、地表水、地下水带来较严重的污染，危及生态环境。虽然 GB 8978—1996《污水综合排放标准》没有矿化度的控制指标，但我国污染物排放标准中没有对污水中含盐量进行控制是个缺陷，而国外早已关注高含盐废水排放对环境的影响。国际上目前通行的做法是根据受纳水域实际情况，规定总盐量排放限值，欧盟在 2000 年颁布社会公约以防止水体受到高含盐废水的污染。我国有些地方排放标准对矿化度也有要求，如北京水污染物排放标准中一级、二级、三级标准规定矿化度分别小于 1000mg/L，2000mg/L 和 2000mg/L，辽宁和四川的污水排放标准规定氯化物不大于 200 ~ 400mg/L。所以，从环境保护的角度，不建议高矿化度的采出水直接外排。

4. 综合利用

气田采出水除氯化钠含量较高，适宜制取食盐外，部分区块的气田采出水富含 Br，I，B，K，Li，Sr 和 Rb 等多种有益成分，其含量通常均能达到或超过工业指标，适合综合利用或单独开采。

近年，川西某气田构造发现的三叠系高浓气田水，矿化度达 377g/L，K 和 B 含量出现异常高值，分别达到50g/L以上和5154mg/L，不但远高于西藏札布耶盐湖水（K含量为27g/L，B含量为2724mg/L），也远高于美国西尔斯盐湖水（K和B含量分别为23.1g/L和3188mg/L），成为当今世界罕见的富钾、富硼气田水。此外，川东奥陶系、石炭系、二叠系产有高碘气田水，碘含量常在50～100mg/L，高者可达235～290mg/L，为单独开采品位的17倍。部分气田水的Br含量也高，通常为1500～2000mg/L，最高达3470mg/L，为单独开采品位的11倍之多；川东寒武系气田水，K和Br含量也很高，分别达4.76g/L和600mg/L；威远震旦系气田水虽浓度偏低，矿化度仅80g/L，但K，Li，Br，Sr和B等组分也相对富集，达到工业品位指标。

对于气田水的综合利用，以前实施最多、最广泛的是平锅熬盐，但由于熬盐时要消耗大量的天然气，能耗非常高，这种方法现已不用。对采用气田采出水制取Br，I，B，K，Li，Sr和Rb等化工产品，虽然中国科学院青海盐湖研究所等单位开展了一些相关研究，但仅处于方案或试验阶段，并未投入工业化生产。从这些方案来看，尽管具有一定综合效益，但是投资高；同时，由于气田采出水一般规模小，不易形成规模化效益，从而限制了气田采出水的综合利用。

考虑到综合利用尚处于试验阶段、投资大且不易形成规模化效益，一般情况不推荐采用综合利用方案。

5. 污水零排放

污水零排放技术是指将液体污水排放下降到零，而所有的杂质均浓缩到固体中去，简称ZLD（Zero Liquid Discharge）。

气田采出水要想实现污水的零排放，首先必须进行预处理，包括除油、除悬浮固体等，必要时要根据水质的特点除去易结垢的离子；其次要对采出水进行浓缩，最后进行结晶器进行结晶。

盐水浓缩技术主要有：多效蒸发技术、多级闪蒸技术、机械蒸汽再压缩蒸发技术、反渗透技术、膜蒸溜技术、正渗透技术等。在6种技术中，膜蒸馏技术和正渗透技术还未成熟，反渗透技术虽然成熟，但与膜蒸馏技术和正渗透技术一样，由于气田水中的COD_{Cr}含量较高，膜污染将是一个比较严重的问题。因此，气田采出水一般不建议采用膜蒸馏技术、正渗透技术和反渗透技术等。

多级闪蒸与低温多效蒸发、机械蒸汽压缩蒸发相比，由于设备费用高、操作温度较高、运行成本较高、易腐蚀结垢等因素，不推荐采用。

低温多效蒸发与机械蒸汽再压缩蒸发相比，虽然运行成本较高，但有余热可利用时，其运行费用仅为少量的电费和药剂费。因此，低温多效蒸发适用有废热可利用的气田采出水。

机械蒸汽再压缩蒸发运行费用较低，占地面积小，水质适应性高，水质预处理要求低等优点，一般情况下推荐采用[2]。

四、气田采出水常用流程

1. 不同类型气田和不同回注水质条件下常用流程

不同类型气田和不同回注水质条件下常用的流程见表4-8。

表4-8 不同类型气田和不同回注水质条件下的常用流程表

序号	采出水类型		来水水质	处理后水质要求	回注地层或回注油层注水
1	湿气藏和凝析气藏气田采出水		来水水质不能满足水质标准要求时	"30，25，10"	调节沉降＋压力除油器＋核桃壳过滤器
				"30，15，8"	调节沉降＋压力除油器＋一级和二级核桃壳过滤器
				"30，10，4"	调节沉降＋压力除油器＋一级和二级核桃壳过滤器
				"15，5，3"	调节沉降＋压力除油器＋核桃壳过滤器＋改性纤维球过滤器或双滤料过滤器
2	干气藏气田采出水		来水水质不能水质标准满足要求时	"30，25，10"	调节沉降＋核桃壳过滤器
				"30，15，8"	调节沉降＋一级和二级核桃壳过滤器
				"30，10，4"	调节沉降＋一级和二级核桃壳过滤器
				"15，5，3"	调节沉降＋核桃壳过滤器＋改性纤维球过滤器或双滤料过滤器
			当来水中悬浮固体含量和油含量能够满足回注水水质指标时	—	调节沉降
3	含H₂S气藏气田采出水	同时又是湿气藏和凝析气藏气田采出水	来水水质不能满足水质标准要求时	"30，25，10"	闪蒸罐＋（气提）＋调节沉降＋压力除油器＋核桃壳过滤器
				"30，15，8"	闪蒸罐＋（气提）＋调节沉降＋压力除油器＋一级和二级核桃壳过滤器
				"30，10，4"	闪蒸罐＋（气提）＋调节沉降＋压力除油器＋一级和二级核桃壳过滤器
				"15，5，3"	闪蒸罐＋（气提）＋调节沉降＋压力除油器＋核桃壳过滤器＋改性纤维球过滤器或双滤料过滤器
		同时又是干气藏气田采出水	来水水质不能满足水质标准要求	"30，25，10"	闪蒸罐＋（气提）＋调节沉降＋核桃壳过滤器
				"30，15，8"	闪蒸罐＋（气提）＋调节沉降＋一级和二级核桃壳过滤器
				"30，10，4"	闪蒸罐＋（气提）＋调节沉降＋一级和二级核桃壳过滤器
				"15，5，3"	闪蒸罐＋（气提）＋调节沉降＋核桃壳过滤器＋改性纤维球过滤器或双滤料过滤器
			当来水中悬浮固体含量和油含量能够满足回注水水质指标时	—	闪蒸罐＋（气提）＋调节沉降
4	含甲醇气田采出水		—	—	自然除油＋反应器＋混凝沉降＋双滤料过滤器＋甲醇回收装置

注：处理后水质要求中："30，25，10"是指含油小于30mg/L，悬浮固体小于25mg/L，粒径中值小于10μm，其他类推。

2. 用于蒸发的不同类型气田采出水处理常用流程

对于排放的蒸发池的气田采出水，由于沉降除油后的油含量基本在50mg/L左右，油含量较高，易在蒸发池上形成油膜，影响蒸发，且环评报告一般要求油含量小于10mg/L，所以对于含油的气田采出水，一般需设置过滤设备，除去油和悬浮固体后排入蒸发池，在流程上与回注流程基本一致。

对于含油量小于10mg/L的气田采出水，由于悬浮固体含量不控制，一般直接排放到蒸发池即可。

不同类型气田用于蒸发的常用流程见表4-9。

表4-9 不同类型气田用于蒸发的推荐流程表

序号	采出水类型		来水水质	流程
1	湿气藏和凝析气藏气田采出水		来水水中油含量大于10mg/L	调节沉降 + 压力除油器 + 一级和二级核桃壳过滤器
2	干气藏气田采出水		来水水中油含量大于10mg/L	调节沉降 + 一级和二级核桃壳过滤器
			来水水中油含量小于10mg/L	直接排入蒸发池
3	含H₂S气藏气田采出水	同时又是湿气藏和凝析气藏气田采出水	来水水中油含量大于10mg/L	闪蒸罐 + 气提 + 调节沉降 + 压力除油器 + 一级和二级核桃壳过滤器
		同时又是干气藏气田采出水	来水水中油含量大于10mg/L	闪蒸罐 + 气提 + 调节沉降 + 一级和二级核桃壳过滤器
			来水水中油含量小于10mg/L	闪蒸罐 + 气提
4	含甲醇气田采出水		—	自然除油 + 反应器 + 混凝沉降 + 双滤料过滤器 + 甲醇回收装置

参 考 文 献

[1] 汤林，张维智，王忠祥，等.油田采出水处理及地面注水技术 [M].北京：石油工业出版社，2017.

[2] 吴奇，汤林，张维智，等.油气田污水污泥处理关键技术 [M].北京：石油工业出版社，2017.

第五章　油气田开发地面工程设备

"十二五"以来，我国东部陆上油田大部分已进入开发后期，综合含水都已达到85%以上，部分油田已超过90%。地面工程主要存在以下两方面的问题：一是油气集输和处理系统负荷增大，现有的工艺流程复杂，系统能力不能满足开发后期的生产要求。各油田现有设备主要是针对开发中期的特点而设计配套的，进入开发后期后，采出液的乳化特性、介质特性都有较大变化，原油集输方式、设备结构不能适应这一变化的需要。二是进入开发后期，为了进一步提高采收率，各油田都在进行三次采油矿场试验，有的已进入工业性推广应用阶段，如大庆、大港等油田。由于驱油剂对原油乳化液特性有较大的影响，为地面处理工艺带来了新的挑战。

针对油田开发后期的生产特点和需要，在地面工艺各个系统都进行了许多有益的探索和研究，提出了一定的研究方向和理论，开发了一些新设备。

第一节　油田开发地面工程设备

油气分离及原油脱水的工艺按照功能分为以下几个环节：一是油井采出混合物的油气分离；二是高含水采出液的游离水和部分乳化水的脱除（一段脱水）；三是原油的净化脱水，处理后的原油能够符合国家的标准。在油气分离及原油脱水系统中，油、气、水分离设备是应用广泛和十分关键的设备之一，其效率的高低和产品质量的优劣，直接影响着油气集输系统的工作状况、技术经济指标和工程投资。通过几十年的发展，国内油田地面原油集输工艺已由多段处理的密闭流程替代了原来的多段分离、大罐沉降的非密闭流程，原油脱水脱气设备逐渐由空筒结构向多功能、高效方向发展。国外原油脱水技术发展较快，就总的趋势来看，在着眼于充分利用来液流体能量的同时，原油脱水设备逐渐由带有填料和各种内部元件的功能性结构取代了过去的空筒隔板结构。

油田在用主要分离与原油脱水非标设备为气液两相分离设备、油水两相分离设备和油气水三相分离设备。气液两相分离设备有游离水脱除器、电脱水器、热化学脱水器等；三相分离设备有三相分离器、三合一组合装置（沉降、分离、缓冲）、四合一装置（加热、沉降、分离、缓冲）、五合一装置（加热、沉降、分离、缓冲、电脱水）等。

目前，我国东部陆上油田大部分已进入开发后期，综合含水都已达到80%以上，部分油田已超过90%。油气分离和原油脱水方面主要存在以下两方面的问题：一是油气集输和处理系统负荷增大，现有的工艺流程复杂，系统能力不能满足开发后期的生产要求。各油田现有设备主要是针对开发中期的特点而设计配套的，进入开发后期后，采出液的乳化特性、介质特性都有较大变化，原油集输方式、设备结构不能适应这一变化的需要。二是进入开发后期，为了进一步提高采收率，各油田都在进行三次采油矿场试验，有的已进入工业性推广应用阶段，如大庆、大港、河南等油田。由于驱注液对原油乳化液特性有较大的影响，为地面处理工艺带来了新的挑战。

针对油田开发后期的生产特点，国内外针对油田开发后期的需要，在地面工艺各个系统都进行了许多有益的探索和研究，提出了一定的研究方向和理论，开发了一些新设备、新材料和新工艺等。

对于高含水原油，国内外总体上主要采用两段脱水工艺。其中，一段游离水脱除主要采用大罐沉降或卧式游离水脱除器（聚结脱水），二段电脱水主要采用平挂电极和竖挂电极交直流复合电脱水技术，针对三元复合驱采出液的脱水开发了组合电极电脱水器配套脉冲供电设备，提高脱水系统的运行平稳性。对低凝低黏原油和特高含水原油，国内外较多地采用热化学脱水工艺。

低渗透油田原油脱水设备经历了溢流沉降罐、电脱水装置到三相分离器一个发展过程。脱水工艺也从井口加药—管道破乳—低温热化学大罐溢流沉降常压脱水，发展到了井口与站场加药相结合—高温热化学破乳—三相分离密闭脱水工艺。为增强脱水效果、减少建设投资、降低生产运行成本，提高原油开发综合经济效益，三相分离密闭脱水技术已广泛用于低渗透油田开发原油脱水工艺，且具有广泛应用前景。

为了加快油田建设速度，提高脱水设备的施工预制化程度，将缓冲分离、三相脱水、加热功能集为一体，研发多功能合一设备，以其结构紧凑、节省占地、拆迁灵活等优势，可适应低渗透油田实施滚动开发地面建设多变性、区块偏远、分散、规模小等特点，是低渗透油田开发区域分散脱水的发展趋势。

一、高效三相分离器

目前，油气田地面集输系统生产过程中采出气分离净化所使用的三相分离器效果较好的基本是国外产品，如 C-Enatco 公司的 Performax 波纹板式聚结器、SULZER 公司的斜板三相分离器等，其分离元件及设备集成核心技术仍为国外所控制。我国相关技术装备技术经济性能相对落后，总体上呈现出油气田产能规模迅速增长而装备开发相对滞后的不协调局面。

国内科研单位和企业虽相继研究开发了一些设备，如大庆、大港、新疆、河南等油田设计了以分离游离水和沉降为主的"合一装置"；中国石油技术开发公司开发的适用于重油三相分离器；华油惠博普科技有限公司设计的轻质、中质原油高效油气水三相分离器，中国石油大学（华东）研制的复合型高效三相分离器，但随着国产三相分离器的应用，逐渐暴露出一些有待改进和需要进一步研究的问题，如存在液沫夹带、聚集填料的选材不当以及内件结构不科学，导致压降大、影响脱水效率等。可见，虽然国内许多油田、大学等科研单位对三相分离器的研究开展了大量工作，但是大部分处于结构仿制或经验改造，对内部流动规律的科学认识有限，对内部各种结构部件的工作机理及作用效率也没有定量的认识。

应用实践表明，卧式三相分离设备结构的好坏直接影响着流体的流动特性和分离性能。因为内部结构不合理，会引起内部流场存在较多的返混、二次涡流以及死区等，既增大了整体压力损失，也严重影响分离效率。在整体结构设计上，分离器入口部件、整流部件、聚结部件又显得更为重要。

1. 入口构件

其主要功能是吸收进入设备流体的动能，减少来流对设备分离流场的冲击，起到稳定流场的作用；还有一个功能是利用惯性或离心的方式，对来料进行一定程度的预分离。比较典型的入口部件有挡板式入口部件、蝶形入口部件、离心式入口部件、下孔箱式入口部件等。通过对各种设备入口部件的模拟实验得出：挡板式和蝶形入口会引起分离器内形成严重紊流、流场条件差，而且流体与挡板撞击造成大液滴破碎，油水混合度增加，令分离变得更加困难；下孔箱式入口部件具有较好的流动特性，同时还具有一定的预分离作用，在油田中应用较多，效果也很好，但对于天然气领域的油、气、水三相分离，该种入口方式气体从底部进入，穿过液体层会引起大量鼓泡，造成细小液滴含量增加，反而使分离效果变得更差；离心式入口可利用入口气体的动能产生高速旋转，形成远大于重力的离心力场，起到很好地分离作用，但是该种入口仍会导致内部流场产生一定的二次涡流，影响总体分离效果。因此入口部件的研发重点是：进一步提高入口离心预分离效果，改善入口流场分布，消除二次涡流等不利因素。

2. 整流构件

三相分离器要求在主流场区流态稳定、均匀，这样有利于三相分离。实际上，在分离器内部流场中，会出现很多返混、二次涡流以及死区等现象，为了改善流场流态，提高三相分离效率，需要在三相分离器内部安装整流构件，整流构件起着稳定流场，消除或减缓流场中的沟流、短路流和涡流现象的作用。目前，比较常见的整流构件类型有格栅式、孔板式、填料箱式等。研究表明，填料箱式的综合效果最好。但是对于含油黏度大、含砂高的油气田，填料易堵结，使分离器无法正常工作。而孔板式构件由于结构简单，对整流也有一定的效果，是将来三相分离装置的发展方向。除了整流构件的自身结构外，整流构件在分离器内的安放位置、安放高度、安放个数等对分离性能也有很大影响，但对这些因素影响规律研究很少，目前还没有准确的认识，值得进一步去研究。

3. 聚结构件

三相分离器在没引进聚结构件之前，单纯地依靠重力分离，不仅设备体积庞大，而且分离效率也较低。随着 20 世纪 60 年代波纹填料的问世，研究人员开始将聚结填料引入三相分离器，处理能力得到了大幅度的提升，而且体积得到了缩小。目前应用效果较好的是波纹板填料、孔板波纹填料、陶瓷规整波纹板填料和 Performax 聚结板等，是决定三相分离器性能的重要部件。

由于油藏不同，油气的物性相差很大，迄今还没有一种统一标准的卧式三相分离器设计标准。而且，目前国内项目三相分离器的聚结构件也多从国外进口，国内产品在分离性能上还有一定的差距。因此，通过模仿、改造、自主研发，打破国外垄断，实现关键构件国产化具有重要意义。而且高效的聚结构件技术也成为油气水分离设备向高效化、小型化发展的关键技术。

因此，针对我国脱水三相分离器的应用情况，重力分离和碰撞聚结分离仍占主要地位。对重力分离和聚结分离设备的技术改造、结构优化和理论探讨，创造稳定的三相流态，提高分离效率等有十分现实的意义。主要体现为进一步改造入口部件结构，提高预分离效果，改善入口流场；探索整流部件自身结构改进和安装结构影响规律，优化分离器内部结构，稳定内部流场，消除二次涡流、死区等；加大聚结构件研发力度、实现关键部件国产化，促进国内分离设备向高效化、小型化发展，减少运营和投资成本。故需努力跟踪国际最新三相分离技术发展趋势，整合和集成国内该领域的技术优势和特色，推进国内三相分离技术和设备的不断发展和自主创新。

高效三相分离器通过对传统三相分离器进行结构技术改进，采用气液预分离脱气、水洗破乳、机械破乳和整流及恒定油水界面等技术措施，加速气液分离和油水分离过程，缩短分离停留时间，从而提高分离效率，达到使油、气、水充分分离，其适合于处理不同含水率的轻质及中质油、气、水混合物。HNS 型三相分离器与常规三相分离器相比，具有体积小、质量轻，分离效率高、一次脱水合格、运行平稳等优点，其主要采用了以下先进技术：一是采用来液旋流预分离技术，增大三相分离器有效液相容积，提高设备脱水效率，传统三相分离器把大量的气体和油水同时放在一个容器内完成两个分离过程（气液分离、油水分离），使气体就会占据分离器大量的有效空间，从而干扰油水分离；二是采用水洗技术，强化乳状液破乳，以加快油水分离，提高设备效率；三是强制升温破乳技术，分离器油水界面处加一组蒸汽加热管，对界面处的乳状液集中加热，使乳状液局部温度达到 43～55℃，使界面之上或之下的液体温度达 35℃左右，使乳状液加速破乳，游离水加速沉降，即节约热能，又加快脱水；四是采用波纹板强化整流脱水技术，填加了不锈钢高效聚结波纹板填料，当含水原油通过波纹板孔隙时，液滴（油滴和水滴）会迅速富集在波纹板上聚结变大，由于液体的沉降、上浮速度与粒径成正比，液滴在波纹板上聚结后其上浮或沉降速度急剧增加，从而达到强化油水分离目的。图 5-1 所示为双入口高效三相分离器结构。

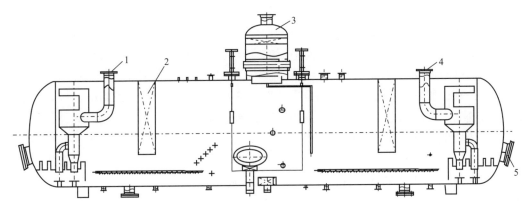

图 5-1 双入口高效三相分离器结构简图

1—油气进口；2—填料；3—分气包；4—油出口；5—水出口

二、新型游离水脱除设备

在聚结填料研发的基础上，研究出适合于聚合物驱采出液处理的游离水脱除器，实现了游离水的有效脱除（图 5-2）。新型高效游离水脱除器在结构上具有以下 4 个特点：

一是进液口设进液分布器，能够使液流呈放射状布液，形成一个较平稳的沉降分离条件。

二是初分离段设整流板，减少液流的不均匀流动对油、水分离的影响。

三是使用新型波纹板聚结器，设备的处理能力和处理效果都有较大的提高。同时也延长了填料的使用寿命。

四是减小了作为收油、收水装置的油室和水室，增大了脱除设备的有效处理空间。

目前，新型游离水脱除器已在大庆油田聚合物驱系统中普遍应用。

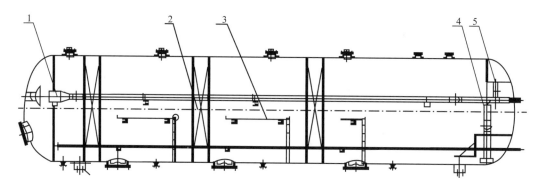

图5-2 游离水脱除器结构简图

1—进液管；2—填料；3—操作平台；4—出水管；5—出油管

三、竖挂电极电脱水器

在聚合物驱采出液处理实际生产运行中，出现了脱水电流由20～30A骤增至50～70A，并经常有高压串至测水电极，烧坏电器设备的现象。针对这个问题，对聚合物驱采出液乳化水滴特性进行了系统地分析，发现：由于乳化水滴含聚合物后具有一定的黏弹性，使得电力线方向与重力沉降方向平行的平挂电极电脱水器运行不够稳定，脱水效率有所下降，进而造成上述现象发生。竖挂电极电脱水器电极是由钢板等距竖挂组成，与平挂电极的区别是脱水电场呈水平方向分布（图5-3和图5-4），处于极间电场内的原油乳化所受的电场力方向与重力方向垂直，加大了原油中乳化水滴的聚并机会。此外，竖挂板状电极的平均电场强度是平挂网状电极的1.5倍以上，增加了原油中乳化水在电场内的破乳能力，更适合含聚原油乳化液的处理。通过试验应用，竖挂电极电脱水器性能优于平挂电极，与平挂电极相比处理量提高了30%左右，脱水电流为17A，对聚合物驱采出原油的电脱水有更强的适应能力。图5-5所示为竖挂电极电脱水器结构。

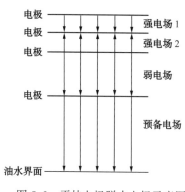

图5-3 平挂电极脱水电场示意图

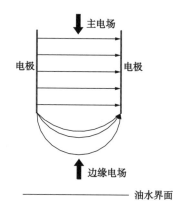

图5-4 竖挂电极脱水电场示意图

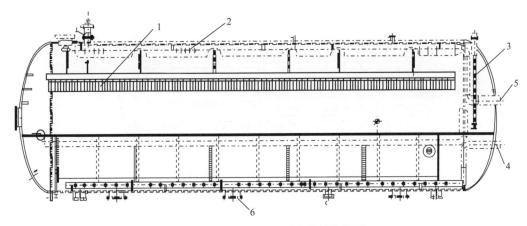

图 5-5　竖挂电极电脱水器结构简图

1—竖挂电极；2—收油管；3—测水电极；4—出水管；5—进液管；6—人孔

四、多功能原油处理器

零散断块油田普遍存在着油井分散、单井产量低的现象，如果采用常规建设方式，存在原油脱水处理工艺流程长，所用设备种类、数量多，单一功能设备处理能力低，脱水系统投资高、能耗大，运行控制复杂。同时，导致操作岗位多、人员多、油田地面工艺建设投资高、运行费用高。大庆和新疆等油田成功地研制出多功能原油处理组合装置。该设备以卧式设备为主体结构，采用堰板（隔板）控制液位的高度，实现了油井产物在一台设备内完成加热、分离、沉降、缓冲过程。在多年的应用过程中不断对四合一组合装置进行改进，如改进烟火管材质、增加翅片管、优化排烟温度降低烟囱高度、细烟管结构、设置一段二段出水堰管，调节油水界面等一系列改进，提高了四合一组合装置运行效率（图5-6）。

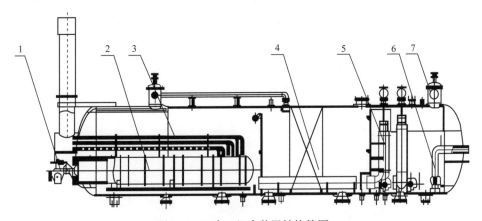

图 5-6　四合一组合装置结构简图

1—燃烧器；2—火管；3—烟管；4—填料；5—可调堰管；6—出液管；7—分气包

多功能原油处理器主要由油气分离、加热、一段脱水、二段脱水、水力清砂、油水界面调节及液位调节等7大机构组成（图5-7）。设备入口增加能量吸收器、内部带填料结构提高分离效果，填料形式为 PERFORMAX 不锈钢填料。

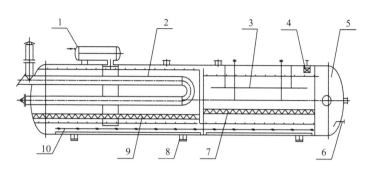

图 5-7 多功能原油处理器结构图

1—进口分气器；2—加热器；3—电脱水；4—出气补液器；5—油、水缓冲室；6—油、水排液口；7—二段聚结填料；

8—三个支座；9——段聚结填料；10—排沙装置

从油区的来油，先进入分气包进行气液的初级分离，分离出的天然气导入设备顶部的气相空间，经过一步重力沉降分离后，通过捕雾后去天然气处理站。

分离出的液相沿布液器下行到容器底部，进入一段脱水段、原油经水洗破乳后，再经布液、聚结填料强化脱水、加热后，完成了原油的游离水脱水，脱除游离水的原油经过集油器进入二段脱水段——机电脱水段，进入二段脱水段的原油，再经水洗、布液、聚结填料强化脱水后，进入强电场脱水层，进行电脱水，经脱水后的净化油通过集油器导入油室，经液位控制机构去原油稳定装置，一段、二段脱出的含油污水分别经各段的液位调节器后进入水室，并经液位控制机构去含油污水处理系统。

多功能原油处理器具有油气分离、加热、原油一段脱水、原油二段脱水、水力清砂、油水界面自动控制和液位自动控制等多种功能。形成了独具特色的原油处理全过程的"一体化"流程，用一种设备完成多种设备的功能，油、气、水产品合格。

五、仰角翼板式高效油水分离装置

"十二五"期间，大庆油田推广应用了仰角翼板式高效油水分离装置（图 5-8），现场对比试验表明，在进液含水率 90%、最大处理液量 11000t/d、温度 38℃、破乳剂加药量为 10 ~ 20mg/L、处理后油和水质量指标相近的情况下，ϕ2mm×20m 仰角翼板式高效油水分离装置比 ϕ4mm×20m 常规游离水脱除器处理时间缩短 22.2min，油水分离效率提高 2.7倍，节省投资约 40%。

图 5-8 仰角翼板式高效油水分离装置图

六、大型段塞流捕集器

对于敷设在海洋、山区、丘陵地区的长距离油气混输管道，由于其高程变化剧烈，在清管工况和正常生产工况下，均会在管道的末端出现长液塞。当长液塞的体积过大时，将对后续油气处理设备的平稳运行造成一定冲击，严重情况下将导致油气产品指标不合格或生产事故。因此，在长距离油气混输管道的末端常设置一气液初级分离缓冲设备，即段塞流捕集器。段塞流捕集器有以下两方面的作用：（1）有效分离和捕集液体，缓冲大量液塞给系统设备带来的冲击力，确保下游设备正常工作；（2）在最大液塞到达时，可作为带压液体的临时储存器，保障连续向下游提供液和气。

"十二五"期间，大庆油田设计院完成大型段塞流捕集器工程应用技术研究，确定段塞流捕集器计算、设计、制造方法；研制管式段塞流捕集器可视化试验样机（图 5–9）；完成大型指状管式段塞流捕集器模拟设计，总容积 3000m³、承压 12.6MPa；制定了《多管式段塞流捕集器技术规范》企业标准。

图 5–9 管式段塞流捕集器可视化试验样机图

单层结构形式捕集器试验样机结构如图 5–10 所示，共设计 8 种入口结构（由无缩窄器、偏心细管及锥形管缩窄器、环形分流板缩窄器、偏置分流板缩窄器两两组合成）、3 种降液管结构（降液管倾角 20°、降液管倾角 45°、降液管倾角 60°）、4 种排气立管结构（排气立管高度分别为 3 倍、5 倍、8 倍、10 倍排气立管直径），完成 15 种单层结构形式捕集器试验样机试验。

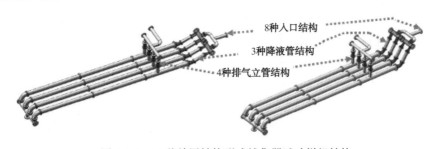

图 5–10 15 种单层结构形式捕集器试验样机结构

双层结构形式捕集器试验样机结构如图5-11所示，共设计2种入口结构（入口汇管水平进液、入口汇管垂直进液）、4种上层结构（分离段水平进液上倾4%、分离段水平进液下倾4%、分离段垂直进液上倾4%、分离段垂直进液下倾4%），完成了6种双层结构形式捕集器试验样机试验。

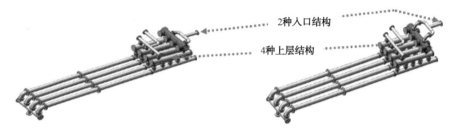

2种入口结构

4种上层结构

图5-11　6种双层结构形式捕集器试验样机结构

第二节　气田开发地面工程设备

一、低温分离器

低温分离器是低温分离法工艺中的核心分离设备，通过对分离机理和结构形式的深入研究，引入CFD计算方法，国内相继开发出多种形式低温分离设备，如带分离元件式低温分离器、超音速分离器、复合旋风过滤分离器等。其中带分离元件式低温分离器分离效果最好，应用最为广泛。

带分离元件式低温分离器（图5-12）结合了重力分离、离心分离、过滤分离、碰撞分离等分离机理，内部主要包括入口分离器、除沫器、涡流管、次级除沫器等分离部件：入口叶片形进料分离器对进入的气体和液体进行初级分离；除沫器安装在入口分布器和涡流板之间，具有聚结器的作用；涡流管是分离器的核心，是一种轴向的旋风分离器，可对气、液进行分离；次级除沫器用于二次气体的除沫，以进一步提高气液分离效率。

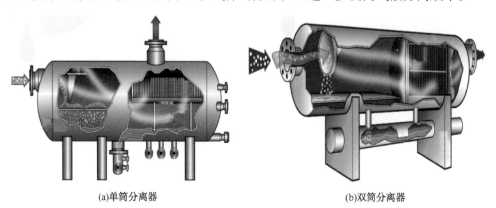

(a)单筒分离器　　　　　　　　　　　　　(b)双筒分离器

图5-12　高效低温分离器

将低温分离器内构件进行不同序列的组合，可以分成多种形式低温分离器，以适应不同气质条件工况，实现天然气精分离，处理量大于$100 \times 10^4 m^3/d$，处理量波动范围为

30% ～ 100%，低温分离温度与烃露点差值低于 3 ～ 5℃，满足了天然气管道输送的烃露点要求，达到国内领先水平。

二、过滤分离设备

随着数值模拟技术的发展，在以往理论模型计算的基础上，引入 CFD 计算方法，利用 Fluent 软件进行流场的研究和模拟分析，并通过搭建先进试验测试平台开展大量试验工作，目前已陆续开发出分离精度高、处理气量大、运行速率高的过滤分离设备，如过滤管式分离器、聚结式分离器等。

过滤管式分离器多为卧式结构（图 5-13），其内构件为过滤管，当气流经过过滤元件时，气体可以通过而固体颗粒或液滴则被拦截留下，从而达到气体与固体、液体杂质分离的作用。通过改进滤芯骨架结构、优化滤布缠绕方式、研发新型滤布材料等方面，开发出高效聚酯过滤元件，分离精度有所提高，对于大于 $5\mu m$ 的颗粒，分级效率高达 99.8%；大于 $3\mu m$ 颗粒，分级效率高达 99.5%；对于 $1\mu m$ 以上颗粒也有 99% 的分离效率。额定处理气量时，起始压降小于 0.012MPa，最大工作压降小于 0.1MPa。处理气量达到 1×10^4 ～ $1200 \times 10^4 m^3/d$，设备费用同国外引进设备相比降低 50% 左右，达到国内领先水平。已经广泛应用于西气东输管道工程、陕京线管道工程、中缅管道工程、克拉 2 中央处理厂、土库曼斯坦南约洛坦项目、中亚输气管道工程等国内外的项目中。

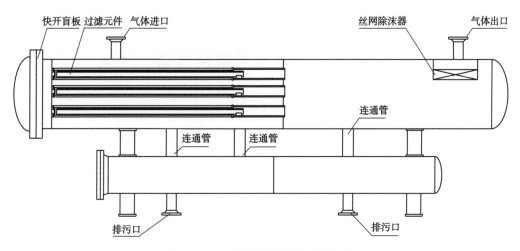

图 5-13　过滤管式分离器结构示意图

聚结式分离器主要为立式结构（图 5-14），其分离机理兼顾了惯性分离和过滤分离，它的内构件为聚结式滤芯，可以分离更加细小的液滴，具有更高的分离性能。通过改进聚结滤芯结构、优化设备内部气体流场空间，可以有效分离大于 $0.1\mu m$ 的液滴，当液滴直径大于 $0.3\mu m$ 时，分离效率高达 99.9%。额定处理气量时，分离器初始压降小于 0.012MPa，最大工作压降小于 0.1MPa，达到国内领先水平。目前已广泛应用于国内外天然气净化厂脱水脱烃装置、分子筛装置等，如土库曼斯坦巴格德雷 A 区天然气处理厂、和田河天然气处理厂和磨溪天然气处理厂等。

为了进一步提升过滤分离器性能，新型高效过滤技术开发研究的趋势将是使过滤设备同时具有高过滤分离速率、高过滤分离精度和高设备运行效率。过滤设备尽量向同时具有过滤速率高、处理能力大、结构简单、压力损失低、滤液含固量少和滤饼含湿量低等优点的目标靠拢。

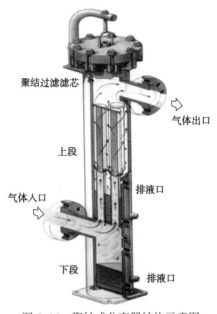

图5-14　聚结式分离器结构示意图

第三节　水处理地面设备

一、射流稳压型聚合物分散一体化装置

聚合物分散一体化装置应用在聚合物驱油工程中，是聚合物溶液配制过程的核心设备，其主要作用就是将聚合物干粉颗粒均匀地散布在定量的水中，并使聚合物干粉颗粒充分润湿，为下一步工序创造条件。

1. 装置的主要功能

聚合物分散一体化装置的功能，就是把一定质量的聚合物干粉均匀地溶于一定质量的水中，配制成需要浓度的混合溶液，然后输送到熟化罐。该装置由不同的功能单元组成，具有独立功能，实现自动控制，所有运行参数可实现上传、远程监控，适应数字化油田需要，同时形成系列化满足聚合物分散配制需要。

2. 装置组成

射流稳压型聚合物分散一体化装置是由干粉料罐、螺旋给料机、称重传感器、控制水泵、稳压喷射器、旋流除气装置、润湿缓冲罐、搅拌器、单螺杆泵、除尘器和联合底座等组成。

3. 装置的特点

（1）干粉采用电子秤连续称重法计量，配制母液浓度的准确度可达 ±2%，保证了较高的母液浓度配制精度。

（2）采用稳压泵—高能喷射器的稳压射流干粉供料方式，混配能量高，提高了水粉混合效率，解决了聚合物母液混合不均匀引起的水包粉的问题。

（3）采用旋流除气装置有效地去除了液体中的空气，极大限度地减少了气泡的形成，提高了混配质量。

（4）结构紧凑、体积小巧、外形美观。

（5）实现模块化设计、工厂化预制，装置的安装和生产是在工厂内完成预置，不受季节的影响。

（6）自动化控制水平高，所有运行参数可实现上传、远程监控，适应数字化油田的需要。

（7）较风送式分散装置计量精度更高，自动化程度更高，占地面积更小，设备造价也进一步降低。

4. 主要技术参数

射流稳压型聚合物分散一体化装置主要技术参数见表 5-1。

表 5-1　射流稳压型聚合物分散一体化装置主要技术参数

名　称	分散装置	类型	射流型
数　量	1 套	环境温度，℃	8 ~ 40
安装位置	室内	环境特点	非防爆场所
安装形式	立式	配制浓度误差，%	< ± 5
用　途	配制聚丙烯酰胺水溶液	干粉罐总容积，m^3	5
出口压力，MPa	0.4	溶解罐总容积，m^3	3.4
来水压力，MPa	0.7 ~ 0.9	配制黏度损失，%	<2
配电功率，kW	50（380V 50Hz）	配制母液要求	无鱼眼及结块
配制母液量，m^3/h	150	尺寸 长，m	4.8
母液参数 名称	聚丙烯酰胺水溶液	宽，m	3.0
成分	2000 ~ 8000mg/L PAM	高，m	3.5
温度，℃	8 ~ 40	材质 不锈钢	聚合物水溶液接触部分
物性	易被高价阳离子降解	碳钢	水、干粉接触部分

注：以分散装置 -150-0.6 参数表为例。

5. 应用效果

该装置自投产应用以来，其生产工艺流程、配制的聚合物黏度控制、浓度控制、系统控制方案等均满足现场各种工况的要求。新型分散装置解决了以往聚合物混配时混合不均匀的情况，提高了分散效果，50m^3/h 以上的单套装置较风送分散装置减少投资 15 万元。

二、一泵多井聚合物注入一体化集成装置

大庆油田通过研发，应用低剪切流量调节器和大排量注入泵，同时，优化无储罐的泵—泵喂液技术和注入井压力编组技术，简化形成了一泵多井注入工艺。该装置应用在聚合物驱油工程中，是聚合物目的液注入地层的主要设备，是单井流量调节计量及控制的核心部件。

1. 装置的主要功能

该装置具有增压、母液分配自动控制、压力调节等功能。

该装置由不同的功能单元组成，具有独立功能，实现自动控制，所有运行参数可实现

上传、远程监控，适应数字化油田需要，同时形成系列化，满足实际需要。

2. 装置组成及原理流程图

一泵多井聚合物注入一体化集成装置由聚合物母液注入泵、母液流量调节装置及注聚配水装置等组成。

一泵多井聚合物注入一体化集成装置的原理流程如图5-15所示。

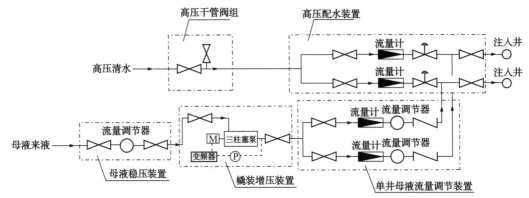

图5-15　一泵多井聚合物注入一体化集成装置的原理流程图

3. 装置的特点

（1）采用一泵多井工艺，减少柱塞泵的数量；

（2）利用流量调节器对单井进行母液流量分配；

（3）母液干管分压注入；

（4）采用自动比例调节器自动追踪单井聚合物的流量信号来配比清水；

（5）实现模块化设计、工厂化预制，装置的安装和生产是在工厂内完成预制，不受季节的影响；

（6）自动化控制水平高，所有运行参数可实现上传、远程监控，适应数字化油田的需要。

4. 主要技术参数

一泵多井聚合物注入一体化集成装置主要技术参数见表5-2。

表5-2　一泵多井聚合物注入一体化集成装置主要技术参数

名称		注入泵装置	类型		一泵多井
数量，套		1	环境温度，℃		8 ~ 40
安装位置		室内	环境特点		非防爆场所
安装形式		卧式	黏度损失，%		<2
用途		母液增压	配电功率，kW		50（380V）
出口压力，MPa		16	进口压力，MPa		0.01 ~ 0.1
泵排量，m³/h		3.4	尺寸	长，m	3.0
母液参数	名称	聚丙烯酰胺水溶液		宽，m	1.5
	成分	5000mg/L PAM		高，m	2.5
	温度，℃	8 ~ 40	材质	不锈钢	聚合物水溶液触部分
	物性	易被高价阳离子降解		碳钢	水接触部分

注：以注入泵装置BSZ-3.4-16参数表为例。

5. 应用效果

一泵多井一体化集成注入装置在大庆油田规模使用后，从节约占地、缩短设计周期、降低工程投资、减少操作人员、缩短施工周期、减少安全隐患等各个方面，均取得了良好的效果，与单泵单井工艺相比，同等规模的注入站，采用一泵多井一体化集成注入装置减少了设备数量约 70%，现场运行维护量大大减少，缩短设计周期 10 ~ 15 天，缩短施工周期 10 ~ 15 天，单井投资降低了 15% ~ 20%，泵房的占地面积减少了 30% ~ 40%。

该装置为适应数字化油田建设的需要，通过区域集中控制的方式，可实现无人值守，提高了油田工人的安全保障。

三、斜板溶气气浮设备

1. 技术原理

斜板溶气气浮（CDAF）是污水处理中用于固—液分离和液—液分离的设备。污水通过加药反应器后，进入溶气浮选机，与溶气水混合，絮体附着在小气泡上，通过设置在浮选机腔中的斜板与水分离后，上浮到浮选机的表面，被自动刮渣机刮走，浮选机底部沉淀物由底部的排泥装置排至排污阀排走。出水通过特殊设计的流道，溢流出浮选机。浮选机出水的一部分，通过一个常规的单级离心泵进行再循环。循环水切向射入倾斜布置的压力母管，与其中的压缩空气快速混合、溶解直至饱和。过剩的空气将通过释放阀自动排走，以维持母管内一定的溶气液位。在浮选机的底部装有先进的防堵释放器，溶气的压力水通过释放器，均匀地释放出气泡。其工艺原理如图 5-16 所示。

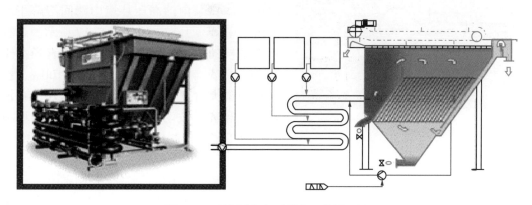

图 5-16 斜板溶气气浮设备工艺原理图

2. 技术特点

（1）独特的斜型结构设计，保证了浮选机内水流处于完全的层流状态，表面负荷小于 2.5m/h（0.7mm/s），大大提高了分离效率。

（2）浮选机腔内设置的斜板，可以使絮体在斜板内部浮上的过程中发生二次絮凝反应，增大颗粒的尺寸，提高分离效率。

（3）设计独特的溶气释放系统和针对不同水质设计的防堵释放器，能保证生成非常均匀细小、适合处理对象的浮选气泡。

（4）独特的斜罐高压溶气技术，免去了大体积的溶气罐，溶气压力可以达到 0.6MPa，溶气量大，加强了气浮携污能力，可以处理含油量大、悬浮物浓度高的污水。

（5）由于特殊的结构设计，斜板溶气气浮（CDAF）的集成化程度高，结构紧凑，占地面积小。

（6）在浮选机的上部安装有浮渣脱水滤网，可以降低浮渣的含水率。

（7）与常规大罐沉降处理工艺相比，能耗稍高。

3. 设计参数

溶解气体：空气、氮气或其他气体；溶气压力：0.6MPa；回流比：15% ~ 25%；溶气比例：10% ~ 15%；气浮池总水力停留时间：8 ~ 12min；管式混凝器水力停留时间：约 30s。

4. 处理效果

CDAF 浮选机在设计上，悬浮物和油脂类分离效率不小于 95%，在进口水质为含油不大于 200mg/L、悬浮物浓度不大于 300mg/L 情况下，出口水质为含油不大于 10mg/L，悬浮物浓度不大于 30mg/L。

四、气液多相射流泵

1. 基本原理

气液多相射流泵吸收了 CAF 切割气泡和 DAF 稳定溶气的优点，气体在泵进口管道直接吸入，利用气液多相泵特殊的叶轮结构，在泵内建立压力的过程中产生气液二相充分地混合并达到饱和，高速旋转的多级叶轮将吸入的空气多次切割成小气泡，并将切割后的小气泡在泵内的高压环境中瞬间溶解于回流污水中，其工艺原理如图 5-17 所示。这种特殊结构的气液多相泵产生的气泡直径小于 30μm，吸入空气最大溶解度达到 100%，溶气水中最大含气量达到 30%，泵的性能在流量变化和气量波动时十分稳定，为泵的调节和气浮工艺的控制提供了极好的操作条件。

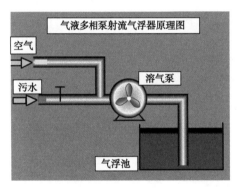

图 5-17 气液多相射流泵气浮器工艺原理图

2. 特点

传统气浮设备必须配有一系列相关设备，如空压机、压力罐、水泵、控制系统、阀等。采用多相泵后，气体在泵进口管道直接吸入，可省去其中的多数设备。另外，由于气液多相射流泵溶气性能高，克服了一般射流泵溶气压力、溶气率低的缺点，应用气液多相射流泵的气浮设备，应用范围更大，处理效果更好。

3. 缺点

与常规大罐沉降相比，能耗稍高。

4. 处理效果

气液多项泵"射流气浮"是含油污水处理中行之有效的工艺，辽河油田曙四联、洼一联等采出水处理站现场实际运行表明，含油从 200mg/L 降至 10mg/L，悬浮物从 300mg/L 降至 30mg/L 以下。

五、改性纤维球过滤器

1. 技术原理

纤维球（束）过滤器是以耐磨、耐酸碱、无毒的涤纶纤维或其他纤维材料扎结的纤维球（束）为滤料，空隙度大，柔软，可压缩。过滤时，由于水流压力的作用，使滤层孔隙率沿水流方向自上而下由大变小。形成了较理想的反粒度分布，从而增加了截污能力，也延长了工作周期。

纤维球（束）过滤器，其滤料性能是亲油型的，只要水中有油，油就会被纤维吸附。滤料污染变成油团。很难清洗，因此，这种滤料只能应用在清水过滤中。

为适应过滤含油污水的需要，厂家与科研单位合作对纤维球（束）进行了改性。所谓改性即是将纤维球（束）经过新的化学配方进行本质的改性处理后，纤维滤料即由亲油型变为亲水型。用于过滤含油污水时，滤料不易污染且反洗再生方便。这种滤料过滤精度较高，故可作为深度过滤设备。

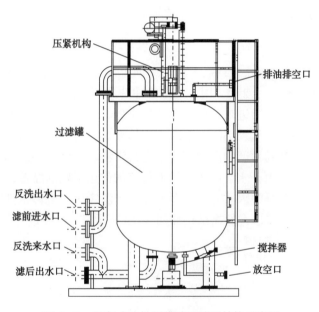

图 5-18　压紧式改性纤维球过滤器结构示意图

2. 技术特点

（1）改性纤维丝径细，比表面积大，叠加后滤层孔隙小，对悬浮物的拦截作用比其他滤料较好。

（2）改性纤维比普通纤维重且不粘油，过滤时能下沉到罐底，上松下紧滤层孔隙结构好。运行时滤层孔隙沿水流的方向逐渐变小，形成了比较理想的滤层孔隙上大下小的分布状态，因而拦截作用强，过滤效果好。

（3）针对油田水量不均衡特点，为防止滤层不能充分压实，在过滤罐上部还安装了压紧装置；为使滤料反洗更彻底，还设有滤料搅拌机构。工作时，滤料压紧装置启动，压板下行至一定位置，将滤料压实，污水由上至下经过滤层。反洗时，滤料压紧装置压板上行，启动反洗泵，利用反洗水压力将滤层冲开并启动搅拌机，对滤料进行搅拌清洗。

3. 主要性能指标

滤速 16m/h，过滤周期 8 ~ 24h，水头损失 3 ~ 10m，截污量 6 ~ 20kg/m³，设计压力 0.6MPa，反冲采用机械搅拌或气水反冲，水反冲强度 5 ~ 7L/（s·m²），气反冲强度 30 ~ 45L/（s·m²），反冲历时 10 ~ 20min，悬浮物和油去除率 82% ~ 95%。

4. 应用情况

从目前油田的实际使用情况来看，纤维球过滤器对固体悬浮物的去除效果较好，但是在除油方面，即使是改性纤维球过滤器对进装置的污水中的含油量仍需严格控制，要在该设备前设置核桃壳滤料的过滤器，实际应用中将改性纤维球过滤器进水含油量控制 30mg/L 以下为好。

对于稠油采出水、原油中沥青和胶质含量较高或含聚合物的采出水，纤维球滤料容易出现污染及板结问题，常使过滤无法进行，使整个过滤工艺瘫痪。如新疆六九区、塔里木轮南油田、长庆油田的大多数改性纤维过滤器均出现了此类问题，因此，对于改性纤维球过滤器，选择时应慎重。

六、流砂过滤器

1. 工作原理

流砂过滤器（Sandflo Filter System）移动床向上流连续过滤的简称。与以往的固定床滤器不同，无须每天停机 1 ~ 2 次，用大功率反冲洗泵清洗截留在滤床上的杂质。过滤时，原水从过滤的底部环形配水槽进入，向上流动并充分、均匀地滤料接触，原水中的悬浮物被截留在滤床上，处理后水从顶部的出水堰溢流排放。在过滤的同时，截留污染物的石英砂通过底部气提装置提升到顶部的洗砂装置中进行清洗。提砂所用的动力为压缩空气，压力一般为 0.4 ~ 0.6MPa。由于水、砂子在压缩空气的作用下剧烈摩擦，使砂子截留的杂物洗脱。洗净后的砂在洗砂器中因重力自上而下补充到滤床中，洗砂水则通过单独的管路排放，完成整个洗砂过程。流砂过滤器结构如图 5-19 所示。

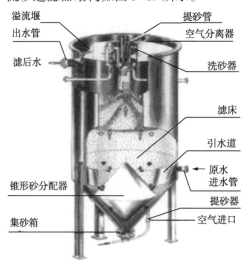

图 5-19　流砂过滤器结构图

2. 性能和特点

（1）过滤器连续进水，连续出水不需要停机反洗；

（2）可根据进水悬浮物的大小调整工艺参数，以达到良好的运行效果，易于管理；

（3）对悬浮物的去除效率高；

（4）洗砂速度可调，洗砂效果好；

（5）投资少，运行管理费用低；

（6）结构紧凑、占地面积小、处理量大、抗冲击负荷能力强；

（7）节能，电耗较小。

3. 技术参数

以处理水量为 55m³/h 的设备为例。流砂过滤器规格：外径 ϕ × 高 H=2.65m×6.610m，过滤面积 5.5m²。洗砂水量 1.1m³/h；均质石英砂滤料 11.2m³；洗砂用气量，压力 0.4 ~ 0.6MPa，180L/min。

4. 应用实例

在大港油田唐家河污水处理应用情况良好，涡凹气浮出水后经过流砂过滤器，出口含油平均 2.1mg/L，悬浮固体 4.7mg/L、粒径中值 2.57μm 左右。

七、悬浮污泥床过滤器

1. 原理

悬浮污泥过滤法简称 SSF（Suspended Sludge Filtration）法，其污水净化工艺及系统由物化工艺和 SSF 污水净化装置两大部分组成，是一套纯物理化学法处理装置系统。SSF 污水处理系统首先采用物理化学方法（投加净水剂）使污水中部分溶解状态的污染物和胶体颗粒吸附出来，形成微小悬浮颗粒，从污水中分离出来；然后采用助凝剂将污水中各种胶粒和悬浮颗粒凝聚成大块密实的絮体；再依靠旋流和过滤水力学等流体力学原理，在 SSF 污水净化装置内使絮体和水快速分离；污水经过罐体内自我形成的致密悬浮泥层过滤之后，达到回注水标准。悬浮泥层起到了精细过滤的作用，当悬浮泥层达到一定量后，依靠点涡流动形成的向心力、过滤水力学形成的牵引力和自身的重量，被快速引入污泥浓缩室沉降分离，当污泥浓缩室蓄满时可定期排出。图 5-20 所示为悬浮污泥床工艺原理图。

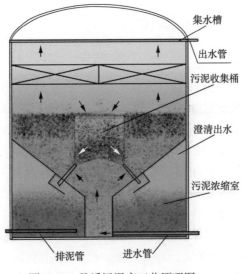

图 5-20　悬浮污泥床工艺原理图

2. 技术特点

（1）悬浮污泥过滤相当于传统"混凝沉降+一级过滤"的功能，简化污水处理工艺，减少占地面积。

（2）处理精度高，处理后水质含油及悬浮物可以达到 10mg/L 以下。

（3）没有滤料的污染和更换问题，在保证水质的前体下，节约了滤料的更换、再生费用，操作维修简便。

（4）一次性投资少，SSF 污水净化器在常压状态下工作运行，可替代混凝沉降和一级过滤，系统设备一次性投资少。

3. 技术局限性

（1）悬浮污泥过滤工艺是依靠紧密的污泥层进行过滤，水量、水质的冲击影响较大，对来水水质、水量的稳定性要求较高。

（2）投加药剂量相对较大，需加 3 种药：造悬浮污泥层用药 50 ~ 100mg/L（一种天然材料）、混凝剂 10 ~ 80mg/L、絮凝剂 1mg/L，有的水质需要加氧化剂，水质不同，药剂费用差异较大，药剂费为 0.4 ~ 3.0 元 /m³（水），电力消耗为每立方米污水 0.20 元左右，由于目前使用的药剂均为厂家提供，药剂费用高且费用不易控制。

（3）产生泥量多，比常规大罐沉降要多加药 50mg/L 左右，必须配套建设污泥减量化设施，增加了工程投资。

（4）现场加药管线、进水干线易结垢堵塞，出水水质易受加药影响。

（5）出水水质不太稳定，需增设过滤段来保障水质达标。

4. 运行参数及进出水水质

进出水水质：进水含油小于 100mg/L，出水含油为 1 ~ 10mg/L，平均小于 5mg/L；进水悬浮物无限制；出水悬浮物 1 ~ 10mg/L，平均小于 5mg/L，出现故障时达 17 ~ 30mg/L，有时甚至高达 100mg/L。

5. 应用范围

当来水水量、水质变化小，经药剂筛选所需药剂费用低时适用，比较适用于采出水的深度处理。

八、硅藻土过滤器

1. 原理

ABC 硅藻土涂膜过滤机采用进口滤棒、滤布。将粒径为 10 ~ 30μm 的硅藻精土预涂在滤布表面上，然后切换到过滤状态，原水中的悬浮物、胶体颗粒、大分子有机物被滤料截留，水流通过涂膜层的水头损失也同时提高，当水头损失达到某预定极限值时，停止过滤，进行脱膜，然后再重新开始新一轮运行周期。此过滤机与传统的精细过滤相比，由于过滤材质——硅藻土粒径小，使得出水的悬浮物含量和粒径都远远低于常规过滤。同超滤膜或陶瓷膜过滤相比，由于硅藻土过滤层可轻易脱落，滤膜可以反复预涂，克服了超滤膜或陶瓷膜易堵塞、难以反洗等含油污水处理工艺的技术难题。

2. 技术特点

（1）构造简单、无驱动装置，检修方便，可实现全自动化。

（2）滤元的有效过滤面积大，因而占地面积小（以 φ1600mm 过滤罐为例：硅藻土滤元有效过滤面积为 25m²，而机械过滤器的有效过滤面积仅为 2m²）。

（3）采用瞬间爆发状空气脱渣后，滤元洁净如新。滤渣呈固体状，便于处理。节省了大量的反冲洗水。

（4）由于过滤前预涂膜硅藻土，使悬浮物、油污等污染物与滤布不直接接触，保证了滤布的长期运行，解决了一般精密过滤器运行中碰到的滤层易堵塞、难反洗、寿命短等难题。为保证出水效果，建议滤布每 12 个月更换一次。

3. 主要缺点

（1）受水中胶体、盐类、氧化物、腐蚀物的影响，滤布容易堵塞、腐烂，应每 3 个月清洗一次，每一年更换一次滤布。

（2）来水水质含油必须小于 5mg/L，否则过滤周期大大缩短，增加运行成本。

（3）过滤压差较大，从开始的 0.05MPa 到过滤结束时的 0.15MPa，而普通过滤器最大为 0.1MPa。

（4）对 10000m³/d 污水站，每天产生硅藻土约 300kg，需人力清除，而且要有堆放场地（也可考虑硅藻土回收利用）。

4. 运行参数

24h 反冲洗涂膜一次（根据来水含油与悬浮物多少确定）。推荐滤速：≤ 3m/h；空气正吹时间：3 ~ 5min；空气反吹脱渣时间：1min；硅藻土粒径：Mn-1 细 6.77μm，Mn-1 粗 25.66μm；过滤溶液进口压力：0.30 ~ 0.35MPa；过滤终止压差：≤ 0.30MPa。预涂膜量：0.8kg/m²。处理每立方米水用硅藻土的费用为 0.05 元。

5. 运行效果

进出水水质：进水含油不大于 5mg/L，出水含油不大于 1mg/L，进水悬浮物不大于 10mg/L，出水悬浮物不大于 1mg/L，粒径中值不大于 1.0μm。

辽河油田某区块的 30m³/h 的 ABC 硅藻土涂膜过滤机运行效果如下。进口实际水质：油 2mg/L，悬浮物 10mg/L，粒径中值 3μm；出口实际水质：油 0.33mg/L，悬浮物 0.94mg/L，粒径中值 1.14μm。

九、金属膜过滤器

1. 特点

金属膜过滤器是一种新型过滤器，滤芯采用多孔高级不锈钢薄壁空心过滤元件，可制成空隙为 1 ~ 100μm 精度的过滤设备。

它具有渗透性强、耐腐蚀性好、耐高温、使用寿命长、不须化学再生等优点。由于过滤芯强度大，耐压性好、且不易破碎，从而容易通过反吹、反洗来恢复设备的过滤能力。

2. 设计参数

单台处理能力为 300 ~ 500m³/d，反洗时压差小于 0.2MPa，操作压力小于 0.45MPa，反洗采用气水反冲洗，水洗反冲洗压力 0.3MPa，反冲洗时间 15min，强度 12L/（s·m²）；气洗压力 0.6MPa，时间 7s。操作温度小于 90℃。

3. 适用条件

对进水含油、悬浮固体要求较高，前段必须经过常规精细过滤，否则易填塞且水质不能达标。

4. 应用实例

该类型过滤器在冀东油田高一联使用。高一联的过滤段采 4 级过滤：一级为核桃壳过滤器，二级为金刚砂过滤器，三级采用过滤精度为 3μm 的钛金属膜过滤器，四级采用过滤精度为 1.5μm 的钛金属膜过滤器。该过滤器从 2009 年 3 月运行至今，出口含油、悬浮固体、粒径中值能够达到"6，2，1.5"的水平，基本上达到"5，1，1"水平。

十、智能一体化注水装置

1. 应用领域

智能一体化注水装置主要应用于油田开采前期超前注水使用和适应边远小区块注水使用。代替常规橇装注水站。

2. 装置集成的主要功能

智能移动注水装置供水、注水一体化，操作简单，管理数字化、操作智能化。通过装置所配的 RTU 远程终端控制系统，集成注水装置实时数据采集、远程启停、危害预警等功能，对装置及水源井生产情况进行实时监测和日常管理；同时，通过远程终端控制系统，使装置达到供水、注水一体化操作，实现了注水泵、喂水泵、水源井深井泵远程启停及运行状态监测，实现无人值守。

3. 装置组成

该装置由 1 个橇组成，注水装置主要由储水箱、注水泵、过滤器、喂水泵、加药装置、变频仪表柜、阀门、流量计、压力变送器、配管、橇座等组成。

4. 流程说明

智能一体化注水装置流程示意如图 5-21 所示。水源来水经喂水泵喂水、精细过滤处理后，通过注水泵升压，由注水干线计量、调节将达标注入水输送至站外注水管网，进行配注。

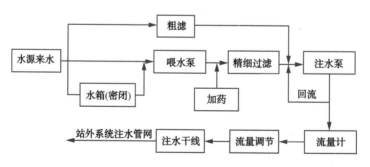

图 5-21　智能一体化注水装置流程示意图

5. 应用效果

与常规注水站场相比，占地面积减少 60% 以上；工程投资降低 20% 以上；设计和建设周期减少 50% 以上。

第六章　油气集输管材

为满足日益复杂的介质输送、降低投资、安全环保的要求，近年来中国石油在非金属管道、高等级抗硫管材、双金属复合管等方面进行了大量的研究，取得了重要的进展。非金属管材在油气集输、供注水，高等级抗硫管材在含 H_2S 天然气集输，双金属复合管在含 CO_2、Cl^- 酸性天然气集输等集输工程中得到广泛应用，并取得了较好的经济效益，提升了安全环保水平。

第一节　非金属管材

一、油气田应用非金属管道现状及存在问题

非金属管道具有耐腐蚀好、摩阻小、使用寿命长、综合造价低等优势，已在大庆、长庆、新疆、吉林等油田的油气集输、供注水等管道工程中得到广泛应用。油田应用的非金属管道主要有玻玻璃纤维管线管、钢骨架增强聚乙烯复合管、增强热塑性塑料复合等，但由于应用时间短，在产品制造、工程设计、施工、检验等环节都存在较多的问题，影响非金属管道的推广应用。在中国石油勘探与生产分公司组织下，开展了非金属管道应用技术研究等一系列科研课题研究，明确了油气田非金属管道使用条件和范围、产品检验质量性能要求，建设中国石油非金属管材检测实验室，制定了中国石油企业标准《油气田用非金属管道应用导则》，对油气田用户用好、管好非金属管道起到了重要作用。

1. 油气田常用非金属管道的种类及特点

油气田使用的非金属管道种类较多，根据所采用的产品制造标准不同，主要有玻璃纤维管线管、钢骨架增强聚乙烯复合管、增强热塑性塑料复合管、柔性复合高压输送管、塑料合金复合管、钢骨架增强热塑性树脂复合连续管等 6 种。

1）玻璃纤维管线管（玻璃钢管）

玻璃钢管采用无碱增强纤维为增强材料，环氧树脂和固化剂为基质，经过连续缠绕成型、固化而成；环氧树脂具有较高的机械强度、良好的耐化学腐蚀性、优良的黏结性、绝缘性和防水性、良好的耐温性；玻璃钢管理化性能稳定，不会因为材质的膨胀系数等参数的不同而造成分层或剥离。玻璃钢管的接头一般采用螺纹连接方式，有效地解决了因现场直接黏结、接头出现漏失的问题，管道的工作压力可达 25MPa。

玻璃钢管有极强的耐腐蚀性，使用寿命长；管道内壁光滑，不易结垢、结蜡，流动阻力小；管材保温性能好，导热系数仅为钢的 1%，减少热能损耗；玻璃钢管拉伸强度高、质量轻、运输安装简单、方便、快捷、维修工作量小。

根据制造材料的不同，玻璃钢管主要分酸酐固化环氧树脂管和胺固化环氧树脂管两种，常用玻璃钢管的管径范围为 DN40mm ~ DN200mm，单管长度一般为 9.2m，使用压力范围 3.5 ~ 25MPa。目前，主要应用于油气田的原油集输系统、注水系统、三元（聚合物、碱、

表面活性剂）复合驱及聚合物驱注采系统。

（1）酸酐固化环氧树脂玻璃钢管。

酸酐固化的环氧树脂固化温度为127℃，在80℃以下能保持优良的物理特性，超过80℃对液态化学腐蚀的防腐能力会大大地降低，其耐碱性能较差，因此，酸酐类固化环氧树脂玻璃钢管不推荐在碱性环境条件下使用。

油田常用的酸酐固化环氧树脂玻璃钢管的适用条件如下：

①适用温度为 –30 ~ 65℃；

②压力范围为 3.5 ~ 25MPa；

③热传导系数为 0.36W/（m·K）；

④密度为 $2.0g/cm^3$；

⑤适用介质为水、原油、天然气、CO_2、H_2S、盐水等。

酸酐固化环氧树脂玻璃钢管应用时间较长，生产工艺和技术成熟，应用较为广泛，根据油田应用统计，酸酐固化环氧树脂玻璃钢管的价格已低于钢管的价格。

（2）胺固化环氧树脂玻璃钢管。

胺类固化的环氧树脂体系不仅对酸性介质有良好的耐受能力，同时具有良好的耐碱性，而且芳胺固化的环氧树脂的固化温度为165℃，其长期工作温度可高达110℃，由于该树脂系统耐温等级高，可有效地防止管道的热应力腐蚀，抑制酸碱介质向树脂基体内部的侵蚀。因此，胺固化环氧树脂玻璃钢管，可使用于酸碱环境条件。

油田常用的芳胺固化环氧树脂玻璃钢管的适用条件如下：

①适用温度为 –30 ~ 85℃；

②压力范围为 3.5 ~ 25MPa；

③热传导系数为 0.4W/（m·K）；

④密度为 $1.9g/cm^3$；

⑤适用介质为水、原油、天然气、CO_2、H_2S、盐水、三元复合驱配制液、聚合物配制液等。

2）钢骨架增强聚乙烯复合管

钢骨架增强聚乙烯复合管是以钢骨架为增强体、以热塑性塑料为连续基材将金属和塑料两种材料复合在一起形成的管材。钢骨架增强聚乙烯复合管主要有两种：一种是钢骨架聚乙烯塑料复合管，另一种是钢丝网骨架塑料复合管。钢骨架增强聚乙烯复合管结构形式如图6-1所示。

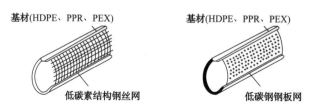

图6-1　钢骨架增强聚乙烯复合管结构示意图

钢骨架增强聚乙烯复合管采用低碳钢丝编网，采用高速点焊、塑料挤出填注同步成型技术；钢丝网骨架塑料复合管是以高强度钢丝左右螺旋缠绕成型的网状骨架为增强体，以高密度聚乙烯为基体，并用高性能的黏接树脂层将钢丝网骨架与内外高密度聚乙烯紧密地连在一起。这两种管道的管壁内外层塑料通过管壁中间的金属网孔连接为一体，既解决了因钢、塑料两种材料热膨胀系数差别较大而易剥离的问题，又提高了管材的抗腐蚀性能和耐压强度，使用寿命可达 30 ～ 50 年。

钢材的机械强度是热塑性塑料的 10 倍左右，将网状钢骨架与塑料复合后，钢骨架可有效地约束塑料在应力作用下发生蠕变的现象，在较高的持久应力下不会发生脆性断裂，使塑料本身的持久强度大大提高。

钢骨架增强聚乙烯复合管连接主要有法兰和电熔两种方式，连接处可达到与管材本体相同的强度。油田常用的钢骨架增强聚乙烯复合管的管径一般为 DN65mm ～ DN500mm，钢骨架的单管长度主要有 6m，8m，10m 和 12m 四种规格，长度还可根据用户特殊要求做适当调整。钢骨架增强聚乙烯复合管的适用条件如下：

①适用温度为 –35 ～ 70℃；

②压力范围为 1.0 ～ 3.5MPa；

③热传导系数为 0.43W/（m·K）；

④密度为 1.5g/cm³；

⑤适用介质为含油污水、清水、热洗水、原油、聚合物母液、天然气等。

随着钢骨架增强聚乙烯复合管技术的发展，近几年，又研制生产出了孔网钢带塑料复合管（孔网钢塑管）。孔网钢带塑料复合管是以氩弧对接焊成型的多孔薄壁钢管为增强体，外层和内层双面复合热塑性塑料的一种复合管道，是一种新型的钢骨架增强聚乙烯复合管。孔网钢带塑料复合管采用主要电热熔管件连接，利用塑料热加工机理，通过管件内部发热体将管材与管件熔融，把管道与配件可靠地连接在一起，一次完成永不渗漏。孔网钢塑管也可采用法兰连接方式与其他管路、配件和设备进行过渡连接。作为一种较新的钢骨架增强聚乙烯复合管，孔网钢带塑料复合管的性能、适用条件同钢骨架聚乙烯塑料复合管、钢丝网骨架塑料复合管基本一致。

3）增强热塑性塑料复合管

增强热塑性塑料复合管（简称 RTP）是一种高压塑料复合管道，有三层构成，即内管、增强层、保护层。增强热塑性塑料复合管结构如图 6-2 所示。

内管：由聚烯烃材料制成，起输送流体和密封的作用；保护层：由高密度聚乙烯（HDPE）制成，起防护作用，外层根据要求可选白色（地表铺设防紫外线）或黑色（埋地敷设）；增强层：由 HDPE

图 6-2　增强热塑性塑料复合管结构

和高强度纤维绳复合制成，起承压作用，增强材料有两种：芳纶纤维和聚酯纤维。

RTP 管采用接头连接，有金属扣压接头和增强电熔接头两种，可以满足法兰、螺纹等多种连接形式。

RTP 管使用温度为 –30 ～ 65℃，采用耐温塑料最高温度可达 90℃；使用压力最大可达 16MPa。使用寿命可达 20 ～ 50 年。

增强热塑性塑料复合管产品技术要求检验标准和方法按照美国石油协会 API 15S《可盘卷增强塑料管认证推荐规范》、ISO/TS 18226—2006《塑料管材和管件 压力达 4PMa 输送气体燃料的增强热塑性塑料管》。

4）柔性复合高压输送管

柔性复合高压输送管分内层、外层和增强层，内层和外层为过氧化物交联聚乙烯，采用挤出成型；增强层是由 Kavlar 纤维丝（防弹纤维）和工业涤纶丝复合而成，经过合股编织／缠绕于芯管上。柔性复合高压输送管结构如图 6-3 所示。

图 6-3　柔性复合高压输送管结构示意图

柔性复合高压输送管可盘卷，单管长度可达 200m 以上；管道连接可采用螺纹、扣压、对焊和法兰多种形式，施工、维修方便，耐腐蚀、耐高温、不易结垢，使用寿命可达 30 年。目前主要用在天然气防冻注醇管线及低压天然气集气。

柔性复合高压输送管常用的管径范围为 DN50mm ～ DN150mm，适用温度 –30 ～ 70℃，适用压力 2.5 ～ 32MPa，柔性复合高压输送管的热传导系数一般在 0.3W/（m·K）左右，密度为 1.15g/cm³，适用介质为清水、甲醇、低压天然气等。

5）塑料合金复合管

塑料合金复合管主要由功能层、增强层和外表层组成。功能层主要由塑料合金（由 PVC、CPVC、CPE 等材料共混）拉制而成，具有防渗、防腐、耐磨、耐冲击、不结垢、摩阻小等优点；增强层由不饱和树脂和无碱玻璃纤维组成，通过特殊缠绕工艺缠绕而成，其作用主要是保证管道的强度；外表层为聚酯树脂组成的富脂层，起防腐和保护管材的作用。

塑料合金复合管成型结构如图 6-4 所示。

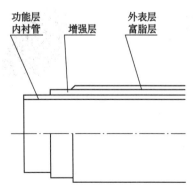

图 6-4　塑料合金复合管结构及样管图

塑料合金复合管常用的连接方式是螺纹活接头，还可以采用法兰接头，安装时不需要大型机械设备，不受地理条件限制，仅依靠扳手、手动液压工具进行安装连接，简单可靠。同时，塑料合金复合管允许柔性变形，敷设时不需要加固支架和止推墩。

塑料合金复合管管径一般为 DN40mm ~ DN350mm，单管一般为长度 8m，适用压力范围 1.6 ~ 32MPa 输送介质温度 –30 ~ 50℃，热传导系数一般在 0.21W/（m·K）左右，密度为 0.95g/cm³，使用寿命可达 30 年以上。由于内衬管中加入氯化聚氯乙烯（CPVC），管材的耐磨性大幅度提高，是钢管的 4 倍以上，可输送原油、污水、盐水、聚合物、碱、酸、盐等液体。

6）钢骨架增强热塑性树脂复合连续管

钢骨架增强热塑性树脂复合连续管以交联聚乙烯树脂为主要原料，以钢丝编织成连续网状结构为增强层，以热熔胶为黏接层的复合而成；其内层为交联聚乙烯、外层为中密度聚乙烯。高压管增强层由钢带和钢丝连续缠绕复合而成，承压能力强，DN50mm 管道的工作压力可达 30MPa。

钢骨架增强热塑性树脂复合连续管的多层复合结构设计，使管道既有钢管的抗冲击、抗压力的特点，又有塑料管道柔顺易安装、抗腐蚀寿命长的特点，使用寿命可达 30 年。依据规格其连续长度为 100 ~ 1200m，便于施工，减少施工费用，免除大量焊接作业并减少因连接不佳造成的管道渗漏等问题。连续增强塑料复合管的连接方式主要采用套扣方式，有效地避免了管道接口处的渗漏问题。

油气田常用钢骨架增强热塑性树脂复合连续管的管径范围为 DN40mm ~ DN100mm；使用压力范围不大于 30MPa；适用温度为 –30 ~ 70℃，可用于集油、掺水、输油、污水、注水等管道工程中。连续增强塑料复合管的热传导系数一般在 0.36W/（m·K）左右，密度为 0.94g/cm³，常用公称压力等级分别为 5.5MPa，12.0MPa，16.0MPa，20 MPa 和 25MPa。

油气田常用非金属管道主要性能参数见表 6–1。

表 6–1　油气田常用非金属管道性能参数

管道类型		公称直径 mm	适用温度 ℃	适用压力 MPa	连接方式	产品标准
玻璃纤维管线管	酸酐固化	40 ~ 200	–30 ~ 65	3.5 ~ 25	螺纹	SY/T 6267
	胺类固化	40 ~ 200	–30 ~ 85	3.5 ~ 25	螺纹	
钢骨架增强聚乙烯复合管		65 ~ 500	–35 ~ 70	1.0 ~ 4	法兰、电熔	SY/T 6662.1
增强热塑性塑料复合管		80 ~ 150	–30 ~ 90	1.0 ~ 16	电熔、法兰	SY/T 6794
柔性复合高压输送管		50 ~ 150	–30 ~ 70	1.0 ~ 32	螺纹、法兰	SY/T 6662.2
塑料合金复合管		40 ~ 350	–30 ~ 70	1.0 ~ 32	螺纹、法兰	SY/T 6662.6
钢骨架增强热塑性树脂复合连续管		40 ~ 100	–30 ~ 70	≤ 25	螺纹	SY/T 6662.4

2. 应用情况总结

从 20 世纪 90 年代起，玻璃纤维管线管（玻璃钢管）开始在油田试验并逐步推广应用，随后钢骨架聚乙烯复合管等非金属管也相继在油气田地面工程建设中得到了应用。初步统计表明，截至 2015 年底，国内油气田已应用各类非金属管道超过 30000km。

从油气田非金属管道的应用种类来看，基本涵盖了目前主流的各类非金属管道，包括玻璃钢管、钢骨架增强聚乙烯复合管、柔性复合高压输送管、塑料合金复合管、连续增强塑料复合管等。由于玻璃钢管在油田的应用起步早、时间长，应用总量最大，约占总数的60%，钢骨架增强聚乙烯复合管约占15%，其他种类的非金属管材应用相对较少。

非金属管道主要应用于油气田地面工程的集油、输油、集气、输气、供水及注水等系统中，其中，注水应用比例最高，约占总数的45%，集油系统占比也较高，约为35%，供水系统约占15%，输油、集气、输气系统中应用较少，合计近占5%。

从油田用户反映情况来看，油气田应用非金属管代替钢管，对解决金属管道外腐蚀、高矿化度污水输送及含水油的集输金属管道内外腐蚀、减少管道维护工作量，加快管道施工速度、降低管道建设工程投资等方面起到了重要作用，达到了较好的应用效果，大部分油气田用户对非金属管道的优良性能给予了充分的肯定。

3. 应用中存在的问题分析

由于非金属管种类多，不同类型的非金属管成型工艺、性能、适用条件不同，应用范围和条件、安装施工、使用和维护要求各异；同时，非金属管产品标准不健全、检验方法不完善、施工验收不统一、维护难度大，造成了应用过程还存在一些问题需要不断完善和改进。

1）产品制造标准不完善，市场准入机制不健全

非金属管的产品制造标准规定了产品的性能指标和适用范围，是制造商生产非金属管的依据；同时，非金属管产品性能指标是确定油气田应用范围和条件的依据。同国外同类标准相比，国内相关管材制造标准在管材性能要求及指标上相对较为宽松，特别是在反映长期使用性能的指标如长期静水压等缺少详细的规定和要求，产品标准不完善，难以真正指导工程设计选用。

不同的非金属管成型工艺不同、原材料不同，其产品性能和适用条件也不同，产品验收检验指标也不同；不同厂商根据各自产品特点提出了产品的应用范围和适用条件，这些产品是否适合特定条件下油气田生产需要，并不能以产品制造标准或使用说明书为依据，应根据油气田不同应用条件下的生产需要，经过产品检验和现场试验，只有性能参数满足标准规范、通过试验验证的产品才能在油气田市场推广应用。

不同制造商、不同类型的非金属管达到什么条件才能进入油气田市场，应由用户通过技术评定、生产验证进行认证。由于缺乏非金属管的产品市场准入机制，造成性能不同、质量各异的非金属管进入油田市场。从目前非金属管的应用情况来看，存在着应用条件和范围不规范、产品制造执行标准不力等问题。就拿目前市场上应用量最大的玻璃钢管来说，按照SY/T 6267—2006《高压玻璃钢管线管》的要求，产品公称压力的确定是按照10000h长期静水压实验结果确定的，目前在油田应用的玻璃钢管，尽管产品性能能够满足生产的需要，但只有少数的企业按照该标准以产品实验结果确定工作压力，造成非金属管的不公平竞争。

另外，非金属管的产品质量与其生产工艺、制造使用的原材料等关系密切。目前，国内各类非金属管制造商的技术水平参差不齐，工艺和设备差距大，制造出的产品质量差别大。生产工艺及设备的水平不仅影响产品的质量，也直接影响着产品的价格。采用不同性能的原材料，生产出的管道产品使用性能也不同。如玻璃钢管，不同树脂、不同纤维生产

出的玻璃钢管，质量差别很大；由于不同树脂、不同纤维的价格差别大，不同质量的玻璃钢管的价格差异也很大。

目前，大部分油田在招标时主要是采用低价中标的方式，由于缺乏相关的技术人员，难以把控技术标准，部分低质量的非金属管产品进入油田市场，造成价格体系扭曲，没有体现出优质高价、质次低价的市场化定价规律，不仅给管道安全生产埋下了隐患，同时也使油田对非金属管道产生了误解，影响了整个非金属管道的合理使用和推广应用。

2）非金属管产品验收检测能力和手段不足

目前，在非金属管产品性能检验方面，国内仅有中国石油天然气集团公司石油管工程技术研究院（以下简称管研院）和中国石油规划总院建有较为专业的非金属管性能检测实验室，主要测试项目有长期静水压、短时爆破压力、短时循环压力等关键性能指标；缺乏对常用非金属管产品质量进行全面检验的质检设备和能力；而其他油气田缺乏对常用非金属管产品质量进行常规项目检验的质检机构，不具备相应的检测能力和手段，难以监测进入油田市场的非金属管产品质量。

建立权威的检测部门（第三方检验）和检测制度对于尚处在发展中的非金属管道是十分必要的，通过检测可以有效控制参差不齐的产品质量，这是对用户负责，也对厂商负责，可以保护质量好、信誉好的企业。利用中国石油有关的研究部门，根据有关标准规定，配备必要的检验检测设备和人员，对制造厂商的产品实施第三方检验认可制度，有利于非金属管产品质量的保证。

3）施工验收不规范，管道失效事故原因难以确定

非金属管道施工工艺和条件要求较高，各类非金属管道在应用初期一般都是由制造商直接施工或现场跟踪指导施工，从而保证了施工质量。随着用量的不断扩大或油田公司施工承包方式的不同，目前，大部分非金属管道都是由非专业的施工队伍施工，尽管非金属管制造商对施工队伍进行了临时培训，但由于油田应用非金属管道的时间短，施工经验不足、施工队伍混乱、管理难度大，容易造成管道施工的质量缺陷，给管道安全运行埋下了隐患。

尽管大部分非金属管制造商提供了产品的施工说明或规定，但由于非金属管在装卸、运输、安装、管沟回填等方面对施工工艺和施工条件要求较高，需要专业的施工工具、材料和具有专业知识的施工队伍；同时，由于缺乏必要验收指标和方法，难以鉴定施工中的一些缺陷，造成管道投产后出现破裂、渗漏等现象，影响管道安全正常生产。因此，应建立不同类型非金属管道的施工验收标准，规范非金属管道的施工验收，保障非金属管道的施工质量。

4）管道损坏后维修不及时，影响正常生产

近几年，非金属管道应用发展较快，但维护队伍建设较慢，应用非金属管道的油气田公司缺少专业的维修队伍；同时，非金属管制造商售后技术服务跟不上，管道维护难度大，造成一些破坏了的管道不能得到及时修复，影响油气田正常生产。

目前，部分油气田已经开始重视非金属管道维修队伍的建设，在非金属管制造商的配合下，培训非金属管道维修人员、组建非金属管道维修队伍。如大庆油田公司在大庆汉维长垣高压玻璃钢管道有限公司的培训下，已经有很多采油厂能够自行进行玻璃钢管道的维修，进一步保障了油田的平稳、安全生产。

为了加强非金属管道维修专业化、保证非金属管道维修质量，应建立快速、高效的维修队伍，完善非金属管道维护保障。同金属管道相比，非金属管道维修专业性强，具有一定的技术难度，不仅需要专业的维修工具和材料，而且需要相对专业的维修人员。如何考虑现场施工条件、适应油气田的生产和维护需要，提高用户非金属管道维修水平，建立快速抢修、带压抢修的维护队伍和适应油气田生产需要的维护模式，也是非金属管道应用过程中需要解决的主要问题。

二、典型非金属管的关键性能参数试验验证

由于非金属管种类繁多，不同类型的非金属管制造材料、加工工艺不同，性能参数也不同，存在着生产厂家鱼目混珠、产品质量良莠不齐的情况。

为了掌握油田在用非金属管的整体质量状况，开展了对高压玻璃钢管、钢骨架增强聚乙烯复合管等几种油田常用非金属管进行关键技术参数的检测试验。

1. 玻璃钢管的检测试验

1）试验检测参数选择

根据 SY/T 6267—2006《高压玻璃纤维管线管规范》的规定，玻璃钢管的性能指标主要包括长期静水压强度、短时失效压力、短时静水压、短时循环压力（疲劳试验）、玻璃化转变温度等。

（1）长期静水压强度。

长期静水压强度是玻璃钢管压力等级确定的基础，是所有性能指标中最重要的一项，也是 SY/T 6266—2004 和 SY/T 6267—2006 中明确提出必须进行的检测项目。此项指标是确定产品使用压力、温度等条件和使用寿命的依据，是产品制造的基础。该项指标测试时间较长，需要至少 10000h 以上的试验（连续测试 416 天），该参数一般用于生产系统制造的特定管道参数下的管道使用压力等级的确定、评定等。

（2）短时失效压力和短时静水压。

纤维增强复合材料管短时水压失效压力（爆破或渗漏）试验方法是在内压作用下管子的最大承载能力的方法，是测定管线在连续加内压条件下的短时失效压力，是管线能否达到预期使用寿命的先决条件，是产品检验的关键技术参数之一，静液压检漏是检验产品质量的关键技术参数。

因此，除长期静水压强度外，短时静水压和水压爆破也通常作为验收管线时的基本检测项目。这两项性能检测没有考虑玻璃钢管的长期老化和蠕变性能，但是由于检测方法相对比较简单，而且在一定程度上可以反映玻璃钢管的强度，是目前玻璃钢管生产和用户检验的主要参数。短时失效压力的检测参考 ASTM D1599-99；短时静水压的检测参考 ASTM D1598-02，保压 10min 后升压至爆破。

（3）短时循环压力（疲劳试验）。

对于压力管流来说，管线的疲劳和持久强度是制约管线使用寿命的主要因素，当管材承受交变载荷时，即使最大应力水平低于材料的极限强度，但经历了一定的载荷周期后，仍然会出现破坏。管线在输送介质过程中，由于管内介质压力波动，频繁承受加载和卸载，使管线内造成水击，如果水击反复发生，特别是频率较高时，在管内产生一个较大的内压力的同时，对管线也施加了疲劳载荷，这种动力的不均性，致使管线在运行过程中受到交

变的动力荷载，玻璃钢管线在长期的交变载荷作用下，会造成基体开裂、分层、界面脱胶和纤维断裂。这4种疲劳损伤及其任何组合均可导致复合材料疲劳强度和疲劳刚度的下降，影响管线的使用寿命，也是玻璃钢管的关键技术参数。

目前，玻璃钢管的短时循环压力检测国内还没有统一的行业标准，实验参照有关企业标准进行实验。

（4）树脂含量。

玻璃钢基体材料的主要组分是合成树脂，在玻璃钢中的作用是在纤维间传递载荷，并使载荷均衡分布；它的性能如耐腐蚀性、耐热性等直接影响玻璃钢制品的性能，玻璃钢工艺性则决定其所选择的合成树脂种类、含量。如果树脂含量过低，复合材料容易出现贫胶现象，使纤维黏接不牢，造成管体受力时发生界面分层破坏；如果树脂含量过高，相对降低了纤维的含量比，致使管体承压能力达不到设计要求，复合材料的树脂含量具有一个最佳点，即为玻璃钢材质的纤维—树脂比，也称为树脂含量。因此，玻璃钢管树脂含量参数的检验是非常必要的。树脂含量的检测方法参考 SY/T 6267—2006《高压玻璃纤维管线管》中附件 A。

（5）玻璃化转变温度。

玻璃化转变温度（T_g）是反映树脂的固化交联程度，设计强度必须建立在固化度达到的基础上，如果达不到固化胶联强度，树脂就会出现热裂解或先期失效。因此，玻璃化转变温度是高聚物的一个非常重要的性质，不同树脂体系玻璃化转变温度是不同的，需要根据产品特点制定相应的检验标准。

玻璃化转变温度是确定玻璃钢管道最高使用温度的一个重要指标，它与不同温度下长期静水压实验结果相结合是判定不同温度、压力条件下玻璃钢管适用性的常用方法。因此，本研究对不同类型玻璃钢管的玻璃化转变温度进行了测试，并与厂家的产品推荐温度进行了对比。玻璃化转变温度的检测参考 SY/T 6267—2006《高压玻璃纤维管线管》中附件 C。

（6）抗冲击性能。

目前，只有低压玻璃钢管要求检测抗冲击性能，对高压玻璃钢管没有检测要求。从油气田生产中发现，由于玻璃钢管韧性较差，受到撞击易脆裂，在施工现场经常发生管道被挖断的现象，在管道安装时，由于硬物对管道的冲击可能会造成管道强度的降低，给安全生产留下隐患，因此，高压玻璃钢管也应进行管道的抗冲击性能实验。

玻璃钢管的抗冲击性能检测参考 SY/T 6266—2004《低压玻璃纤维管线管和管件》附录 C，落球重量和高度有所变化。采用 300mm，600mm 和 1000mm 三种分别对三根管样进行实验，然后升压至爆破。

（7）温度—强度性能。

玻璃钢管的承压等级与温度有很大的关系，标准中也规定应在不同的温度下进行长期静水压实验，以确定不同温度下的压力等级。通常情况下，玻璃钢管随着温度的升高，承压等级逐渐下降。

研究仅进行了不同温度条件下的短时水压强度实验，以确定其短时强度与温度的关系，为玻璃钢管的使用温度提供参考。检测方法：参考 ASTM D1599—99《塑料管及管配件的短时爆破强度测试方法》。温度为 0℃、25℃（室温）、65℃以及产品最高推荐使用温度 4 个点。

（8）其他参数。

环向和纵向的拉伸模量与泊松比是与玻璃钢管制造材料物性相关的参数，不随产品批次等发生变化，主要提供给设计院作为设计参考；另外，玻璃钢管的性能参数还包括导热系数、硬度、密度、吸水性、拉伸、压缩等，这些都是管材的基本性质，不随产品批次而变化。

根据上述考虑，重点进行了玻璃钢管短时失效强度、短时静水压、玻璃化转变温度、纤维含量和不同温度条件下的短时失效强度测试，见表6-2。

表 6-2　玻璃钢管主要性能指标及检验项目对照表

编号	主要性能指标	本项目检测指标
1	长期静水压强度（10000h）	
2	短时失效压力（水压爆破强度）	○
3	短时静水压（短时静液压强度）	○
4	短时循环压力	○
5	玻璃化转变温度（T_g）	○
6	树脂—纤维含量比（纤维含量）	○
7	抗冲击性能（低压玻璃钢管）	○
8	环向与纵向拉伸模量	
9	环向与纵向泊松比	
10	螺纹参数	

2）测试结果及分析

选用国内生产玻璃钢管的规模较大的制造商生产的玻璃钢管进行测试，产品主要包括PN16MPa、DN50mm 和 PN6.4MPa、DN100mm 酸酐固化玻璃钢管以及 PN16MPa、DN50mm 胺类固化玻璃钢管三种管材进行了各项测试。

（1）玻璃化转变温度（T_g）。

共检测了20组酸酐固化玻璃钢管的玻璃化转变温度，测试结果如图6-5所示。

共检测了9组胺类固化玻璃钢管的玻璃化转变温度，测试结果如图6-6所示。

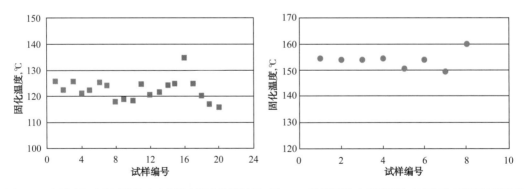

图 6-5　酸酐固化玻璃钢管的玻璃化转变温度检测结果　图 6-6　胺类固化玻璃钢管的玻璃化转变温度检测结果

测试结果表明，酸酐固化管样最低玻璃化转变温度为115.7℃，胺类固化管样最低玻璃化转变温度为149.5℃，根据 ISO 14692《石油及天然气工业玻璃钢加强型环氧树脂管》

的规定，玻璃钢管的最高使用温度应低于玻璃化转变温度 30℃以下。按给制造商产品说明书规定，酸酐固化产品的最高使用温度为 80℃，胺类固化产品的最高使用温度为 93℃，因此，试样满足该产品最高温度的使用要求。

需要指出的是，玻璃化转变温度仅代表了树脂的最高使用温度。根据 ISO 14692《石油及天然气工业玻璃钢加强型环氧树脂管》或 SY/T 6267—2006《高压玻璃纤维管线管》的规定，玻璃钢管道在不同温度条件下的压力等级并不相同，因此，不同温度条件下玻璃钢管道的许用压力还必须通过不同温度条件下的长期静水压实验结果确定。

（2）纤维—树脂比实验结果。

共进行了 20 组玻璃钢管线管纤维含量的测试，检测结果如图 6-7 所示。

SY/T 6267—2006《高压玻璃纤维管线管》对纤维含量没有明确的指标要求。根据不同厂家对纤维含量的研究分析，一般认为纤维含量宜在 70% ± 5% 范围内。从纤维含量测试结果可以看出，管道纤维含量基本稳定，基本都在 65% ~ 75% 的范围内。

（3）水压爆破试验结果。

按照 ASTM D1599 的试验方法和步骤，由管研院监督制造商开展酸酐固化玻璃钢管的水压爆破试验，试验测试结果如图 6-8 所示，水压爆破试样管体渗漏失效照片如图 6-9 所示。

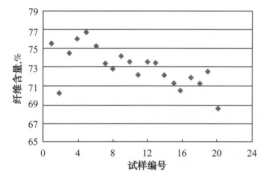

图 6-7 玻璃钢管的纤维含量检测结果

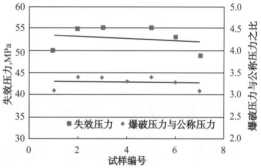

图 6-8 酸酐固化玻璃钢管失效压力检测结果

图 6-9 水压爆破试样管体渗漏失效照片

从测试后结果可以看出，玻璃钢管失效压力与公称压力之比达到了 3 倍以上。

另外，从试验结果来看，较多的试样破坏出现在过渡区，说明管材在过渡区还存在一定的缺陷，典型过渡区渗漏失效形式如图 6-10 所示。出现这种情况的原因很多，如过渡区本身质量问题、螺纹缺陷、连接时用力不当等，因此，在管道制造、施工中应考虑局部加强或改善的措施。

图 6-10　水压爆破试样过渡区渗漏失效照片

（4）短时静水压试验结果。

对 10 组玻璃钢管进行了短时静水压测试试验，按 1.5 倍设计压力、保压 10min，未出现渗漏现象，随后再升压至爆破。

试验结果表明，在 1.5 倍公称压力进行 10min 短时静水压实验后均未发生失效现象，且静水压实验对玻璃钢管的短时水压爆破强度没有明显影响。

（5）短时循环试验结果。

在 0 ～ 1.5 倍的公称压力条件下首先进行 5000 次短时循环实验（循环次数：25 次 /min），未发生失效的试样继续升压至爆破。

试验结果表明，完成的三组试样均未发生失效，循环实验后短时水压爆破强度没有发生明显变化。

（6）抗冲击试验结果。

由于 SY/T 6267—2006《高压玻璃纤维管线管》中未规定高压玻璃管的抗冲击试验测试要求和方法，试验参考 SY/T 6266—2004《低压玻璃纤维管线管和管件》附录 C 的要求开展抗冲击性能测试试验。

分别在不同高度、不同球重下，对管样进行落球冲击试验，对冲击后的管样进行水压爆破试验。

实验结果表明，按 SY/T 6266—2004《低压玻璃纤维管线管和管件》中规定的抗冲击试验方法，应采用 0.54kgf 的钢球从 304mm 高度冲击管子表面，本研究中增加了钢球种类至 0.8kgf，高度采用了 300mm，600mm 和 1000mm，冲击试样表面后，管材的短时失效强度并没有下降，继续增加钢球重量和高度直至 1.3kgf、1.5m，冲击才对管材造成损伤。试验测试结果见表 6-3。

表 6-3　抗冲击试验测试结果

试样编号	球重，kgf	高度，m	失效压力，MPa	失效形式
1	1.3	0.8	55	过渡区渗漏
2	1.3	0.8	55	过渡区渗漏
3	1.3	1	50	冲击点漏
4	1.3	1	51	过渡区渗漏
5	1.3	1	26	冲击点漏
6	1.3	1.5	24	冲击点漏

玻璃钢管材抗冲击性能比钢管差，操作过程中尽量避免采用硬物冲击管材表面，规范的操作可以在一定程度上保证玻璃钢管的性能不会由于冲击造成强度下降。

2. 钢骨架增强聚乙烯复合管检测试验

1）检测试验参数选择

目前，油田生产中采用的钢骨架增强聚乙烯复合管主要是钢骨架聚乙烯塑料复合管，产品制造标准为 SY/T 6662—2012《石油天然气工业用钢骨架增强聚乙烯复合管》，具体要求见表6-4。

表 6-4　SY/T 6662—2012 对钢骨架增强聚乙烯复合管检验指标要求

序号	检测项目		指标
1	受压开裂稳定性		无裂纹
2	纵向尺寸收缩率（110℃，保持 1h），%		≤ 3
3	短期静水压强度	温度 20℃、时间 100h，试验压力：公称压力 ×1.5	不渗漏、不破裂（输送燃气介质进行 20℃ 和 80℃ 实验，非燃气介质进行 20℃ 和 70℃ 实验）
		温度 70℃、时间 165h，试验压力：公称压力 ×1.5×0.7	
		温度 80℃、时间 165h，试验压力：公称压力 ×1.5×0.6	
4	耐化学性（用于输送化学性介质）		无龟裂、变黏、异状等现象
5	耐候性试验（复合管接受 3.5GJ/m² 老化能量后，仅对非黑色管进行实验）		仍能满足短期静水压强度实验要求

钢骨架增强聚乙烯复合管是由钢骨架同塑料复合而成，根据其成型工艺和特点，结合以上两个标准情况，应考虑检测的主要参数主要有：受压开裂稳定性、爆破强度、短时静液压强度、纵向尺寸收缩率。

（1）受压开裂稳定性和水压爆破强度。

钢骨架增强聚乙烯复合管由钢丝和塑料复合而成，在使用过程中，主要承受内压与外压作用，也必须满足其力学性能要求，以保证产品的质量和使用寿命，因此，其受压开裂稳定性及爆破强度为关键技术参数。

受压开裂稳定性的检测参考 SY/T 6662—2012《石油天然气工业用钢骨架增强聚乙烯复合管》；水压爆破强度的检测参考 GB/T 15560—1995《流体输送用塑料管材液压瞬时爆破和耐压试验方法》。

（2）短时静液压强度。

内液压载荷是塑料压力管线最主要和最基本的载荷形式，耐内压实验方法用于确定塑料管在恒定内液压力的抵抗能力，反映管线在限定时间内和给定的温度下，管线所能承受的最大应力（或压力）值，或反映在有限的温度下，管线承受一确定应力（或压力）时的寿命。耐内液压实验方法能全面地考虑到塑料复合管材的结构形状、各向异性现象的特点和管子内应力的存在，更接近于管子的实际使用状态，因而，该方法无论是在形容管子的承载能力、评价塑料管材料的性能还是在管材的质量控制上，均具有重要的意义。

短时静液压强度的检测参考 SY/T 6662—2012《石油天然气工业用钢骨架增强聚乙烯复合管》。

（3）纵向尺寸收缩率。

钢骨架增强聚乙烯复合管为地埋管线，一般埋深在 1.5mm 以下，土壤与管线之间有较大摩擦阻力，对管线的线性膨胀有一定的约束性；但由于钢骨架增强聚乙烯复合管线内外层为高密度聚乙烯，按照 GB/T 13663—2000《给水用聚乙烯（PE）管材》的规定，高密度聚乙烯管线的纵向尺寸收缩率不大于3%，中间层虽有钢制材料做加强骨架，对聚乙烯层的收缩率具有一定的约束性，但其收缩率仍较高，因此，其纵向尺寸收缩率为关键技术参数。

（4）不圆度。

钢骨架增强聚乙烯复合管在施工过程中，其接口方式为电熔连接或法兰连接，对称性要求高，如达不到要求，易造成接口渗漏现象，将影响管线施工质量及管线的使用寿命，因此，不圆度是钢骨架增强聚乙烯复合管产品控制的一个重要参数。

根据有关标准要求，结合项目时间进度要求、经费能力等情况，本项目主要对钢骨架增强聚乙烯复合管进行了水压爆破强度和短时静水压强度性的测试，钢骨架增强聚乙烯复合管主要性能指标及检测项目见表6–5。

表6–5 钢骨架增强聚乙烯复合管主要性能指标及检测项目表

编号	主要性能指标	本项目检测指标
1	受压开裂稳定性	○
2	爆破强度	○
3	短时静液压强度	○
4	纵向尺寸收缩率	
5	不圆度	

2）测试结果及分析

选用国内生产玻璃钢管的规模较大的制造商生产的钢骨架增强聚乙烯复合管进行测试，主要包括小口径（较高压力）PN4.0MPa、DN65mm 和大口径（压力稍低）PN2.5MPa、DN250mm 两种，样品总数 19 组。

（1）水压爆破强度。

分别在室温（20 ~ 25℃）、65℃和80℃ 3个温度条件下，对 PN4.0MPa、DN65mm 和 PN2.5MPa、DN250mm 的钢骨架增强聚乙烯复合管进行水压爆破试验。试验测试结果如图 6–11 所示。

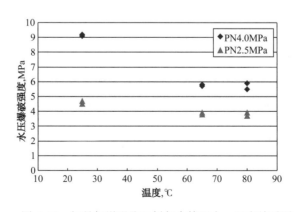

图 6–11 钢骨架增强聚乙烯复合管压力—温度关系图

从实验结果可以看出，在室温下，PN4.0MPa、DN65mm 和 PN2.5MPa、DN250mm 的

钢骨架增强聚乙烯复合管的爆破压力是公称压力的 1.8 ～ 2.3 倍。

从不同温度下的实验结果可以看出，规格为 PN4.0MPa、DN65mm 和 PN2.5MPa、DN250mm 的钢骨架增强聚乙烯复合管随环境温度的升高，水压爆破强度均有下降。

在本项目实验条件下，室温至 65℃水压爆破强度变化较大，在 65℃时，PN4.0MPa、DN65mm 管爆破压力折减到常温的 63%，PN2.5MPa、DN250mm 管折减到常温的 80%；在 80℃时，PN4.0MPa、DN65mm 管爆破压力折减到常温的 59%，PN2.5MPa、DN250mm 管折减到常温的 78%。而 80℃与 65℃温度条件下相比，水压爆破强度变化不明显。

随着温度的升高，聚乙烯树脂强度会逐渐降低，但作为管体强度主体的钢骨架并不会发生强度变化。钢骨架增强管强度随温度变化是多种因素共同作用的结果，包括聚乙烯本身强度、钢骨架与聚乙烯间的剪切强度、钢骨架孔网结构等，因此，为了分析钢骨架增强聚乙烯管随温度变化的原因，还应进行更多的实验，并通过数值分析（如有限元法）等方法进一步进行研究。

通过温度—强度试验可以看出，温度对钢骨架增强聚乙烯复合管的强度影响较大，这在 SY/T 6662—2012 和 HGT 3690—2001 的产品制造标准的检验中也有体现，尽管水压爆破强度和短时静水压可以确定产品的使用压力，但却无法给出使用压力下的寿命。因此，作为一种非金属管材，钢骨架增强聚乙烯复合管应进行长期静水压实验，根据长期静水压试验结果确定产品的使用压力。

（2）短时静水压强度。

按照 SY/T 6662—2012《石油天然气工业用钢架增强聚乙烯复合管》测试方法，PN4.0MPa、DN65mm 和 PN2.5MPa、DN250mm 的钢骨架增强聚乙烯复合管在 1.5 倍公称压力下进行了室温、100h 短时静水压试验，在 1.05 倍公称压力进行了 70℃、165h 短时静水压试验，在 0.9 倍公称压力进行了 80℃、165h 短时静水压试验，均未发生渗漏和破裂现象。产品符合 SY/T 6662—2012 的对不同温度下短时静水压的试验指标要求。

部分试样经过静水压试验后进行了常温下短时水压爆破试验，结果表明，该项目试验条件下的短时静水压试验对钢骨架增强聚乙烯复合管的强度没有明显影响。

（3）受压开裂稳定性试验结果。

按 SY/T 6662—2012《石油天然气工业用钢架增强聚乙烯复合管》要求，取长度为 100mm 试验管段，将试验管段中置于液压机压板间进行径向压缩，10 ～ 15s 压到管径的 1/2，受压开裂稳定性试验进行测试后，试样表面没有发现裂纹，达到了 SY/T 6662—2012 关于受压开裂稳定性试验的要求。

3. 热塑性增强塑料复合管（RTP）试验检测

我国目前常用的热塑性增强塑料复合管主要有两种，一种是芳纶纤维增强的 RTP 管，另一种是聚酯纤维增强的 RTP 管。试验选用了国内某公司生产的芳纶纤维增强的 RTP 管和另一家公司生产的聚酯纤维增强的 RTP 管（柔性高压复合输送管）进行了评价研究。

1）试验检测参数选择

根据增强热塑性复合管标准 API RP 15S《可绕式增强塑料管线管的质量评定》和 SY/T 6662.2—2012《石油天然气工业用非金属复合管 第 2 部分：柔性复合高压输送管》中的规定，增强热塑性复合管主要性能的检测包括长期静水压强度、短时静水压、短时失效强度等内容，见表 6-6。

表 6-6　热塑性增强塑料复合管主要性能指标

编号	主要性能指标	本项目检测指标
1	长期静水压强度	
2	短时静水压	○
3	短时失效强度	○
4	外压实验	
5	纵向回缩率	
6	内衬耐腐蚀性能	
7	气相环境实验	
8	拉伸强度	
9	最小弯曲半径	

目前，柔性高压复合管制造商给出的产品性能主要指标主要是适用温度、压力条件和管道的弯曲半径等参数，油气田尚未开展柔性高压复合管的性能检验参数的研究。

与玻璃钢管实验相似，重点开展了不同温度下的短时失效压力实验和短时静水压实验。由于国内尚没有 RTP 管的检测标准和方法，实验主要参照 ASTM D1598 进行。

（1）短时静水压（参考 ASTM D1598《塑料管在常内压条件下失效时间测试方法》）：1.5 倍额定公称压力，保压 3h，不渗漏或滴漏。

（2）水压爆破强度（参考 ASTM D1599《塑料管及管配件的短时爆破强度测试方法》）：对测试管段连续增压，至管道破坏，增压时间大于 60s，破坏时间在 60 ~ 70s 内。

（3）温度—压力曲线（参考 ASTM D1599—99《塑料管及管配件的短时爆破强度测试方法》）：温度为 0℃、25℃（室温）、65℃、产品最高推荐使用温度 4 个点。

2）检测情况

芳纶增强 RTP 管规格为 PN6.3MPa、DN100mm，聚酯纤维增强 RTP 管规格为 PN6.4MPa、DN69mm。

检测结果表明，无论是芳纶增强 RTP 管还是聚酯纤维增强 RTP 管，在 1.5 倍额定公称压力、保压 3h，均不渗漏或滴漏，短时静水压满足要求。

芳纶增强 RTP 管不同温度下的爆破强度及爆破压力与公称压力之比如图 6-12 所示，试样失效形式包括过渡区失效、管体失效，失效形式如图 6-13 所示。

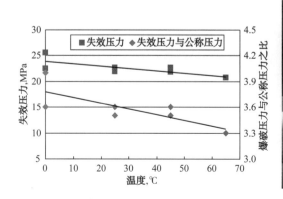

图 6-12　芳纶增强 RTP 管压力—温度关系图

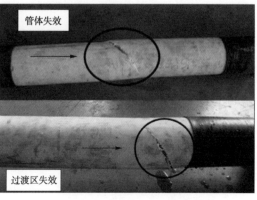

图 6-13　试样管体失效形式照片

从芳纶纤维增强热塑性塑料管不同温度下了水压爆破实验可以看出，在65℃条件下的试样最小失效压力为20.7MPa，比25℃条件下的试样最小失效压力（21.9 MPa）降低了5.5%，在0～65℃范围内，温度对强度的影响不大，且最小失效压力达到了公称压力的3.3倍以上。

聚酯纤维增强RTP管不同温度下的爆破强度及爆破压力与公称压力之比如图6-14所示，试样失效形式包括过渡区失效、管体失效，失效形式如图6-15所示。

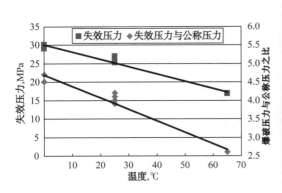 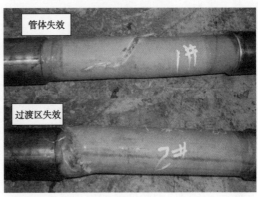

图6-14　聚酯纤维增强RTP管压力—温度关系图　　图6-15　聚酯纤维增强RTP管试样失效形式照片

从聚酯纤维增强热塑性复合管不同温度下了水压爆破实验可以看出，在65℃条件下的试样最小失效压力为16.8MPa，是公称压力的2.6倍，比25℃条件下的试样最小失效压力（25.2 MPa）降低了33.3%，温度对强度的影响较大。

3）对比分析

（1）两种RTP管的短时失效压力均在其公称压力的3.5倍以上，这可为今后的验收准则提供重要的参考依据。

（2）从实验结果中可以看出，芳纶纤维增强的RTP管短时失效强度随温度没有发生明显的变化，而聚酯纤维增强的RTP管失效强度随温度下降很快，这与芳纶纤维本身强度受温度影响比较小、而聚酯纤维受温度影响比较大有直接关系。因此在选用RTP管时，必须充分考虑其增强材料的种类，要求厂家提供增强材料乃至管体材料强度与温度关系的实验数据，以便于油气田现场更为合理地确定管道在不同使用温度下的压力等级。

需要说明的是，此实验只是证明了短期强度与温度的关系，其不同温度下的压力等级和长期使用性能必须通过长期静水压实验来确定，这也是API RP 15S标准中明确规定必须进行的测试。与玻璃钢管相同，这项实验也建议油气田采购RTP管材时要求生产厂家必须提供。

三、油气田应用非金属管道的适用条件和范围

1. 油气田应用非金属管道的生产条件

在油气田的集油、集气、输油、输气、供水、注水等不同生产情况下，输送的介质不同，输送的温度、压力也不同，因此，应结合油田生产需要，根据输送介质性质及输送工况条件，提出对管道的性能指标要求，有针对性地选择非金属管道。

1）集油管道

油田集输管道输送的介质是单井产出的油、气、水混合液，集油管道的选取主要考虑输送油气介质的温度、输送压力、介质腐蚀性及杂质含量等几个方面。

集油管道的温度取决于油井出油温度、集输工艺及开发方式（如掺水、蒸汽驱、蒸汽吞吐等）。对凝点较低、黏度较低的稀油，一般采用常温集输工艺，集输温度较低，一般在 20 ~ 40℃，如塔里木油田、吉林等油田；对含蜡量较高、凝点较高的原油，以加热、掺水工艺为主，集输温度 30 ~ 50℃，如大庆油田；对含胶质、沥青质较高且凝点高的稠油来说，主要采用蒸汽驱、蒸汽吞吐采油工艺，集输温度高，一般在 90℃ 左右，但在蒸汽吞吐的初期最高温度可达 120℃，如辽河油田和新疆油田的稠油区块。

集油管道的输送压力根据油田开采方式、开采阶段、集油半径等不同而变化，如油田开采初期，靠油井压力自喷采油，压力较高；开采中后期，转为机械采油后，压力相对较低；集油半径大，管输压降大，管输压力高，反之则管输压力相对较低。根据油气集输设计规范和目前各油田生产情况，集油管道的压力一般低于 2.5MPa。

2）输油管道

输油管道的操作压力和温度取决于管道的输送条件，油田内部的输油管道由于输送距离短，一般压力较低，油田内部输油管道的压力一般为 1.0 ~ 6.4MPa；输油管道的温度根据油品性质不同而变化，但由于油田内部管道输送距离较短，输送温度也较低，一般在 20 ~ 65℃。

3）集气管道

天然气集气管道输送的介质是湿气，天然气集输分气层气的集输和油田伴生气的集输。

气层气的集输压力取决于气田压力和外输首站压力，由于气藏一般压力较高，不同气田集气压力也不同，如克拉 2 等高产、高压气田集气压力达 10MPa 以上，像苏里格这样低产、低渗透气田的集输压力相对较低，最低只有 1.3MPa 左右；集输温度不仅与气藏有关，还受采气工艺的影响，一般在 0 ~ 50℃；另外，部分气田还含有较高的腐蚀性气体如 CO_2 和 H_2S 等，天然气集气管道对管材的要求较高。

对于油田伴生气的集输，一般压力较低，在 0.1 ~ 1.6MPa，而集气温度一般是常温。

4）输气管道

油气田内部天然气输送管道输送的是净化后的天然气，输送压力和温度取决管道输送工艺，温度一般为常温，对有压缩机增压的管道，出口温度较高，一般可到 50 ~ 60℃。净化天然气腐蚀性小，对输送管道的材质要求主要体现在气密性、韧性上。

5）供水管道

在油气田供水管道输送的介质主要是清水或含有污水，输送温度一般为常温，输送压力根据管道长度不同而不同，但油田内部管道一般压力均较低，供水管道的压力根据输送条件由设计计算确定，常用的油田供水管道的压力一般在 0.6 ~ 4MPa。

6）注入管道

为了提高采收率，油田一般采用注水来保持油藏压力。油田注入管道主要包括注水、注聚合物、注三元（聚合物、碱、表面活性剂）等，油田注水温度一般为常温，注水压力取决于油田地层条件，一般都在 10 ~ 25MPa。

为了进一步提高采收率，注聚合物、注三元等提高采收率技术在多个油田得到应用。

同注水相比，注入管道的输送条件发生了变化，输送介质由水变成聚合物、注三元配制液。对聚合物而言，水中含聚合物后，管输介质黏度增大，但由于注入管道相对较短，同时，注水改为注聚合物后，管内流速降低，注水压力不会发生明显变化。对注三元配制液来说，由于管输介质中含有碱，输送管道的材质应具有抗碱腐蚀性。

在气田集气过程中，为了防止管道内生成水合物，常要采用注醇工艺，向井口或管道内注醇。注醇管道输送的主要是甲醇、乙二醇等产品，输送温度一般为常温，输送压力取决于气田集输系统的压力。

2. 非金属管道的适用条件和范围

非金属管道可用于油气田地面工程的集油、集气、输油、输气、供水（包括清水、含油污水、卤水等）、注水、注醇、注聚合物等系统介质的输送。由于制造工艺技术水平、原材料的差异，不同制造商生产的非金属管材性能不同；适用条件和范围有一定的差异，应通过技术准入认证确定。

通过对不同类型非金属管材使用情况的统计总结、典型制造商管材的关键性能指标的检测试验，根据油田生产工艺及输送介质、输送温度、压力等的需要，结合当前各类非金属管材的生产情况，推荐给出了不同类型非金属管道的适用条件和范围，分别见表6-7至表6-12。

随着非金属管道制造技术的不断进步和新管材、新规格的扩展，管材的适用条件和范围可在进一步验证的基础上不断扩大。

表 6-7　高压玻璃纤维管线管适用条件和范围推荐表

应用范围	公称直径，mm	允许使用压力，MPa	允许使用温度，℃
集油	40 ～ 200	2.5	0 ～ 65（酸酐固化）0 ～ 85（芳胺固化）
输油（单向）	100 ～ 200	10	
供水	40 ～ 200	10	
注水、注聚合物	40 ～ 100	25	
	150	16	
	200	14	

表 6-8　钢骨架聚乙烯复合管适用条件和范围推荐表

应用范围	公称直径，mm	允许使用压力，MPa	允许使用温度，℃
集油	50 ～ 150	2.5	使用温度在 $0 < t \leqslant 20$℃时，可按允许使用压力选取；使用温度在 $20 < t \leqslant 70$℃时，应根据表 6-13 对最高使用压力进行修正
	200	2.0	
	250	1.6	
	300，350	1.0	
供水	100 ～ 150	2.5	
	200	2.0	
	250	1.6	
	300 ～ 500	1.0	

表 6-9　芳纶增强热塑性塑料复合管适用条件和范围推荐表

应用范围	公称直径，mm	允许使用压力，MPa	允许使用温度，℃
输油	65	10	使用温度在 $0 < t \leq 20$℃时，可按允许使用压力选取；使用温度在 $20 < t \leq 70$℃时，应根据表 6-13 对最高使用压力进行修正
输油	100	6.8	
输油	125	5.4	
输油	150	4.3	
输气	65	9.6	
输气	100	6.0	
输气	125	4.8	
输气	150	3.8	

表 6-10　柔性复合高压输送管适用条件和范围推荐表

应用范围	公称直径，mm	允许使用压力，MPa	允许使用温度，℃
（低压）集气	40 ~ 100	2.5	使用温度在 $0 < t \leq 20$℃时，可按允许使用压力选取；使用温度在 $20 < t \leq 70$℃时，应根据表 6-13 对最高使用压力进行修正
注水	40 ~ 65	25	
注水	80，100	16	
注醇	15，25	32	
注醇	40，50	25	

表 6-11　塑料合金防腐蚀复合管适用条件和范围推荐表

应用范围	公称直径，mm	允许使用压力，MPa	允许使用温度，℃
集油	40 ~ 200	2.5	0 ~ 65
供水	40 ~ 200	10	
注水	40 ~ 100	25	
注水	125 ~ 200	16	

表 6-12　钢骨架增强热塑性树脂复合连续管适用条件和范围推荐表

应用范围	公称直径，mm	允许使用压力，MPa	允许使用温度，℃
集油	40 ~ 100	2.5	使用温度在 $0 < t \leq 20$℃时，可按允许使用压力选取；使用温度在 $20 < t \leq 70$℃时，应根据表 6-13 对最高使用压力进行修正
注水、注聚合物	40 ~ 65	25	
注水、注聚合物	80，100	16	
注水、注聚合物	150	7	

　　需要说明的是，热塑性塑料复合类非金属管道的承压能力随温度变化较大，管道允许使用压力应根据操作温度进行修正，钢骨架增强聚乙烯复合管、增强热塑性塑料复合管、柔性复合高压输送管、钢骨架增强热塑性树脂复合连续管的压力修正系数宜按表 6-13 选取。

表 6-13　热塑性塑料复合管不同温度下的公称压力修正系数

温度 t，℃	$0 < t \leqslant 20$	$20 < t \leqslant 30$	$30 < t \leqslant 40$	$40 < t \leqslant 50$	$50 < t \leqslant 60$	$60 < t \leqslant 70$
修正系数	1.00	0.95	0.90	0.86	0.81	0.70

四、中国石油非金属管材检测实验室建设

非金属管道的产品检验是非金属管道进入油田生产领域的质量保障，是非金属管道应用中的重要环节，非金属管道的产品检验需要配套相关的检验设备和手段。

根据油气田非金属管材应用情况及工程建设的需要，针对油田非金属管道应用中缺少关键性能检测手段的实际情况，中国石油于 2014 年建成了非金属管材检测实验室。

主要实验装置包括高中低压力的静水压 / 爆破试验机 4 套，试验压力分别为 140MPa，40MPa，20MPa 和 40MPa 压力循环试验机 1 套；配套有 4 台温度 5 ~ 95℃范围可调的试验水箱，1 台最高温度可达 110℃空气环境试验箱；可进行不同压力等级的长期静水压、短时爆破压力、压力循环的测试试验。实验室设备如图 6-16 所示。

图 6-16　中国石油非金属管材检测实验室设备布置图

140MPa 静水压 / 爆破试验机有 3 条试验管路，可同时进行 2 路长期静水压、1 路短时爆破强度试验；40MPa 静水压 / 爆破试验机有 8 条试验管路，可同时进行 8 路长期静水压或短时爆破强度试验；2 台 20MPa 静水压 / 爆破试验机共 16 条试验管路，可同时进行 16 路长期静水压或短时爆破强度试验；1 台 40MPa 压力循环试验机可同时进行 3 条管道的压力循环检测试验。

实验室建成后，已经开展了不同类型非金属管材的短时爆破性能测试试验和长期静水压试验。测试管材有高压玻璃钢管、柔性复合高压输送管、塑料合金复合管等，试验中的最高爆破压力达到了 124MPa；长期静水压试验时长已超过 50000 小时。完成部分 RTP 管试验样管如图 6-17 所示。

图 6-17　完成的 RTP 管试验样管

第二节　钢　质　管　道

一、耐腐蚀合金管

可用于地面集输管道系统的耐腐蚀合金类型有 316L 不锈钢、2205 双相不锈钢和 825 镍基合金。由于价格相对昂贵，耐腐蚀合金纯材管一般只用于各类高温工况下的井场管线和单井管线。

1.316L 不锈钢管（UNS S31603）

316L 不锈钢是一种常规 Cr—Ni 奥氏体不锈钢，最大碳含量 0.03%，最小屈服强度 207MPa，具有优秀的加工硬化性、较强的耐腐蚀性、良好的机械力学和焊接性能，一般可用于气田集输工况。316L 不锈钢可采用所有标准的焊接方法进行焊接。焊接时可根据用途，分别采用 316L 或 309 不锈钢焊条进行焊接，且不需要进行焊后退火处理。但 316L 不锈钢对氯离子应力腐蚀比较敏感。温度和氯离子浓度是影响其应力腐蚀开裂的重要因素，腐蚀温度高、氯离子浓度越高，越易发生氯化物应力腐蚀。316L 不锈钢在工业中有广泛应用。在塔里木油田介质范围温度低于 60℃时 316L 不锈钢得到了较多的应用。表 6-14 为 316L 不锈钢化学成分表。

表 6-14　316L 不锈钢化学成分表　　　　　单位：%

UNS 编号	C	Mn	P	S	Si	Ni	
	最大	最大	最大	最大	最大	最小	最大
S31603	0.03	2.00	0.045	0.030	0.75	10.0	14.0

UNS 编号	Cr		Mo		N		Cu	
	最小	最大	最小	最大	最小	最大	最小	最大
S31603	16.0	18.0	2.0	3.0	—	0.10	—	—

316L 不锈钢易发生硫化物应力开裂（SSC），在各类含 H_2S 工况下应限制使用。ISO 15156—2015《Petroleum and Natural Gas Industries—Materials for use in H_2S-Containing

Environments in Oil and Gas Production》给出了 316L 不锈钢在各类含 H_2S 工况下的使用限制条件（表 6-15）。

表 6-15 316L 不锈钢在各类含 H_2S 工况下的使用限制条件

限制条件		最高温度，℃	最大 H_2S 分压，MPa	最大 Cl^- 浓度，mg/L	pH 值
316L 不锈钢	1	60	1.0	50000	≥ 4.5
	2	90	1.0	1000	≥ 3.5
	3	90	0.001	50000	≥ 4.5
	4	93	0.01	5000	≥ 5.0
	5	120	0.1	1000	≥ 3.5
	6	149	0.01	1000	≥ 4.0

2.2205 双相不锈钢管（UNS S31803）

2205 双相不锈钢是奥氏体—铁素体不锈钢。室温下显微组织主要由奥氏体和铁素体两相组成。最主要合金元素是 Cr，Ni，Mo 和 N，最小 Cr 含量 21%，最小屈服强度 448MPa。其中 Cr 和 Mo 为增加铁素体含量，而 Ni 和 N 为奥氏体稳定元素。2205 双相不锈钢具有良好的机械力学性能，Cr，Ni 和 Mo 能改进抗腐蚀性，在含氯化物的环境中其抗点蚀性能特别好。2205 双相不锈钢同样易发生硫化物应力开裂（SSC），在各类含 H_2S 工况下不宜使用。

2205 双相不锈钢材料已成功大批量地应用于高压天然气气田开发中，其中包括国产的钢管、钢板和锻件等。通过采用模拟试验、慢应变试验等技术对气田的腐蚀特点和双相不锈钢管道、设备材料的耐蚀性能进行了深入研究，并结合工程研究提出了双相不锈钢管道焊接以及腐蚀性能检测的技术要求，建立了有害金属间相检验、应力开裂等关键技术指标，解决了双相不锈钢材料在国内大型气田使用的技术瓶颈。由于油气田使用环境的高压、高腐蚀等特殊性，在基础技术标准的基础上提出了补充技术要求；用于同一种材料在工程应用中可能有多种产品形式，如管和锻件存在，因此产品的制造、检验要求和对材料的要求都同等重要；严格的管理，科学的制造和检验，是保证现场应用的必要措施。目前，已经形成了"高含 Cl^- 和 CO_2 湿气输送管材选择技术"。进口双相不锈钢材料在克拉 2 气藏的高产、高含 CO_2 和 Cl^- 的气田得到了应用。最近几年，2205 双相不锈钢的应用推动了国产化双相不锈钢的技术发展，通过技术攻关，双相不锈钢钢管、钢板和锻件等已经全面实现了国产化，已经成功应用于塔里木油田的大北气田和克深气田，运用了 800t 左右管道建设，设计、材料和施工安装技术已经达到国内领先水平。

由于两相组织的特点，双相不锈钢兼有铁素体不锈钢和奥氏体不锈钢的优点，与奥氏体不锈钢相比，双相不锈钢的优势如下：

（1）屈服强度比普通奥氏体不锈钢高 1 倍多，且具有成型需要的足够的塑韧性。采用双相不锈钢制造的成管壁厚要比奥氏体减少 30% ~ 50%，有利于降低成本。

（2）具有优异的耐应力腐蚀破裂的能力，即使是含合金量最低的双相不锈钢也有比奥氏体不锈钢更高的耐应力腐蚀破裂的能力，尤其在含氯离子的环境中。应力腐蚀是普通奥氏体不锈钢难以解决的突出问题。

（3）在许多介质中应用最普遍的2205双相不锈钢的耐腐蚀性优于普通的316L奥氏体不锈钢，而超级双相不锈钢具有极高的耐腐蚀性。

（4）具有良好的耐局部腐蚀性能，与合金含量相当的奥氏体不锈钢相比，它的耐磨损腐蚀和疲劳腐蚀性能都优于奥氏体不锈钢。

（5）比奥氏体不锈钢的线膨胀系数低，与碳钢接近，适合与碳钢连接。

（6）在动载或静载条件下，比奥氏体不锈钢具有更高的能量吸收能力，这对结构件应付突发事故如冲撞、爆炸等，双相不锈钢优势明显，有实际应用价值。

与奥氏体不锈钢相比，双相不锈钢的弱势如下：

（1）应用的普遍性与多面性不如奥氏体不锈钢，例如其使用温度必须控制在250℃以下。

（2）其塑韧性较奥氏体不锈钢低，冷加工、热加工工艺和成型性能不如奥氏体不锈钢。

（3）存在中温脆性区，需要严格控制热处理和焊接的工艺制度，以避免有害相的出现，损害性能。

2205双相不锈钢化学成分见表6-16。

表6-16　2205双相不锈钢化学成分表　　　　　　单位：%

UNS 编号	C	Mn	P	S	Si	Ni	
	最大	最大	最大	最大	最大	最小	最大
S31803	0.03	2.00	0.030	0.020	1.0	4.5	6.5

UNS 编号	Cr		Mo		N		Cu	
	最小	最大	最小	最大	最小	最大	最小	最大
S31803	21.0	23.0	2.5	3.5	0.08	0.20	—	—

双相不锈钢优良的性能是靠适当比例的两相组织来保证的。焊接工艺参数对焊缝的组织有很大的影响。焊接过程采用的线能量过低，工件冷却速度过快，焊缝及热影响区会产生过多的铁素体和氮化物，从而降低焊接接头的腐蚀抗力和韧性；线能量过高，工件的冷却速度过慢，焊缝及热影响区可能析出金属间相，也会使焊接接头的腐蚀抗力和韧性降低。可见，只有合适的焊接工艺参数和一定的技术措施相结合才能保证焊缝及热影响区的组织和性能。

3.825 镍基合金管（UNS N08825）

镍基合金是以镍金属为基体，添加了铜、铬、钼等元素的合金材料，可细分为镍基耐热合金、镍基耐蚀合金和镍基耐磨合金等。825镍基合金是钛稳定化处理的全奥氏体镍铁铬合金，这类合金是为了在侵蚀环境下使用而发展的。与一般不锈钢以及其他蚀金属、非金属材料相比，镍基（Ni）耐蚀合金在各种腐蚀环境（包括电化学腐蚀和化学腐蚀）中，具有耐各种形式腐蚀破坏（包括全面腐蚀、局部腐蚀）的能力，并且兼有很好的力学性能和加工性能，其综合耐蚀性能远比不锈钢和其他耐蚀金属材料优良，尤其适用于现代工业技术下的苛刻的富含 Cl^- 介质环境。合金的镍含量最小为38%，最小屈服强度207MPa。

ISO 15156标准规定镍基合金在温度小于149℃时能够用于任何 H_2S 分压、Cl^- 浓度以及 pH 值环境。在石油天然气开采过程中，镍基合金经常被用于一些服役条件极其苛刻的关键部位，以增加油套管、集输管线的使用寿命，减少不必要的经济损失。825镍基合金化学成分见表6-17[1]。

表6-17　825镍基合金化学成分表　　　　　　　　单位：%

UNS编号	C	Mn	P	S	Si	Ni	
	最大	最大	最大	最大	最大	最小	最大
N08825	0.05	1.00	—	0.030	0.50	38.0	46.0

UNS编号	Cr		Mo		N		Cu	
	最小	最大	最小	最大	最小	最大	最小	最大
N08825	19.5	23.5	2.5	3.5	—	—	1.5	3.0

与不锈钢及碳钢相比，825镍基合金熔点较低，线膨胀系数介于奥氏体不锈钢和碳素钢之间，导热系数比碳素钢低得多，这些都不同程度地影响825镍基合金管材的焊接性。825材质具有较高的热裂纹敏感性。热裂纹分为结晶裂纹、液化裂纹和高温失塑裂纹，裂纹最容易产生在焊道弧坑，形成火口裂纹。结晶裂纹在固相线以上稍高的温度形成。825材质中大量的Ni改善了低温韧性，但是Ni易与S形成低熔共晶，其液态薄膜呈膜状分布于晶界，是引起结晶裂纹的重要原因。此外，825材质液态焊缝金属流动性很差，焊缝金属不像钢的焊缝金属那样容易润湿展开，即使增大焊接电流也不能改进焊缝金属的流动性，反而起到反作用。焊接电流超过推荐范围，不仅使熔池过热，还会增加热裂纹的敏感性，且容易使焊缝金属中的脱氧剂蒸发而产生气孔。

二、双金属复合钢管

双金属复合管以碳钢管为基体材料，承受管道系统的工作压力，充分发挥碳钢管优良的机械力学性能和价廉优势；以耐腐蚀合金材料为内衬防腐层，充分发挥耐腐蚀合金优异的耐蚀性能。这种结构极大地降低了原材料和管道的长期运营成本。双金属复合管还可根据腐蚀介质的不同，选择相应的耐蚀合金材料作为内衬，能够完全达到耐腐蚀合金管材的耐腐蚀性能标准，可确保生产运营的安全性。目前，可选的耐蚀合金内衬管材质主要有316L不锈钢（UNS S31603）、2205双相不锈钢（UNS S31803）和825镍基合金（UNS N08825）等。双金属复合管结构如图6-18所示。

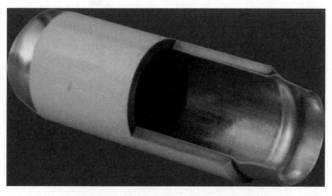

图6-18　双金属复合管结构示意图

1. 复合管类型 [2]

按照生产过程以及基管和衬管的复合工艺划分，双金属复合管基本上分为内覆（冶金结合）双金属复合管和衬里（机械结合）双金属复合管两大类。机械复合管的复合工艺有水下爆燃复合、水力液压复合等，利用爆炸力或液压力使内衬管和外管同时膨胀、再收缩。冶金复合管的复合工艺有复合板焊接法、离心铸造法、粉末冶金法和低熔点金属黏结法等。从复合管的生产工艺中可以分析出，冶金复合管要优于机械复合管：

（1）由于冶金复合管的2种金属已经牢固地"黏结"在了一起，它的复合力要高于机械复合管；

（2）冶金复合管没有机械复合管的内衬管和外管之间可能携带的杂质；

（3）由于冶金复合管的2种金属是"黏结"在一起，不会出现机械复合管可能出现的塌管现象；

（4）冶金复合管不会出现机械复合管可能出现的内衬管和外管之间的剥离现象；

（5）冶金复合管的使用性能和防腐性能要好于机械复合管；

（6）冶金复合管的现场焊接质量比机械复合管更容易控制。

然而，冶金复合管生产工艺复杂、制管周期较长、制造价格较高，因此实际应用中主要以机械式复合管为主。

2. 内衬316L双金属复合管 [3]

常用的双金属复合管内衬为316L不锈钢，316L不锈钢是一种常用的奥氏体不锈钢，具有较强的耐腐蚀性，在工业中有广泛应用。2205双相不锈钢由于屈服强度较高，与L415及以下钢级钢管复合时只能采用冶金复合，制管难度较多，目前应用的不多。825复合管制造工艺与316L复合管相似，但由于管材价格较高，目前应用也较少。

国内内衬316L双金属复合管研究逐渐成熟，相关石油天然气设计院所在油气田运用过程中增加了双金属复合管应用设计，为油气田地面工程设计积累了一定的经验，在双金属复合管焊接工艺方面，复合管厂家和国内的科研院所以及高等院校都进行了大量研究，都取得了较为显著的成果，目前内衬316L双金属复合管在新疆塔里木油田、吉林油田长岭气田的部分CO_2和高含Cl^-气田的集输管线、部分储气库等项目都进行了约535km管道运用，从材料本质解决了CO_2和高含Cl^-气田的内腐蚀问题。

虽然内衬316L双金属复合管在国内含CO_2和Cl^-气田、储气库等项目进行了一定的运用，但是对于不同CO_2和Cl^-的工况条件下还未建立内衬316L复合管的系统运用效果以及统一的集输系统用复合管的评价技术，同时并未定量地明确内衬316L复合管适用于CO_2和Cl^-含量多大、温度多高的油气田地面集输系统，尤其是复合管的现场施工配套技术和运行数据跟踪未形成体系，对以后内衬316L复合管的应用不能提供完善的应用数据和技术储备。

"十二五"期间，从316L复合钢管及管件的技术设计制造要求，应用边界条件、无损检验标准，管端堆焊等方面进行了大量的研究，提出了复合钢管及管件生产及应用注意事项，并形成了相应研究成果。通过工程项目中应用该项目研究成果，提高了复合钢管质量和施工质量，保障了项目建设进度，减少了因为复合钢管质量以及焊接施工质量所引起的返工，目前该成果已在塔里木油田项目中得到应用。

该技术成果为设计提供的选材指南，提高了项目施工质量，保障了施工进度，降低了后期维护费用，产生了较大的经济效益，达到国内领先和国际先进水平。

该技术形成了 3 项企业标准和 1 项导则。3 项企业标准：Q/SY 06018.8—2016《油气田地面工程防腐保温设计规范 第 8 部分：双金属复合管选用》、Q/SY 06018.10—2016《油气田地面工程防腐保温设计规范 第 13 部分：耐腐蚀合金 UNS S31603 衬里复合钢管》、Q/SY 06018.15—2016《油气田地面工程防腐保温设计规范 第 15 部分：耐腐蚀合金 UNS S31603 冶金复合钢管》。1 项导则：《316L 双金属复合钢管工程应用导则》。

3.UNS N08825 合金双金属复合管

为促进高产、含硫化氢、高腐蚀性等油气田的开发，并提高这类油气田开发工程安全性、可靠性，"十二五"期间开展了含硫气田用 UNS N08825 合金双金属复合管的应用试验研究，对 UNS N08825 复合管、复合管件及复合弯管的设计与制造、材料要求、力学性能、耐蚀性能、无损检测、几何尺寸及特殊性能等方面的要求进行了研究，提出了 UNS N08825 合金双金属复合管、复合管件及复合弯管的关键技术要求。研究成果已形成了 4 项中国石油天然气集团公司企业标准，分别是：《油气田地面工程防腐保温设计规范 第 9 部分：耐腐蚀合金 UNS N08825 衬里复合钢管》《油气田地面工程防腐保温设计规范 第 10 部分：耐腐蚀合金 UNS N08825 冶金复合钢管》《油气田地面工程防腐保温设计规范 第 11 部分：耐腐蚀合金 UNS N08825 冶金复合管件》及《油气田地面工程防腐保温设计规范 第 12 部分：耐腐蚀合金 UNS N08825 冶金复合弯管》。

系列 UNS N08825 合金复合钢管的研究成果，不仅填补了国内空白，为 UNS N08825 合金复合管、复合管件及复合弯管的设计、制造、检验及验收等提供了有力的技术支持，促进了国内 UNS N08825 合金复合材料产品制造水平的提高，同时极大地推动了 UNS N08825 合金复合材料产品在油气系统中的工业化应用，并为腐蚀性复杂气田的开发提供了较为完整的解决方案；同时，还能够极大地降低工程造价成本，产生较强的经济价值。目前，UNS N08825 合金复合材料的研究成果已用于土库曼斯坦南约洛坦 $100 \times 10^8 \mathrm{m}^3/\mathrm{a}$ 商品气产能建设工程项目中。技术水平达到了国内领先，国际先进水平。

参 考 文 献

[1] 韩方勇.油气田常用非金属管道标准体系研究[J].石油规划设计，2009，20（3）：4-7.

[2] 韩方勇.油田应用非金属管道的技术准入认证[J].油气田地面工程，2012，31（10）：92.

[3] 韩方勇，丁建宇，孙铁民，等.油气田应用非金属管道技术研究[J].石油规划设计，2012，23（6）：5-9.

第七章　油气田地面工程标准化设计技术

"十一五"以来,面对油气需求快速增长、资源劣质化严重、地面建设条件恶劣、油气价格低迷、建设与管理方式落后等严峻挑战,中国石油勘探与生产分公司组织中国石油规划总院和各油气田地面工程设计、建设和研究单位开展了专项研究,探索了标准化设计的理论和方法,攻关了一批技术,制定了系列标准规范,形成了标准化设计技术体系。在中国石油全面推广,从根本上转变了传统的油气田建设方式和生产管理方式,显著提升了油气田建设和生产管理水平,促进了中国石油有质量、有效益、绿色安全、可持续发展,有力支撑了世界一流综合性国际能源公司建设。至2016年底,共节约建设投资113.3亿元,降低生产成本82.5亿元,单位投资及综合成本降低12%;减少新增生产定员54991人;累计多生产原油 $385.8 \times 10^4 t$ 、天然气 $84.9 \times 10^8 m^3$ 。

标准化设计技术系列包含:

(1)"基于共性分析的优化定型技术"和"基于模块定型及拼接组合设计技术"为核心的标准化设计技术;

(2)基于"工艺、机械、结构、电工、自控、通信"等多专业有机融合的一体化集成技术;

(3)基于"三维建模、模块划分与组合、应力与脉动(振动)分析、噪声分析、安全分析等多因素模块分析优化技术"为核心的模块化建设技术;

(4)基于"数据采集与监控、网络传输和 PaaS 平台技术"等数字化建设和信息化管理技术。

第一节　标准化设计技术

标准化工程设计是龙头,是带动后续所有工作的基础。标准化工程设计就是以"基于共性分析的优化定型技术"和"基于模块定型及拼接组合设计技术"为核心的标准化工程设计技术在工程设计和造价环节的具体应用。

概括起来讲,标准化工程设计的主要内容和方法是在系统分析的基础上,根据油气藏类型和地面建设特点,对油气田进行科学分类,确定适宜的地面建设模式,定型配套的工艺技术;各类油气田站场经优化、简化,在统一站场工艺流程、平面布置、设备选型、建筑风格、站场标识以及建设标准等内容的基础上,以三维软件为手段,开展模块化设计,形成模块定型图;通过模块组合的方式开展站场三维定型图设计,形成标准化工程设计的通用化成果,即站场定型图。根据不同的生产需求,对模块和站场开展系列化设计,形成模块定型图系列和站场定型图系列,在实际工作中具备条件时,直接从定型图系列中选用。为便于定型图的管理和应用,建立定型图库和管理平台。

一、模式分类技术

对近年油气田地面建设设计文件进行全面总结。根据油气田类型、工艺类型、站场规模、关键设备等重要参数对各种类型地面设施的设计文件进行归纳和分类，对各类设计文件进行系统综合分析，分析共性和个性，在此基础上进行统一化、优化和简化，为后续的定型化奠定基础。

油田地面建设模式分类就是一个典型的系统总结、综合分析的实例。

开展油气田模式分类的目的是为规范油田地面工程标准化设计工作，根据不同类型油田特点，确定适宜的标准化地面建设模式，统一技术要求，进而形成相应的标准化、系列化的设计文件，是开展标准化设计工作的基础。

模式是对一个不断重复出现的问题及对该问题解决方案的核心的概括和总结，具有代表性和通用性。油气田地面建设模式是指符合同类油气田特点的油气田地面建设的解决方案。

由于不同类型的油田具有不同的特点，所以地面建设模式不同，为进行科学的、可操作性强的分类，确定了以下的分类原则：地面建设模式应根据油气田类型进行分类；油田类型应以油气藏类型、油气物性、地理环境条件以及开发方式等对地面建设模式产生重要影响的因素进行分类；油田地面建设模式应技术成熟、先进，通用性强，能体现该类油气田的地面建设主要特点，适宜于广泛推广。

1. 油田分类及油田地面建设模式

从油田地面工程的角度，结合油田地面建设的特点，把油田分为整装油田、分散小断块油田、低渗透油田、稠油油田、沙漠油田、滩海油田和三采油田 7 种油田类型。在对油田进行分类的基础上，对不同类型油田的建设模式进行总结、分析、优化、简化、统一化，形成推荐的建设模式。

（1）整装油田。一次建成产能规模大，单井产量较高、井站多、管网系统复杂、生产期较长的整装油田，地面建设模式宜为整体建设、功能齐全、系统配套。

（2）分散小断块油田。地面建设产能规模较小，产建区域较分散的小断块油田，地面建设模式宜为短小串简、配套就近。

（3）低渗透油田。井数多、单井产量低、注水水质要求较高、注水压力高、生产成本较高的低渗透油田，地面建设模式宜为单管集油、软件计量、恒流配水。

（4）稠油油田。原油中沥青质和胶质含量较高、黏度较大、热采开采，生产成本高的稠油油田，地面建设模式宜为高温密闭集输，注汽锅炉分散布置与集中布置相结合，软化水集中处理、污水回用锅炉。

（5）沙漠油田。处于沙漠或戈壁荒原的油田，自然环境条件恶劣，社会依托条件差的沙漠油田，地面建设模式宜为优化前端、功能适度，完善后端、集中处理。

（6）滩海油田。靠近陆地、水深较浅的油田。潮差、风暴潮、海流、冰情、海床地貌和工程地质复杂的滩海油田，地面建设模式宜为简化海上、气液混输，完善终端、陆岸集中处理。

（7）三次采油油田。通过采用各种物理、化学方法改变原油的黏度和对岩石的吸附性，以增加原油的流动能力，进一步提高原油采收率的三次采油，地面建设模式宜为集中配制、分散注入、多级布站、单独处理。

2. 气田分类及油田地面建设模式

根据气藏和气质特点，结合气田地面工程的建设特点，把气田分为高压气田、中压气田、低压气田、凝析气田、含 H_2S 气田、高含 CO_2 气田、煤层气田。在对气田进行分类的基础上，对不同类型气田的建设模式进行总结、分析、优化、简化、统一化，形成推荐的建设模式。

（1）高压气田。井少、单井产量高、压力高的高压气田，地面建设模式宜为高压集气、采用 J-T 阀节流制冷，实现烃水露点控制和凝液回收。

（2）中压气田。介于高压气田和低压气田之间的中压气田，地面建设模式宜为多井集气、中压湿气集输、集中处理。

（3）低压气田。生产压力低、单井产量低的低压气田，地面建设模式宜为井下节流、井间串接、湿气集输、集中处理。

（4）凝析气田。介于油藏和天然气藏之间的凝析气田，因开发过程中，气相中重烃会发生相态变化，在地层中析出凝析油，地面建设模式宜采用油气水三相混输、加热与注醇统筹优选、集中处理工艺；对采用循环注气开发方式的凝析气田，注气装置与处理装置宜合建。

（5）含 H_2S 气田。天然气中 H_2S 含量超过有关质量指标要求，需经脱除才能符合管输商品气的气质要求的含 H_2S 气田，地面建设模式宜为多井集气、碳钢 + 注缓蚀剂防腐、集中净化处理。

（6）高含 CO_2 气田。CO_2 含量高，腐蚀性强、压力递减快、气井分布不均的高含 CO_2 气田，地面建设模式宜为湿气集输、碳钢 + 注缓蚀剂防腐、集中净化处理。

（7）煤层气田。含量高、井口压力低、单井产量低、稳产期长的煤层气田，地面建设模式宜为排水采气、井间串接、增压集输、集中处理。

二、工艺技术定型

油气田工艺技术定型以实用、经济为原则。在油气田地面建设模式的基础上，针对不同油气田类型，结合油气田的地质、开发和环境等特点，在优化、简化的基础上进行统一和技术定型。在技术定型中，标准化工程设计应优选有利于实现工艺集成、一体化集成、信息化的技术。下面以油田工艺技术为例，说明对不同类型油田工艺技术的定型。

1. 整装油田

根据整装油田的特征和地面建设模式，对工艺技术进行定型。

集油工艺定型采用"单管不加热集油、集中量油或软件量油、油气混输"和"双管掺水、集中量油或软件量油"。

原油处理工艺定型采用"一段高效脱水"或"两段脱水、原油稳定、轻烃回收"。

采出水处理工艺定型采用"采出水两级除油两级过滤"。

注水工艺定型采用"注水站集中增压（分压）供水，单干管多井配注"。

2. 分散小断块油田

根据分散小断块油田的特征和推荐的地面建设模式，定型下述工艺：

集油工艺定型采用"单管、环状和双管，枝状串接、混输增压、集中处理"。

原油处理工艺定型采用"三相分离、管输或车拉外运"。

注水工艺定型采用"就地打水源井、就地回注工艺"和"采用合一装置处理含油污水、处理后回注"。

3. 低渗透油田

根据低渗透油田的特征和推荐的地面建设模式，定型下述工艺：

集油工艺定型采用"单管不加热（加热）串接（枝状）集油、软件量油、油气混输"和"小环掺水集油、软件量油、油气混输"。

原油处理工艺定型采用"高效三相分离器"或"热化学沉降脱水"。

注水工艺定型采用"注水站集中增压（分压）供水，稳流阀组配水工艺"。

4. 稠油油田

根据稠油油田的特征和推荐的地面建设模式，定型下述工艺：

集油工艺定型普通稠油采用"单管加热集输"，特稠油、超稠油采用"掺液（蒸汽）集输"。

原油处理工艺定型普通稠油采用"两段热化学沉降脱水"，特稠油、超稠油采用"一段动沉、二段静沉脱水"。

注汽工艺定型采用"固定注汽和移动注汽相结合，枝状分配和辐射状分配相结合"。

稠油污水深度处理工艺定型采用"水质稳定与净化工艺＋过滤＋软化，缓冲调节、沉降、气浮三段工艺＋过滤＋软化"。

5. 沙漠油田

根据沙漠油田的特征和推荐的地面建设模式，定型下述工艺：

集油工艺定型采用"单管不加热油气混输集油、集中计量工艺"。

原油处理工艺定型采用"二段热化学脱水沉降工艺"。

注水工艺定型采用"注水站集中增压（分压）供水，单干管多井配注工艺"。

采出水处理工艺定型采用"水质稳定与净化工艺＋过滤"，"两级沉降除油两级过滤"；清水处理采用"一段除铁（氧），二段精细过滤工艺"。

6. 滩海油田

根据滩海油田的特征和推荐的地面建设模式，定型下述工艺：

集油工艺定型采用"不加热、集中计量混输集油工艺"。

原油处理工艺定型采用"中心平台预脱水，低含水油混输上岸、陆上终端集中处理"。

注水工艺定型采用"中心平台就地预脱水就地回注，陆上集中增压供高压水至平台或人工岛进行注水"。

7. 三次采油油田

根据三次采油油田的特征和推荐的地面建设模式，定型下述工艺：

配制及注入工艺定型采用"集中配制、分散注入"总体布局，"分散—熟化—过滤"的母液配制及"一泵多站、一管两站"的外输工艺，"一泵多井"的聚合物驱注入站工艺。

集油工艺定型采用"双管掺热水、集中计量"的集油工艺。

原油处理工艺定型采用"一段热化学沉降、二段电化学"的两段脱水处理工艺。

采出水处理工艺定型采用"一段缓冲沉降＋横向流聚结（气浮选）除油，二段压力过滤处理工艺"。

三、平面布局定型

标准化设计的站场平面是各工艺模块布置的母版和基础。站场平面布局遵循工艺流程顺畅、安全、管理维护方便、合理节约用地的基本原则，做到布局定型、风格统一。站场布局中注意以下几点：

（1）严格控制用地面积，原则上不建围墙。

（2）站场设施尽量露天化、布置流程化。采取有效防护措施，实现露天布置。有利于按流程紧凑布置工艺设备，节省占地，减少建筑物，有利于防爆，便于消防。

（3）努力实现中小型站场无人值守，大型站场少人值守的生产管理模式。站场集中控制和管理。取消传统的分散岗管理模式，推行在控制室内集中监控、轮回巡检模式。将控制室、办公室、化验室和高低压配电间等公用设施联合布置，组成全站的控制管理中心区，并与生产区保持足够的安全距离。

（4）考虑到地形限制、进出站流向、进站道路方向、盛行风向、建筑朝向等因素的影响，站场平面可进行旋转、镜像翻转或局部调整。

四、建设标准统一

针对不同的油气田地面设施，进行建设标准的统一。应充分吸收先进的工艺技术，紧密结合现场建设、管理、运行的反馈信息，坚持以人为本的设计理念。对工艺、配管、自控、通信、电气、建筑结构、总图、消防、暖通、防腐保温、道路、安全、环保、标识等设计内容进行优化完善和详细规定。

五、设备材料定型

油气田地面设施是由大量的设备和材料组成的，就设备而言，实现同一功能的设备存在多个种类和形式，因此，设备定型是开展标准化工程设计的基础。

首先要广泛开展设备筛选和评价研究工作，选择优秀、高效、节能设备，统一站场设备和管阀配件标准以及技术参数，实现设备选型定型化。对非标设备，需要统一外形尺寸和接口方位。在设备定型的基础上，形成标准化、规模化采购目录和相应的设备材料技术规格书。建设单位根据标准化工程设计批量提交物资采购需求计划，物资采购管理部门按照规定实施规模化招标采购。

六、三维配管设计

由于目前国内管道器材标准众多、互换性差，有必要统一配管标准，以避免由于不同标准体系之间的配合而带来的一些问题。应用三维配管设计软件，建立全面的管道等级数据库和设备模型库，实现直观的、精确的配管设计，可以大幅度提高设计的准确性和设计精度。借助三维辅助设计实现管道安装的自动检查，能够发现各专业的管道碰撞、管道接口不对应、管道漏缺等管道安装二维设计中常见的问题。而且安装图的表示方式由以往的平立剖面图转变为单线的轴测图，每一条管道上的设备、管材、管件乃至管段的长度、焊缝的数量均可精确表示、自动统计，极大地方便了预制和组装。因此，三维配管设计不仅是提高设计质量和效率的重要手段，也是支撑施工建设的有力保证。

同时，三维配管设计在模块化预制、功能集成（如一体化集成装置的研发）、大型厂站模块化建设等方面，可以发挥无可比拟的作用。通过三维软件的优势，可以实现系统集成多专业、高度集成作业。还可以通过接口，为后期深度分析做基础，包括应力分析、吊装、振动脉动等。

应用三维配管设计软件，建立全面的管道等级数据库和设备模型库，建设数字化工厂，为站场完整性管理奠定基础。

七、定型图设计

为了减少大量的重复劳动，加快工程设计的速度，减少工程设计的失误，提高工程设计的质量，针对油气田地面建设所可能面对的工程项目类型，将某些可重复利用的图纸在对其进行综合技术、经济分析的基础上，确保其可行性和实用性，设计成定型图。在条件具备的时候，设计人员根据需要直接选用。通过设计产品的系列化、组合化、模块化，提高产品通用化、标准化的程度，使工程设计环节的效率和效益最大化。

标准化定型设计的最终目的是：

（1）在新项目的前期分析中，可以以成熟的设计成果进行规划设计、经济、技术可行性分析，确保分析和决策的准确性。

（2）在实际项目操作中，必要时可以用成熟的定型图成果直接进入施工图设计，节省设计的周期。

标准化设计定型图的作用：

（1）加快地面建设速度、提高新井时率。

采用标准化设计可以提高图纸重复利用率，提高设计效率。在地面产能建设方案编制中，整体开发、站场布局、规模选定等方面，可直接套用标准化设计站场定型图，对应确定站场关键设备，根据站场定型图配套的计价指标可快速完成方案投资估算；在施工图设计中，对于地形等外部条件允许的站场施工图设计可以直接套用站场定型图的平面布局与流程设计，不能直接套用的可根据条件将基础模块拼接形成站场平面，区域安装图设计直接复用模块定型图，连接各个模块的管线完成管网设计，再配合工程设计说明，汇总模块定型图与管网的设备材料表，即可完成施工图设计。

比如长庆油田，在加快发展时期，油田地面产能建设任务达到 $500 \times 10^4 \sim 650 \times 10^4 t/a$，人均完成 $15 \times 10^4 \sim 25 \times 10^4 t/a$ 油田产能建设设计工作，气田产能建设任务为 $70 \times 10^8 \sim 105 \times 10^8 m^3/a$，人均完成 $3 \times 10^8 \sim 5 \times 10^8 m^3/a$ 气田产能建设设计工作，包括方案编制、施工图设计、校审、现场服务等各个方面，标准化设计所形成的定型图发挥了提高设计效率、提高设计质量的重要作用。

设计单位根据站场规模与工艺，选用相应的标准化设计定型图，施工预制单位在冬季现场施工淡季可以提前开展生产单元的预制，与现场组装化施工有机结合，大幅度提高了工程建设速度。

（2）确保先进性、引领技术创新。

定型图都是经过周密的设计、严格设计审查而发布应用的，在制订过程中，对工艺方案、工艺流程、设备材料等进行了全面的优化，体现了阶段的最佳水平。

（3）提高工程质量、保障本质安全。

在设计手段上，标准化设计采用三维立体配管设计代替常规的二维平面设计，实现计算机自动纠错、自动开料，大幅度降低了错、漏、碰、缺等设计差错。在设计内容上，标准化设计是经过反复优化、精雕细刻形成的高质量设计产品，并在不断重复利用的过程中扩大了标准化设计的质量效应，设计质量自然得到提高。

（4）促进规模化采购、降低采购成本、保证采购质量。

标准化设计定型图对设备、材料等进行了全面的优化和定型。依据标准化设计确定的定型化设备、材料，形成标准化、规模化采购目录和相应的设备材料技术规格书。建设单位根据标准化工程设计批量提交物资采购需求计划，物资采购管理部门按照规定实施规模化招标采购。

标准化设计定型图的设计方法：

由于油气田地面建设是油气集输与处理、采出水处理与注水、供水、供电、矿建等构成的复杂系统，开发方式和地形环境的影响大，使得站场种类多、站场规模和工艺参数变化大，各类不同参数、不同种类的站场在设计内容上有着多样的组合。

为应对规模化和多样性的挑战，标准化工程设计采用了基于模块化设计的方式，也就是模块拼接组合的设计方法。

模块化工程设计，简单地说就是在系统分析的指导下，将站场、生产单元或装置进行科学拆分，把某些功能要素组合在一起，形成具有特定功能和规格的通用性模块，通过不同功能、不同规格的模块进行多种组合，形成多种不同功能或相同功能、不同性能的系列化标准化设计站场定型图。

模块化工程设计的优点在于模块分解的独立性、模块组合的灵活性和模块接口的标准化。在标准化设计中引入模块化设计方法，其一是为了解决油气田站场规格较多的问题；其二是为了提高设计对滚动调整变化的应变能力；其三是为了支持后续的模块化建设，模块化的设计是模块化建设能否成功的关键，没有模块化设计就谈不上模块化建设。

因此，在实际生产中，标准化设计定型图包括标准化设计站场定型图和标准化设计模块定型图两大类图集，站场定型图由模块定型图拼接形成。

八、完善系列

采用系列化方法，根据不同类型油气田特点及开发方案，对不同类型设施进行系列化研究。确定规模系列和参数系列要求做到优化、合理。首先要覆盖全面，满足生产需要；同时要实现整合，规模系列不宜过多。

对于油田站场来说，主要针对工艺和规模进行系列化。系列化取决于站场工艺和设备定型化的程度，关键的工艺设备如泵、容器、压缩机、储罐等直接决定了站场的种类和能力。因此，以具有代表性的关键设备的规格系列作为规模确定的基准，形成基准系列。同时，通过调整关键设备的数量组合以及参数变化，形成不同的衍生系列，满足不同的需求。

对于气田站场来说，除了要考虑油田站场的因素外，由于设计压力这个生产参数对气田站场具有重要的影响，因此，在标准化设计系列化中，设计压力也应是一个重点参数。注水站场也同样。

以处理量1500m³/d、注水压力等级为PN250MPa的柱塞泵为典型工艺的注水站为例，该标准化设计注水站设置有3台五柱塞注水泵，通过增减注水泵模块的数量，可横向扩展出2000m³/d和1000m³/d两种规模。通过调整注水泵的泵压，可纵向扩展出PN200MPa和PN160MPa两种压力等级；通过增减纤维球过滤器模块，可形成带预处理或不带预处理的两种模式，组合起来形成注水站的系列型谱表。

第二节 一体化集成装置

以往的油气田地面规划建设，中小型站场数量较多。而传统的中小型站场，设计上采用的单一功能设备多且分散布置；施工上采取现场作业方式，预制工作量很小。这种设计与施工方式导致站场工艺流程长、工程量大、土地占用多、设计和建设工期长、操作管理人员多、建设投资大、运行成本高。因此，对于中小型站场的优化简化，是油气田地面建设优化简化工作的重点和关键之一。

2010年5月，中国石油正式启动了油气田地面建设一体化集成装置的研发和推广工作，截至2016年底，中国石油已研发并推广应用了28类130种一体化集成装置，基本覆盖了油气田中小型站场类型。

2010年到2016年，共推广应用6985套，替代站场3025座，替代生产单元3960套，节约投资20.03亿元，减少用工16831人，减少占地面积 $338.14 \times 10^4 \text{m}^2$，设计工期和建设工期平均缩短分别为45.9%和47.5%，一体化集成装置的应用，优化了建设模式，降低了投资，为实现低成本信息化建设创造了条件，取得了显著的成效。

一、一体化集成装置的概念内涵及作用

1. 一体化集成装置的概念和内涵

在油气田地面建设领域，所说的一体化集成装置指应用于油气田地面生产的一类设施，结合油气田地面建设的建设规模和工艺流程的优化简化，通过将机械技术、电工技术、自控技术、信息技术等有机结合、高度集成，根据功能目标合理配置与布局各功能单元，在多功能、高质量、高可靠性、高效低耗的基础上，自成系统，独立完成油气田地面建设中常规需要一个中小型站场或大型站场中多个生产单元共同完成的生产环节的主体（或全部）功能。

油气田地面建设一体化集成装置具有以下基本特征：

（1）多功能。

机械功能。机械功能是一体化集成装置的主体和实现装置功能的基础，包括机、泵等动设备及容器、罐等静设备。如果油气田生产压力较高，可以不包含主要动设备。

动力功能。依据装置生产要求，为装置提供能量和动力以使装置正常运行，包括电、液、气等动力源，在有条件时，尽量依托现有的动力源。

热力功能。根据站场的性质和生产要求，能够满足工艺加热的功能。

数据采集和测量功能。为装置提供运行控制所需的各种信息，一般由测量仪器或仪表来实现。

数据处理和控制功能。根据装置的功能和性能要求，对运行数据进行处理，以实现对装置运行的合理控制，主要由计算机软硬件和相应的接口组成。

（2）一体化。

多个原来相互独立的功能实体通过一定方式结合成为一个单一实体，同一体化集成前对比，能够大幅度减少占地面积，并且具有结构紧凑、布置灵活、安装方便等特点。对于

较大型的一体化集成装置，为便于预制和运输，可以拆分成几个单体橇装模块，现场组装。

（3）高效。

一体化集成装置以一套装置替代常规一个中小型站场或大型站场的生产单元，促进油气田建设和管理发生革命性变革，地面建设的设计周期和建设周期均成倍缩短，建设投资大幅度降低，实现了地面建设效益效率的双提高。

同时，一体化集成装置通过优化简化流程，采用高效、多功能合一设备，提升了装置本身的整体效率。

（4）自动化。

装置的正常生产运行无需人工操作，能自动完成生产信息采集、测量、控制、保护和监测等功能，并可根据需要实现在线分析、实时自动控制、智能调节等高级功能。对于大型站场内部的一体化集成装置，可以结合整个站场的自控要求和自控系统统一设计。

综上所述，一体化集成装置必须具备功能适用某一生产环节，替代某类油气田开发中小型站场或大中型站场某个生产单元，符合标准化设计理念，施工和维护管理方便快捷，经济性好的生产装置。

2. 一体化集成装置的作用

一体化集成装置可用于油气集输、注水、污水处理、伴生气回收、天然气处理和供配电等主体及配套工程，替代油气田规模较小的常规中小型接转站、增压站、注水站、污水处理站、稠油注汽接转站、集气站等以及大中型站场的部分生产装置和配套设施，如中小型原油稳定装置、天然气脱水装置、天然气脱硫装置、仪表风净化装置、制氮装置、热煤炉装置等。推广应用一体化集成装置，可以在以下几个方面发挥重要作用：

（1）优化简化地面工艺、简化布站管理。

对于偏、远、散、小等开发经济性相对较差的区块或地处恶劣环境、地形复杂的油气田区块，往往产量较低，如果依然采用常规的建站和生产管理模式，在投资上、工程建设上和生产管理上必然具有一定的难度。在这种情况下，通过采用一体化集成装置替代传统的中小型站场，优化简化了地面工艺，使常规有人值守的中小型站场，如增压点、接转站、注水站、集气站等，均实现无人值守，简化了管理层级。

（2）缩短建设周期、减少占地、有效控制投资。

一体化集成装置可以实现工厂预制化生产，出厂前质量即得到保证，装置制造质量高；便于现场调试，到达应用现场即可快速组装到位、调试，有利于缩短工期，实现油气田快速建产。

传统的中小型站场设计，采用单一功能设施，设备和厂房按流程并严格按照场站设计相关防火规范进行平面布置，站内设备多、设备间距较大。一体化集成装置通过设备集成、功能集成、紧凑布局，可以大大减少占地面积并有效控制投资。

（3）应用灵活、便于生产。

对于某些类型油气田的开发建设，典型的如煤层气田、页岩气田、分散小断块油田、火山岩油田等，由于油气田面积、开发阶段或储量丰度等因素所限，油气田产量、生产参数等在生产的不同阶段存在变化较大的可能，而且变化速度很快，建设固定设施很可能很快就不能符合油气田生产的需要，进行扩建或改建不但增加投资，而且将对油气田生产造成影响。通过采用一体化集成装置，可以充分利用其灵活性的特点，通过及时增加、减少、更换装置数量和规格来满足不同的生产需要。当油气田失去开采价值时，一体化橇装设施可搬迁至其他油田使用，从而节省投资，避免闲置浪费。

（4）无人值守、智能管理。

对于偏远、环节条件艰苦的油气田，典型的如沙漠戈壁油气田、高寒地区油气田、偏远孤立的油气田，不适合人工长期作业，因此采用传统的建设和管理模式会带来很多问题。通过采用一体化集成装置，可以充分利用其多功能集成、便于安装、自动控制的特点，实现快速建设、无人值守。

（5）促进管理方式转变、提升管理水平。

通过一体化集成装置的自动控制功能，对装置实时生产数据进行采集和传输，结合电子巡检等信息化管理手段，对装置生产情况进行实时监测和管理，实现无人值守、远程监控，提升了油气田生产的管理水平，促进了管理方式的转变。

二、一体化集成装置关键技术

1. 高效节能工艺

针对一体化集成装置的特点，进一步优选利于一体化集成的高效、"短流程"，形成满足生产需要并且简捷、高效、便于生产管理的集成方案。

典型的在一体化集成装置研发设计中优先采用的高效工艺如：

（1）油田油气混输工艺；

（2）智能选井多通阀计量工艺；

（3）一段高效脱水工艺；

（4）单管通球电加热集油工艺；

（5）比例调节泵注入工艺；

（6）"合一装置"处理工艺；

（7）凝析气田带液计量技术；

（8）天然气超音速（3S）分离工艺；

（9）变压吸附天然气脱除 CO_2 工艺（PSA）；

（10）气田湿气集输工艺；

（11）硫回收"CPS"工艺；

（12）分子筛脱水两塔工艺；

（13）短流程污水处理工艺；

（14）泵到泵输送工艺；

（15）高能效加热、换热工艺。

2. 高效及多功能设备

设备的"多功能合一和高效率"是实施一体化集成的关键。通过对现有不同油气田所研发和应用的高效及多功能合一设备进行总结和筛选，提出一体化集成装置的研发中应优先采用的成熟、高效及多功能合一设备，见表7-1。

表 7-1 多功能合一设备及高效设备表

序号		名称	适用说明
		一、油气集输及处理	
多功能合一设备	1	分离、加热、沉降、脱水、缓冲合一设备	产液经处理后产品可为合格油
	2	计量、分离、加热、缓冲合一设备	单井选井计量，气液分离、加热、缓冲
	3	分离、沉降、加热、缓冲合一设备	气液分离，油水初步分离，低含水油外输
	4	分离、缓冲、游离水脱除合一设备	气液分离，游离水沉降、缓冲，含水油外输
	5	分离、加热、缓冲合一设备	不掺水集输，产液、气液分离后加热外输
	6	分离、干燥合一设备	气液分离及伴生气除油
	7	加热、缓冲合一设备	对介质进行加热后外输
高效设备	1	高效三相分离器	产液经处理后产品可为合格油
	2	真空加热炉	高效加热炉
	3	仰角式油水分离装置	高效气液、油水预分离装置
	4	高效热化学沉降脱水器	产液经处理后产品可为合格油
	5	双螺杆泵	用于液量大、气液比高的混输增压
	6	智能收发球装置等	无人操作，实现集油管线全自动收球、发球功能
	7	多通阀选井装置	实现自动选井功能
	8	同步回转压缩机	高气液比油气混输
		二、天然气集输及处理	
多功能合一设备	1	加热、节流、分离合一设备	采用加热节流工艺的井场或集气站
	2	分离、闪蒸、放空分液合一设备	用于非酸性低压气田气集站
	3	聚结、分离合一分离器	低温分离
	4	过滤、分离合一设备	过滤分离器
	5	换热、缓冲、精馏合一设备	乙二醇再生、三甘醇再生
高效设备	1	旋流（旋风）分离器	操作压力大于 1.0MPa 时，采用旋风或者旋流分离器，与常规重力分离器相比，可以提高分离效率、减小设备尺寸。过滤分离器、低温分离器、除油器等设备内安装高效分离内件，可以大大提高分离效果，去除 5 ~ 10μm 的微小液滴
	2	天然气超音速分离器	低温膨胀和气液初步分离
	3	高效分离器	采用高效分离内件的分离器
	4	板式整流器	缩短计量直管段
	5	高效板式换热器	用于硫黄回收、尾气处理装置
	6	绕管式换热器	用于高压条件，与常规管壳式换热器相比，具有换热效率高、单台处理能力大、设备尺寸小的优点，适用于一体化集成装置高效、小尺寸的要求
	7	填料塔	
		三、采出水处理	
高效设备	1	压力合一除油器	通过旋流混凝反应、斜板、聚结等功能合一的压力除油设备，具有自动压力排油、排泥的优点
	2	斜板溶气气浮装置	一种高效除油设备。具有除油悬浮固体效率高，占地面小等特点
	3	气液多相射流泵	一种高效除油设备。具有除油悬浮固体效率高，占地面小等特点
	4	高效流砂过滤器	具有耐污染、易恢复、不停机反洗等特点
	5	改性纤维球过滤器	具有滤速高、处理精度高、反冲洗水量少的特点。一般用于二级过滤
	6	紫外线杀菌	物理杀菌装置，一般与化学药剂杀菌结合，能大幅度降低药剂费用
	7	LEMUP 多相催化氧化杀菌	物理杀菌装置，当注水水质菌类指标较严格时需配合化学药剂杀菌，能大幅度降低药剂费用

　　在其他小型适用设备（阀门、仪表、管道连接器等）的选择上，也应注重采用紧凑、灵活、小型化的设备。同时，一体化集成装置所配套的供电、仪表等生产设置均需要进行全面的优化设计。

　　3. 优化结构设计、提高集成度技术

　　通过优化结构设计，可以提高集成度，降低制造成本，进一步减少现场工作量。

　　（1）充分利用空间，双层布置。

　　借鉴炼油厂或天然气处理厂双层或多层布置的经验，由此在进一步提高装置的集成度的同时，减少占地。如在西南油气田磨溪气田的建设中，采用的多套双层布置的一体化集成装置橇，大大增加了装置的集成度，进而加快了施工进度，减少占地。典型的双层布置如图 7-1 至图 7-3 所示。

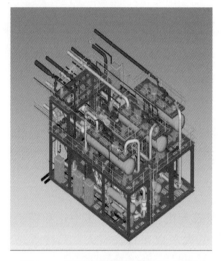
图 7-1　天然气脱硫装置双层布置图

图 7-2　天然气处理装置双层布置图

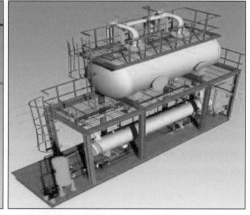
图 7-3　除氧器和一二级反应器双层布置图

　　（2）对橇体的底座及其他支撑部分进行优化设计。

　　为避免结构笨重、费工费料，增加装置无效制造成本。根据橇体内部设备特点及设备布置，经过分析和计算，优化结构设计方案，保证橇体结构的稳定，方便吊装、运输。

采用 Solidworks、VB.net 和 Solidworks 二次混合开发的软件进行装置结构布置。

①根据设备和管路系统位置布置橇座承载梁；

②通过理论计算法初选梁的型材，采用 30 号工字钢；

③应用 ANSYS 软件对橇装底座在吊装时的应力变化、位移变化和扰度变化进行分析，校核底座整体刚度；

④校核吊耳位置的设置及其结构；

⑤刚度满足最大载荷要求，确定吊耳最优位置和结构。

对橇座型钢规格、数量和组合结构优化，在其强度和刚度满足载荷需求的同时，对橇板的厚度进行优化。

4. 研制高效处理药剂，提高处理效率

化学药剂可以在原有设备及工艺的基础上，促进提升装置的处理效率，提高处理规模。如：

（1）高效破乳剂。

（2）采出水高效处理药剂。

（3）高效脱硫溶剂。

目前，在油气田生产运行中，化学药剂的注入管理尚未规范化，随着开发阶段和时间的不同，产出液的性质会发生变化，所以化学药剂的配置和加入也应随着开发生产而变化，不能从一而终，因此应特别加强这方面的工作。

5. 露天化布置

现代装置布置和发展趋势归结为"四个化"，即露天化、流程化、集中化和模块化。其中除大型压缩机布置在半敞开的厂房内，其他设备大多数布置在露天。其优点是节约占地。

在常规油气田站场设计中，经常将所有泵设备、管道和仪表等都设计在封闭厂房内，受室外温度及风沙影响较小，同时，配套必要的采暖、通风、自控检测盒报警设施。而露天化布置具有如下的好处：

（1）可以节省占地，减少建筑物，节约建设投资。

（2）节约土建施工工程量，可加快建设进度。

（3）将具有火灾及爆炸危险的设备露天化，有利于防爆，可降低防火、防爆等级，便于消防。

（4）将有毒物质的设备露天化，可减少厂房的通风要求、节约通风设备及动力消耗。

当然，露天化布置也存在一定的缺点：受气候条件影响大，操作条件较差，因此需要较高的自动控制水平。

根据一体化集成装置的应用要求，为保证其能安全稳定生产，并能在紧急情况下起停，在设计上要周密考虑露天设施的防冻及防风沙措施。需要重点关注的部位包括：

（1）平时流体不流动或间歇操作的设备、管线，如液体排放线、备用泵管线、控制阀的旁通，化学药剂注入线等。

（2）仪表设备包括变送器、就地仪表、气动执行机构等（汽、水、油测量脉冲管和气源管等）。

针对露天化布置，可以采取以下技术措施：

（1）优化设计，采取有效的防风沙措施；减少积液、死油段。

（2）设备材料选型，要求适用于较低温度。

（3）有效的电伴热、蒸汽伴热（有条件时）措施。

（4）采用保温箱（仪表、设备、阀门等）。

6. 安全、环保与可操作性技术

目前，国内外尚未发布专门针对一体化集成装置的设计、施工和验收规范。设计中，在保证工艺和设备技术安全可靠的前提下，采用控制自身安全性作为设计原则。

1）全面的安全设计

一体化集成装置的安全设计主要注重以下几个方面：

（1）安全泄放措施的设置。合理设置安全泄放设施，安全阀泄放至安全地点，安全阀前宜设截断阀，便于安装拆卸。

（2）防雷防静电接地的设置。油气生产设施应采取防雷接地保护，接地电阻满足规范要求，油气管路上小于 5 个螺栓的法兰采取防静电跨接。

（3）防爆电气的设置。爆炸危险区域内的电气设备全部采用防爆型。

（4）安全监控保护的设置。按工艺要求设有压力、温度和液位的高低超限报警。

（5）安全检修。油气场所进出装置的管道设置盲板，设置装置检修用气体置换接头。

（6）安全操作。设备的人孔、安全阀等布置在高处时应设置便于人员安全操作的钢梯、平台和护栏；装置有满足安全要求的巡检通道、逃生通道和操作空间。

（7）安全布局。按照 GB 50183—2004《石油天然气工程设计防火规范》，核查一体化集成装置作为一个整体，与周围构筑物以及其他设施均是否足够的安全距离，是否符合安全要求。有足够的操作及维修空间。

（8）装置的事故流程的设置。核查装置的事故流程的设置。装置设有旁通管路，当设备出现故障，无法正常运行时，具有完善的保护措施。

2）提高装置的可靠性技术

加强装置各阶段的检验和评价，保障设计阶段的本质安全、制造阶段的合格质量、推广阶段的应用效果（图 7-4）。

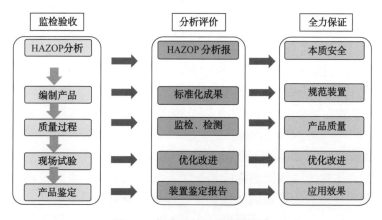

图 7-4　提高装置的可靠性技术

（1）开展 HAZOP 分析研究。

HAZOP 分析可有效提高装置安全可靠性，对功能多、性能复杂的一体化集成装置，特别是包含加热炉、压力容器、机泵等的装置，必须进行 HAZOP 分析，并针对存在的安全隐患采取有效保障措施，确保安全、可靠。

（2）对带有往复压缩机、大功率机泵等的一体化装置必须做好振动疲劳分析，并采取有效保障措施：

①优化设计布置方案；

②通过采用软连接减小振动的传递，或在必要时采用储能器；

③增加支撑（厚胶皮等）、增加裙座厚度等增加对振动的抵抗力；

④进出口管线适当放大。

（3）合理选择与防爆区域等级相适应的电气设备，确保供电系统的安全可靠性。

（4）全方位模拟分析。

对装置进行全方位模拟分析，包括：

①关键设备及重点部件进行有限元应力分析；

②模拟运输过程中各种工况对装置影响；

③天然气及油品泄漏，有风和无风情况下天然气扩散状态，确定安全区域的划分；

④泄压元件重复利用状态模拟；

⑤吊装情况下装置受力状态模拟。

通过对容器与管道连接处进行应力、应变分析，加热过程时的应力应变分析，投产及停运过程中急剧加速或减速时的应力应变特性分析；特别是运用专有分析软件对安全阀阀芯动作时的启、闭速度、加速度及位移等重要运动学参数进行仿真模拟分析研究，从而保障整个装置的安全稳定性。

（5）编制产品标准，规范装置的设计、制造和安装。

编制《用户手册》《操作手册》《运行维护管理办法》等，指导操作和维护人员尽快学会并掌握装置运行与操作要求。

（6）设备、材料质量过程控制。

制造过程遵循 ISO 9001 质量管理体系，压力容器按照《中华人民共和国特种设备安全监察条例》的规定，由特种设备检验所检验装置符合 TSG 21—2016《固定式压力容器安全技术监察规程》的规定，同时要求出厂前逐台进行工厂模拟现场工况试验，确保装置质量过程控制。

涉及腐蚀性介质的装置，相应的材料应满足抗腐蚀要求。

（7）开展装置鉴定工作。

一体化集成装置在规模推广前，组织对装置进行测试和鉴定评估，获得权威机构认可并出具鉴定证书。

7. 智能化技术

由于大多数一体化集成装置通常应用于无人值守的站场，而且很多种类的一体化集成装置一旦出现问题将对生产造成重大损失、环境可能遭到严重破坏；同时，随着一体化集成装置的集成度、复杂度越来越高，受控对象也日益复杂。这些都对一体化集成装置的可靠性、运行的正常性监控提出了更高的要求。可靠性是衡量一体化集成装置的重要技术指标。

（1）实现数据的可靠采集、传输、接收指令、执行指令。

在控制系统的设计中，采用技术先进、性能可靠的控制系统，同时提供可靠的供电和通信。技术措施包括：

①采用具有冗余、容错和自诊断技术的控制系统；

②支持的通信协议具有通信通道监视和数据补传功能；

③关键检测控制回路采用智能仪表，具有自诊断功能，支持远端仪表维护管理系统；

④关键检测控制点地址的分配采用分散布置；

⑤所有检测控制回路和供电回路均设置单独的回路保护。

（2）注重事故状态的有效保护。

系统分析构成装置各设备所有可能发生的故障模式、故障原因及后果，采取有效工艺、自控等措施在发生事故状态下进行自动关断、转换流程，完成保护。

三、典型一体化集成装置效果

1. 替代油气混输接转站

采用一体化集成装置替代常规油气混输接转站。油气混输接转站由 3 种一体化集成装置组成，包括油气混输一体化集成装置、集油收球加药一体化集成装置和电控一体化集成装置。

1）油气混输一体化集成装置

该装置集成了加热炉、分离缓冲罐、外输泵、智能控制和安全保障系统等，实现远程终端控制、现场无人值守，可替代接转站的主体工艺单元（图 7-5）。

图 7-5　油气混输一体化集成装置

2）集油收球加药一体化集成装置

该装置集成了集油阀组、收球、加药装置以及智能控制和安全保障系统等，实现远程终端控制、现场无人值守（图 7-6）。

3）电控一体化集成装置

由电气、自控、通信三个专业的供配电、变频、PLC、通信、安防、UPS 等功能组成，可替代常规站场的变压器室、配电室、控制室（图 7-7）。

图 7-6　集油收球加药一体化集成装置

图 7-7　电控一体化集成装置

与常规接转站相比，效果见表 7-2。

表 7-2　一体化集成装置与常规混输接转站对比表

类别	常规混输接转站	一体化集成装置接转站	对比情况
建设周期，d	28 ~ 36	10 ~ 18	缩短周期 10 ~ 26d
占地面积，m^2	1400	600	节地 800m^2
操作人员，人 / 座	4	0	减少 4 人
建设投资，万元	211	165	节省 46 万元

2. 替代低渗透气田中低压集气站

由两种一体化集成装置组成，包括天然气集气一体化集成装置和电控一体化集成装置。

天然气集气一体化集成装置主要由新型组合式多功能分离闪蒸罐、计量、清管、自用气和排液装置等组成，集成了气液分离、外输计量、清管、自用气供给、闪蒸、放空分液、智能控制等功能，可代替常规集气站主体单元（图 7-8，表 7-3）。

图 7-8　天然气集气一体化集成装置

表 7-3　与常规集气站建设模式相比

类别	常规集气站	一体化集气站	对比情况
建设周期，d	42 ~ 60	30	缩短 12 ~ 30d
占地面积，m^2	4333.36	2666.68	节约占地 1666.68m^2
操作人员，人 / 座	4	0	减少 4 人
建设投资 （$50 \times 10^4 m^3$/d 规模），万元	1968	1587	节省 381 万元

3. 替代联合站

联合站主要有集油、加热、脱水、原油外输、采出水处理、清水注入、采出水回注等功能。

长庆油田 $30 \times 10^4 t/a$ 一体化联合站将常规联合站的 18 个工艺单元优化整合为 8 类 11 套装置，涵盖了集输、脱水、采出水回注、电控等联合站主体单元（表 7-4）。

表 7-4　一体化联合站装置表

序号	名称	数量, 套
1	集油收球一体化集成装置	1
2	油水加药一体化集成装置	1
3	原油计量一体化集成装置	2
4	油气两室缓冲一体化集成装置	1
5	原油外输计量一体化集成装置	1
6	原油加热一体化集成装置	2
7	采出水回注一体化集成装置	2
8	联合站电控一体化集成装置	1
	合计	11

长庆油田庄三联、庆四联分别于 2015 年 10 月和 2016 年 6 月建成投产，节省占地 35%、缩短建设周期 50%，降低投资 10%。

第三节　模块化建设技术

传统的站场建设方式是在站场所在地完成站场所有的建设任务，基本流程为：设计单位完成施工图设计，施工单位先由土建人员进行土建施工；然后移交给安装人员引入钢结构、设备、管道等，期间可能需要吊车拖车等进行协助；待钢构件、设备、管道等基本引入到位后，再反移交给土建人员进行二次作业，如二次浇注、粉刷等；当条件具备后，安装人员在某些区域进行电气仪表等精密设备的安装；最后整个系统施工完成后移交给调试与运行。这种建造方式建造工期长，人力、建造资源投入量大，需要建设大量的临时施工设施，对周边环境影响较大，在同一时间、同一地点存在大量的交叉作业，安全管理和项目管理难度较大，从经济效益和社会效益上来讲都不是一种优良的建造方式。特别是油气田大型厂站，工程具有规模大、投资高、结构复杂、实施难度大、运营安全风险大等特点，项目往往是由多个子项目组成，且多个子项目存在同时并行实施的情况。项目实施过程中，常受到人力资源、机具资源、物资供应、建造能力、资金供应、工期要求、管理能力、安全风险、质量管理等因素的影响，有时还受到国外工程项目所在国的签证限制和安全局势等的困扰。

近年来，中国石油在陆上油气田地面大型厂站的建设中，借鉴国际先进工程建设经验，探索了模块化建设模式，取得了显著的成效。

油气田地面建设标准化设计的内涵中强调"模块化建设是标准化设计的延伸和落脚

点"，模块工厂化建设的实质是将大量的现场工作转移到工厂内进行，实现工厂预制化，从而提高工程质量，缩短建造周期。模块化建设是传统工程施工组织模式的一种创新，也是管理理念的一次革命，模块化建设正在成为转变施工模式的重要手段。

一、模块化建设含义

模块化建设是依据工艺流程和总平面布置图等，将厂站设施按功能、单元或区域分解为若干模块，从定型图库中选择满足设计要求的定型模块，并对模块进行定位拼接完成站场设计。依据设计模块，预制单位在预制厂进行流水作业、批量预制和模块装配，然后运输至建设现场进行组装的建设模式。

因此，模块化建设包含三层含义：

（1）采用模块的形式开展工程设计；

（2）利用模块预制工厂开展模块建造，包括固定式预制工厂和移动式预制工厂；

（3）建设现场进行模块组装。

二、模块化建设的优势

中国石油所属油气田分布广泛，大多地处偏远、环境恶劣。北方油田冬季漫长，5～6个月不能施工，夏天雨季，有效施工期很短，甚至不到半年；南方油田受雨季影响大，西部油田地处沙漠、戈壁或高原，受风沙影响，社会依托差。同时，地面建设往往需要适应油气田勘探开发节奏，快速建产。人海战术、会战模式，带来众多建设质量、安全、环保等方面的风险。

通过开展模块化建造，在以下几个方面具有显著优势。

1. 提高工程建设的安全性

模块化建设模式是一种根据工程特点，工厂预制最大化、项目现场施工最小化的建设模式。项目实施过程中大量的工程建造在制造厂内进行，待模块组装完成后运至项目现场，大大地缩短了项目现场安装时间及现场各工种同时交叉作业的时间，也缩短了现场建造工人在不安全环境下的工作时间，降低了项目运行风险。

模块化建设模式，要求模块内的结构和管道的预制工作尽量在地面进行，最大程度减少高空作业。对于多层结构的模块，每个小模块可大面积铺开在地面建造，待每个单元小模块组装完成后，再按照装置形式叠加组装起来。这大大减少了安装工人高空作业量和时间，降低了高空作业风险。

模块化建设在现场复装是一个搭积木的过程。一方面，模块化装置最大程度地采用螺栓螺母连接，尽量减少现场焊接工作；另一方面，模块化装置的复装本身就缩短了高空作业时间，进一步降低项目现场的高空作业安全风险。

2. 提高工程建设的质量

在模块化建设模式下，模块制造厂配备自动化设施，管道及钢结构在自动化设施的协助下，完成下料、组对、预制焊接、无损检测、热处理等，管道及钢结构的焊缝成型率高、外观完好、焊缝一次合格率可达98.7%，焊缝的整体质量明显提高，减少了现场焊接的返工量。模块制造厂具有较完善的质量控制及管理体系，质量管理过程更加细致、严格，为工程施工整体质量提供有力的保障。

3. 提高工程建设的效率

模块化建设可以大幅度提高工程建设的效率。

（1）一名焊工平均每天可完成45～50个达因的焊接工作量。

（2）由于模块制造厂内自动化设施比较齐全，焊接工人在自动化设施的协助下，管道及钢结构焊接的速率可大幅提高。

（3）模块化装置的结构和管道的预制、组装、试压、检验、包装及运输等一系列的工作，并行于项目现场地面平整、结构框架基础、地下管网敷设施工等工序，这就大大减少了现场的安装工程量。实施项目的结果统计表明，1个拥有15个模块的主体装置，现场复装一般10天就能完成，大大节约了现场施工的时间和工程量。

（4）模块化建设模式下，设备、管道和钢结构的焊接和预制，模块的组装，均在室内进行，避免施工过程受天气影响。由于室内施工条件良好，赶工期时还可在室内24h倒班作业，充分保证项目的总体工期要求。多个模块化建设项目实施的最终统计数据表明，相同规模下，按照模块化建设模式实施的项目比传统建设模式实施的项目，建设周期可缩短约30%（图7-9）。

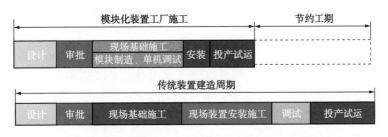

图7-9　模块化建设模式与传统建设模式工期对比图

三、模块工厂建造总体流程

模块工厂化建设流程主要环节包括：原材料入厂验收，钢结构、管道和容器预制，模块预组装，测试检验和出厂，包装和运输，现场安装。

1. 原材料入厂验收

主要是参与模块制造的各物资的入厂验收，包括管道、钢材、非标设备、仪器仪表、电气设备等。与传统的现场安装不同，模块化内所有物资的验收都转移到了工厂，由业主代表会同制造厂的质检部门按照检查表分类逐项检查，并要求相关供货方在规定时间内完成整改。入厂验收的质量关系到整个模块化建设工程的进度、费用和质量，尤为重要。

2. 预制

预制是模块化建设的基础。

（1）统计分析设施的加工特征、研究各工序的设备配置、引入自动化加工设备、设计先进组配工装和传输装置，按照简洁、高效生产工艺流程形成机械化流水作业线。

（2）通过分析设计模块，形成模块分解技术；按照单线图、管段图指导，制定预制机械加工工艺。

（3）通过多种防变形措施和质量保证措施，保证预制质量。

（4）管理技术和计算机辅助系统的应用，使得原有的串行工序变为平行作业工序，实现预制过程的信息化管理。

3. 组装

模块的组装包括钢结构就位找平、设备安装、管道安装、管阀件安装、接线箱安装、桥架与穿线管安装、仪电设备安装、接线等工作内容。

模块的工厂组装程序：建立尺寸控制相对坐标系，按照位置坐标摆放基础垫墩，将首层钢结构框架在垫墩上安装就位，测量各轴线点位坐标进行形位调整，就位安装首层主体设备，组装与主体设备相连接的管道和管路元件，安装电仪设备及材料；依次顺序安装。必要时采取安全措施，可上下层同时作业。

4. 测试检验和出厂

模块建造完毕后，分专业进行出厂验收测试（FAT），内容包括：工艺及配管检查、结构检查、仪电检查与测试、设备检查、防腐及保温检查等。

模块管路系统的所有焊缝在工厂内进行强度试验。

5. 包装、运输

明确运输路径、运输方式、车辆选用以及转运等情况制订运输方案，按照拆分方案对需要拆分的单元模块进行拆分。结合运输方案以及物资类别确定模块的包装方案。

6. 模块现场安装

模块现场安装工作包括：单体模块安装，模块间连接钢结构、管道和桥架安装，栏杆、爬梯安装与格栅板敷设，仪表安装，灯具安装，电缆敷设及接线等。

为保证现场安装顺利实施，应编制模块安装手册，内容包括：装置整体情况及安装内容，装箱总单与安装顺序，各专业安装指导要求，吊装要求与专用工具。

模块工厂化建造总体流程如图7-10所示。

三维详细设计	采购	原材料检验	管道钢结构预制
设备安装	装置预组装	FAT(工厂测试)	拆分
包装	运输	现场安装	联机调试

图7-10 模块工厂化建造总体流程图

四、模块工厂建造模式

经过几年的模块化建设探索和实践，中国石油针对油田站场和气田站具有的不同特点，研究形成4种建设模式。

（1）小型站场全部采用一体化集成装置的模块化建设模式。

（2）中型站场采用一体化集成装置为主、单体模块为辅的模块化建设模式。

（3）油田大型站场（如联合站、脱水站等），由于油田设备体积大、介质重，由功能及流程相近的设备组成、多采用单层布置，采用一体化集成装置和单体模块相结合的模块化建设模式（图7-11）。

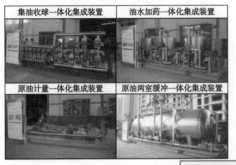

图7-11　采用一体化集成装置和单体模块相结合的模块化建设模式

（4）天然气处理大型站场（如天然气处理厂、伴生气处理站等），单元工艺复杂，组成单元设备种类多，受介质质量和流向影响较小，除大型容器外大多设备相对较轻，通常为分层布置，采用单元装置模块为主、单体模块和一体化集成装置为辅的建造模式（图7-12）。

图7-12　大型场站模块化建设模式

不论是一体化集成装置和单体模块相结合的模块化建设模式，还是单元装置模块为主、单体模块为辅的建造模式，由于油气田厂站的特点不同，主要的差别在于模块化设计的实现方式不同，而在工厂化建造、过程质量检验、包装运输、现场安装等方面，基本程序和要求是一致的。

五、模块化建设的关键技术

1. 面向建设全过程的模块化策划和设计技术

模块化设计阶段除了需要考虑传统模式下厂站的工艺过程、安全生产、日常操作和检修、事故逃生外，还需要考虑到模块如何构建、连接、拆分、吊装、包装、运输以及现场组装安装等各方面的特殊性和共同性。

2. 模块划分技术

模块的划分要结合工艺流程图、总平面布置图和装置布置图，综合考虑模块规格、运输成本、车船运输能力、道路条件、吊装能力，可施工性以及安装顺序。需要总图专业、设备专业、管道专业、结构专业、包装运输等多专业人员进行协同完成。

3. 管线布置技术

对管线在模块间的分割断开，需要制订统一的断管原则和技术要求，如：

（1）管线的分割点不能位于结构梁上；

（2）管线分割点应方便现场的施工操作，分割点为焊接的应与穿层板位置、管头保持一定距离（至少500mm）；

（3）连接点为焊接的，则焊接点位置应尽量设置在层板上方，避免出现仰焊；

（4）模块间管线连接点尽量采用法兰连接；

（5）对于模块间的管线连接，可设计一段法兰连接单管，用以连接两个模块，此法兰连接单管单独进行编号、单独管理，不从属于任何一个模块，以方便现场的跟踪和管理；

（6）管排的模块间断点的设置要错开一定长度，以满足管线总装施工的空间需要。

4. 多专业三维协同设计技术

在模块化建设中，特别是针对大型复杂工程，多专业三维协同设计技术显得异常重要。

（1）三维实体渲染，形象模拟项目实际现场；

（2）多专业三维协同作业，加强了专业间的沟通，减少错、漏、碰、缺；

（3）电脑自动出图和抽料，减少人为错误，提高图纸质量；

（4）多次模型审查，增强了业主及操作方的沟通，减少设计变更。

5. 模块化工厂安全评估技术

由于模块化建造与传统建造模式存在较大的差异，在传统的建造模式中采用的安全评估技术基础上，结合模块化建设特点，还需进行进一步的有针对性的安全评估。

（1）Hazop 分析和 SIL 安全完整性分析；

（2）结构整体稳性分析；

（3）管系整体稳性分析；

（4）模块运输安全稳定性分析。

6. 误差控制技术

采用先进的测量控制技术和设备进行模块整体和局部误差的控制，实现精确对接，通常采用高精度的激光全站仪。

在焊接和组对时，要采用合适的焊接工艺和合理的工序来控制建造中的变形。

在施工过程中，校核管线的位置和安装精度，并随时纠正偏差。

7. 工艺管道部分预制技术

模块制造安装前，根据制造工序策划，合理确定需预制的管道，焊缝预制率在70%左右为宜。预留部分管材、管件在模块组装时进行组对焊接。

8. 制造和安装的计划制订与控制技术

制造和安装的内容、程序、持续时间、衔接关系与进度总目标、资源优化配置是并行施工的关键。计划制订充分考虑设计可行性、人员、施工资源、原材料的到货进度、流程逻辑性、季节、其他专业施工进度等因素的影响。跟踪建造进展，发现问题及时采取措施，纠正进度偏离或调整施工计划。

9. 钢结构框架总装技术

钢结构框架总装是模块化现场组装中最重要的技术。重点按照以下程序开展工作。

1）第一段框架单元安装

对基础进行检查与处理：按设计图纸和质量要求对基础形位尺寸和质量进行检查和复测，预埋底脚螺栓，垂直度、标高和纵横向轴线应符合要求。

（1）钢结构框架底座垫铁设置应符合规范和图纸的要求。

（2）钢结构框架进行就位找正并紧固地脚螺栓。

（3）进行各垫铁组的定位焊接，然后按要求进行二次灌浆。

2）钢结构框架上面各段总装

以下段框架单元为基准，找准上段框架单元的垂直度，上段框架单元与下段框架单元接口间隙与平齐均应符合要求。

（1）上段框架单元与下段框架单元的就位组对。

（2）吊装上段框架单元使其各立柱进入导向定位靠模的轨迹，缓慢地松下上段框架单元，使框架单元各立柱沿导向轨迹慢慢地进入定在位置，然后进行上下框架的组对找正，符合要求后进行连接固定。

（3）钢结构框架单元总装的连接固定。

10. 大型设备模块内安装技术

设备的定位尺寸控制如下：

（1）设备定位基础放线。

（2）基准点和基准线确定。

（3）安装定位尺寸控制。

在对设备进行安装定位时，采取以模块中心线作为设备定位基准线的方法（图7-13），即选取模块第一层平台最外端四个立柱的中心，做出其中心线作为基准；然后上面各层基准线垂直投影与第一层中心线重合，这样就消除了立柱的垂直度偏差，减少了立柱垂直度误差对设备定位的影响。

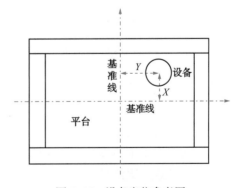

图7-13　设备定位参考图

六、模块工厂建造的成效

2010 年以来，中国石油在长庆油田庄三联合站和磨溪气田天然气处理厂的建设中取得了很大的成功。

在磨溪气田天然气处理厂二期 $60 \times 10^8 m^3/a$ 工程的建设中，新建主体工艺装置包括 3 套 $600 \times 10^4 m^3/d$ 天然气脱硫装置、3 套 $600 \times 10^4 m^3/d$ 脱水装置、2 套 $900 \times 10^4 m^3/d$ 硫黄回收装置、2 套 $900 \times 10^4 m^3/d$ 尾气处理装置和酸水汽提装置、1 套 $1200 \times 10^4 m^3/d$ 尾气处理装置和酸水汽提装置。每套装置按照过滤、脱硫、脱水、硫黄回收、尾气处理、酸水汽提等 6 大功能单元，分为 55 个橇块进行组橇，3 套装置共计 144 个模块橇。根据测算，主体工艺装置区橇内焊口数量占 83%，橇外焊口数量占 17%。其中橇内焊缝数量有 95% 左右可以进行工厂化预制，5% 左右的焊缝因橇装拆分，需要预留焊口。

通过采用模块化建设，与传统建设模式相比，建设工期缩短 20%、占地减少 28.2%、综合投资节省 4%（表 7-5）。$60 \times 10^8 m^3/a$ 处理厂工程仅用 10 个月时间就实现了从开工建设到一次投运成功。

表 7-5　磨溪气田天然气处理厂二期 $60 \times 10^8 m^3/a$ 工程模块化建设成效

生产装置	主要功能	应用套数	投资，万元		定员，人		占地，m^2	
			常规建设	模块化建设	常规建设	模块化建设	常规建设	模块化建设
天然气净化	脱硫脱水硫黄回收	3	150000	105000	120	75	36000	25854
尾气处理	尾气处理	3	15000	13000	30	18	5500	4500

探索实践证明，模块化建设替代传统建设方式是应对面临的形势，提升工程建设技术和管理水平的必然需求，模块化建设已经成为今后中国石油优先采用的建设模式。

第四节　地面数字化技术

油气田自动化即利用自动化手段对油气田的井、间、站、外输系统及油田其他设施进行自动检测和控制，从而实现生产自动化和管理自动化。随着技术的进步，围绕油气田地面自动控制、通信、视频监控、信息应用等技术日趋成熟，各油气田企业按照集团公司战略发展的要求，结合自身实际需要，不断完善地面数字化建设，在数据自动采集、数据传输网络、生产管理、自动化控制、井站配套支持等方面不断提高信息化水平，初步实现了生产操作自动化、生产运行可视化，管理决策系统化。

当前国内陆上油气田大部分已进入开发中后期，含水率逐年升高，油气产量逐年下降，新油气田面临低渗透、高压、高含硫、高危、稠油、页岩气等越来越复杂的开发对象，已建地面工程系统庞大，运行维护成本逐年上升，安全环保等要求日趋严格，土地征集、材料价格、人工成本不断攀升。凡此种种，对油气田地面工程及数字化建设提出了严峻的挑战。诸多国外成功案例显示，要实现产业升级，必须转变生产发展方式，实现工业化与信息化深度融合。油气田地面数字化建设通过信息技术与地面工程的融合，提高每个生产操作单元的自动化程度，为优化生产管理流程，实施精细化管理创造了条件，在优化生产作业流程、精简组织机构、提高企业管理水平、减少员工劳动强度、降低操作成本、提高安全生产等方面发挥重要作用，进而实现企业流程再造，变革企业生产发展方式，提高企业经济效益和增强竞争力。

国际石油公司充分认识到油气田地面数字化建设在提高工作效率、降低生产和管理成本上的巨大作用，非常重视油气田地面数字化建设，并不断加大相关投入。国内长庆、新疆、塔里木等油田的实践也充分证明数字化建设十分必要，能够有力支撑油田科学快速发展。用信息化技术改变传统产业，实施"有质量、有效益、可持续"的发展战略，将为建设综合性国际能源公司提供强有力的保证。

2011年油气田地面工程数字化建设规定发布，2014年油气生产物联网系统建设规范出版发行。随着中国石油推进综合性国际能源公司建设的不断深入，对油气田信息化工作提出了更高要求，也提供了更为有利的发展机遇。今后一个时期，集团公司将继续推进信息技术总体规划的实施，利用信息化手段替代现场手工作业方式，提升远程监控能力，减少对油区生态环境的影响，使生产作业更环保；通过油气田地面数字化建设对工程建设、油气的生产、处理、运输过程进行优化，提高精细化管理水平，实现生产运行高效节能。

一、油气田地面数字化体系

油气田地面数字化建设将信息技术与自动化技术深度融合，建立覆盖油气地面生产各环节的数据采集与监控、数据传输及管理系统，满足作业区、采油采气厂、油气田公司三级用户的油气生产管理、地面建设工程管理等需求，实现数据采集、远程监控、运行分析与辅助决策、设备完整性管理等功能，促进生产方式转变，提升油气管理水平和综合效益，改变传统的业务模式，按流程构建新型劳动组织结构，减少管理层级，实现扁平化和精细化管理。

油气田地面数字化建设的原则是：坚持中国石油信息化"统一规划、统一标准、统一设计、统一投资、统一建设、统一管理"的原则，建设工作以业务需求为导向，综合考虑油气田的现状、效益和发展前景，确定信息化实施的范围、程度和方式，遵循先易后难的原则。建设中遵循保护已有投资、充分利旧的原则，对各油气田已建信息化系统进行适度集成，避免重复建设；同时，配合劳动组织的优化及工艺流程的简化，提倡由统一的控制系统进行集中管理，适当减少或合并岗位设置，从而实现管理创新、减少劳动用工、改善劳动条件。油气田地面信息化的建设遵循低成本原则，除因特殊生产工艺及流程要求外，应尽量采用国内主流技术和国产设备。

油气田地面数字化建设围绕地面工程管理和生产过程管理，根据油气田地面数字化建设标准要求，宜利用物联网技术，建设数据采集与监控子系统、数据传输子系统以及油气田地面工程管理信息系统，实现油气田井区、计量间、集输站、联合站、处理厂等生产数据、设备设施状态信息在作业区生产指挥中心及生产控制中心集中管理和控制，支持油气生产过程、地面建设工程管理，优化油气开采和集输、工程管理流程，提高油气田决策的及时性和准确性，降低运行成本。

1.管理层级与职能

油气田地面数字化建设覆盖油气田作业区、采油厂、油气田公司三级管理层级。油气田宜在作业区设置生产管理中心、采油采气厂设置生产调度中心、油气田公司设置生产指挥中心。

1）作业区

作业区可作为生产管理中心，负责对整个油气生产流程进行监测，对关键过程进行调度和管理，对生产工艺和工况进行诊断分析，进行应急指挥调度工作，在部分油气田作业区直接监控井及小型站库，实现远程控制。通过油气田地面数字化建设提高作业区对前端（井、小型站库）的监控能力。在生产安全允许的情况下，提倡作业区集中监控模式。提高作业区对井、站库的监测能力，及时掌握井和站库的报警信息，整体掌控作业区生产运行情况。

2）采油采气厂

采油采气厂可作为生产调度中心，负责对整个流程进行监测，对生产工艺和工况进行诊断分析，对生产计划和配产进行综合分析等工作。油气田地面信息化管理系统实现产量对比，产液量、产油量统计，各类报警预警提示，视频显示等功能。通过生产实时监控和智能工况诊断分析，及时发现生产问题，实现精细化管理，减少停工时间，降本增效。

3）油气田公司

在油气田公司可设立油气田公司生产指挥中心，是对所辖区域的生产设施及环境实施监视和调度指挥的管理中心。油气田公司作为生产指挥中心，负责整体监测并进行应急指挥调度，及时发现地面设施、管网中的问题，进行整体优化和提升。

2.子系统与功能

油气田地面数字化建设宜包含三个子系统：数据采集与监控子系统、数据传输子系统、生产管理子系统，系统总体架构如图7–14所示。

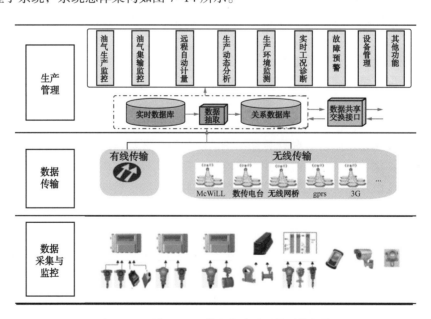

图7–14 油气田地面数字化建设系统总体架构

1）数据采集与监控子系统

采用传感和控制技术构建的油气田地面生产各环节的生产运行参数采集、生产环境的自动监测、生产过程的自动控制和物联网设备状态监测的系统。

2）数据传输子系统

采用无线和有线相结合的组网方式，为数据采集与监控子系统和生产管理子系统提供安全可靠的网络传输通道。

3）生产管理子系统

采用数据处理和数据分析技术构建的涵盖生产过程监测、生产分析、预警预测、地面工程管理、物联设备管理、数据管理等功能的管理系统。

二、油气田地面数字化建设功能与要求

油气田地面数字化建设数据采集与监控、数据传输和生产管理子系统功能如下。

1. 数据采集与监控

主要采集油气田各类生产场所、装置的生产运行数据，包括温度、压力、流量、液位、组分、电流、电压、功率、载荷、位移、冲程等。由人工采集数据和自动采集数据两部分组成。人工化验或记录的数据、生产过程的一些管理数据由人工录入系统，井场、站（厂）、管道等数据采集和监控采用 SCADA 系统、DCS 或 PLC 自动采集。数据采集与监控子系统采用模块化建设思路，由远程终端装置、站场监控系统、区域生产管理中心三部分组成。

1）远程终端装置

完成井场、阀室和站场的数据采集、处理和控制，并上传数据至所属站场监控系统，接受其控制指令。

在井口部署自动化传感器和执行器，实现生产数据自动采集，实时监测油气井生产状况，并支持软件量油。合理设计自动化控制能力，如远程启停、紧急关断等，满足现场生产需要，保障现场生产安全。站库主要进行油井产量计量、注入井的驱油物注入管理和计量等工作。通过建设井口数字化系统，实现软件量油、自动倒井计量，尽可能地取消计量站、注水站，简化优化地面工艺，缩短管理层级，降低成本，节省人力。适度保留一部分计量站，一方面可以对软件计量精度较差的井进行计量，另一方面可以为软件计量进行校准，同时推进自动化改造。对于需要采用倒井量油的井场，尽可能地用自动化装置进行改造。

2）站场监控系统

站场监控系统完成本站及其所管辖井场、站（厂）、管道的数据采集和集中监控，并上传数据至区域生产管理中心。

站（厂）主要进行油气水的分离、计量、处理、加压、回注、外输、储运等工作，部分站（厂）会对所辖的井及井场进行监控。通过梳理站库业务流程，促进站（厂）自动化系统标准化，采集并监测各站（厂）的关键实时参数，实现分级报警响应，进一步将站（厂）对单井的控制功能提升到作业区实现，提高管控效率，减少前端人员。

通过在管网部署自动化设备，实现压力、流量、温度、泄漏检测等参数的自动采集，进而统计输送量、输送效率等数据。根据需要设置视频监控、关键过程连锁控制等。

3）区域生产管理中心

区域生产管理中心接收站场监控系统的数据，实现对区域所辖井场、站（厂）、管道的生产运行数据存储、集中监视和管理。

数据采集与监控子系统主要实现参数自动采集、环境自动监测、设备状态自动监测、

生产过程监测及远程控制等功能。

（1）参数自动采集实现地面工程各环节相关业务的生产数据采集。

（2）环境自动监测实现视频、可燃气体、有毒有害气体浓度等信息的采集和告警。

（3）设备状态自动监测实现设备的标识、位置、工作状态等信息的采集与监视。

（4）生产过程监测提供油井监测、气井监测、供注入井监测，实现站库场、集输管网、供水管网、注水管网涉及的生产对象的工艺流程图实时数据显示和告警。

（5）远程控制实现抽油机井远程启停、电泵井远程控制、气井远程关断、注水自动调节控制、自动倒井计量控制等。

2. 数据传输子系统

油气田地面数字化建设中的传输系统部分所承载的业务数据主要包括实时生产数据、控制命令数据、视频图像数据及语音数据。数据传输子系统的设计、建设要充分考虑油气田已有网络状况，适应当地自然环境和发展需求。数据传输子系统要具备自动监测通信连接状态的功能，并具备断点续传能力。

3. 生产管理子系统

生产管理子系统提供地面工程运行管理、地理信息管理、生产过程监测、生产分析与工况诊断、设备管理、视频监测、报表管理、数据管理、辅助分析与决策支持、系统管理、运维管理等功能。生产管理子系统基于云技术开发建设，将各功能封装成功能模块，以实现系统的高效部署、灵活应用与便捷交互。

（1）地面工程运行管理实现油气田地面工程从规划到建设再到运行维护的管理主线，包括四方面内容：前期工作管理、建设过程管理、生产运行及生产辅助管理和综合管理。

①前期工作管理实现前期方案审批计划管理和前期方案管理，内容包括项目建议书（预可行性研究、开发概念设计）、可行性研究和初步设计方案。

②建设过程管理主要包括工程实施、投产试运和竣工验收三个部分。工程实施包括准入管理、工程项目管理等；投产试运包括编制投产方案和组织试运行；竣工验收包括专项验收（环保、卫生、消防、安全、决算、档案）和总体验收。

③生产运行及生产辅助管理包括原油集输与处理、天然气集输与处理、注入、采出水处理、化验、防腐、供排水、供电、道路等设备实施运行管理。

④综合管理主要包括新工艺新技术管理、油气田建设相关管理规定、标准、规章制度、规范管理、标准化设计规定、标准化设计定型图等文档管理。

（2）地理信息管理提供地理信息与相关专业数据，实现地理信息数据的查询分析，提供可视化信息管理，使相关部门具备数据空间协调分析能力。

（3）生产运行过程监测实现油井监测、气井监测、供注入井监测、站库场信息展示、集输管网信息展示、供水管网信息展示、注水管网信息展示功能，实现对涉及的对象基础数据和历史数据查询、实时监测和超限告警、油气水井和站库场视频监测。

（4）生产分析与工况诊断实现产量计量、参数敏感性分析、工况诊断预警功能。

（5）设备管理实现设备信息检索、设备故障管理和设备维护功能。

（6）视频监测实现视频采集与控制、视频展示、视频分析报警功能。

（7）报表管理实现数据报表模板管理，实现对业务数据报表、设备故障报表、系统运行报表的自动生成功能。

（8）数据管理实现采集数据质量管理和数据集成管理功能。

（9）辅助分析与决策支持实现地面工程数据汇总信息展示功能。

（10）系统管理实现告警预警配置管理、用户权限管理、系统日志管理、数据字典管理功能。

（11）运维管理实现运维日志管理、运维任务管理、系统备份管理、系统版本控制功能。

三、油气田地面数字化技术

油气田地面数字化建设宜采取"先试点，后推广"的策略，按项目启动、需求分析、详细方案设计、系统配置与测试、数据准备与用户培训、系统上线和验收7个阶段开展实施。

油气田地面数字化建设以业务需求为导向，综合考虑油气田生产的现状、效益和发展前景，确定实施的范围、程度和方式。遵循先易后难的原则，以整装作业区或采油采气厂为建设单元组织实施。新产能建设项目与地面信息化同步进行建设。老油气田结合地面工程改造进行数字化建设，在工艺优化简化的基础上，实现降本增效。

以下从系统架构、数据采集与监控子系统、传输子系统、生产管理子系统、数据管理、信息安全6个方面详述油气田地面数字化建设技术。

1. 系统架构

数据采集与监控子系统部署在井场、站场（厂）至作业区层级，对生产现场的数据进行采集，并实现监控功能。

数据采集与监控子系统可按两种模式设置，模式一为大型中心站厂集中监控。SCADA系统建在大型中心站厂，在中心站厂对下辖所有井、站、管道进行集中监控，作业区对下辖生产单元实施统一集中监视管理（图7-15）。在模式二中，作业区对无人值守井、站实施统一监控。SCADA系统建在作业区，无人值守井、站、管道由作业区集中监控；有人值守站厂自设监控系统。作业区对所辖生产单元实施统一监视管理（图7-16）。

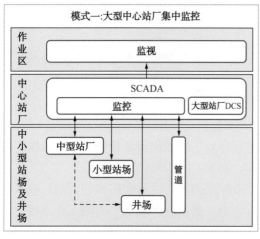

图7-15　数据采集与监控子系统监控模式一

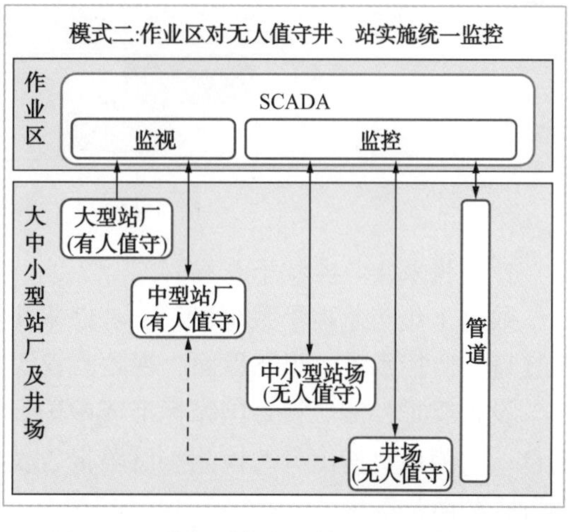

图7-16　数据采集与监控子系统监控模式二

生产管理子系统部署在办公网，可按照以下两种模式设置：模式一，在油气田公司设置系统服务器，供油气田公司、采油采气厂、作业区共同使用，在作业区设置实时数据库和功图关系数据库（图7-17）；模式二，对于因跨省、地域广、环境复杂等原因而与油气田公司不能保持可靠稳定网络通信的采油采气厂，可在采油采气厂设置生产管理子系统服务器，供采油采气厂、作业区使用，作业区设置实时数据库和功图关系数据库（图7-18）。

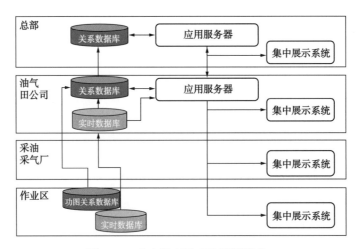

图 7-17　生产管理子系统部署模式一

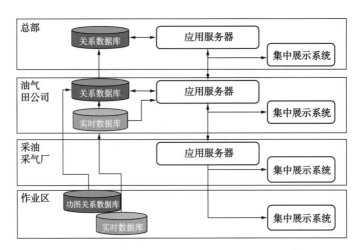

图 7-18　生产管理子系统部署模式二

2. 数据采集与监控子系统

数据采集与监控子系统建设要考虑采集与监控参数、物联网设备关键参数、数据存储及接口、监控系统、组态界面、视频监视等。

设备质量性能应符合国家标准或中国石油企业标准的规定，具有国家或石油行业认可的认证、测试机构出具的检测、试验报告及质量证书。满足生产环境所需的工作温度、防爆等级和防护等级。

对于井场设备选型建议采用无线仪表解决方案。无线设备数据存储及接口要求遵循A11-GRM通信协议。有线仪表输出信号采用4～20mA、1～5V、脉冲信号或RS485信号。

井场、小型站场物联网设备尽量采用RFID或二维码进行标识，标识基本内容应包含仪表编号、井号、站名、坐标、井类型、设备类型、生产厂家、量程、精度、电池更换日期、投用日期、安装日期。智能仪表应支持状态信息及故障信息的采集。

现场仪表技术要求如下：

（1）载荷传感器过载能力宜满足 150%F.S。

（2）位移传感器宜采用角位移传感器，角位移测量范围 –45°～ 45°。

（3）功图数据采集设备在一个采油周期的采集点数不应少于 200 点。

（4）电量采集模块应具有测量三相四线制、三相五线制等（可选）负载的各相线电流、电压、有功功率、无功功率、功率因数、有功电能、无功电能、线路频率等功能。

（5）稳流配水仪应具有本地、远程参数设置，手动、自动控制切换功能。

（6）仪表应具备存储配置参数和掉电保持功能。

（7）采用有线方式进行通信的智能仪表，应采集的基本状态信息有仪表状态、工作温度、故障信息。

（8）采用无线方式进行通信的智能仪表，应采集的基本状态信息有仪表状态、工作温度、故障信息、通信效率、电池电压、休眠时间，对特殊需求预留了存储空间。

RTU 技术要求如下：

（1）RTU 应具备数字、模拟信号采集与控制功能，远程、就地升级维护功能，数据存储功能，宜具备数据补传、主动上传和设备自检功能。

（2）RTU 通过 RS485、RS232 接口与前端采集设备通信时，应支持标准 MODBUS RTU 协议。当与无线仪表通信时，RTU 应支持 ZigBee 或 WIA 通信技术。在油气田内部应使用同一种无线协议。

（3）RTU 与 SCADA 系统应采用 RS485、RS232 以太网接口通信，支持标准的 MODBUS 协议或统一扩展的 MODBUS 协议，支持 DNP3.0 协议。

（4）RTU 要支持数据加密算法，能够根据中国石油信息安全要求添加加密算法。

（5）RTU 1 min 保存一条数据时，数据存储时间至少 7 天。

（6）对于需要与智能仪表通过有线方式进行通信的 RTU，如仪表部分采用 HART 协议进行通信，RTU 宜支持 HART 协议。

通信模式相关要求如下：

（1）井场通信分为单井通信模式和多井集联通信模式。

（2）单井模式的数据流为无线仪表→井口控制器（RTU）→中心控制室。

（3）多井集联通信模式的数据流为无线仪表→井口控制单元（井口路由单元）→多井集联中继器（RTU）→中心控制室。

（4）单井通信模式要求仪表距离井口控制器（RTU）/井口控制单元在 100m 范围内，井口需要视频采集的宜采用单井通信模式；平台井、主从井、丛式井等在一定固定区域内的井宜采用多井集联通信模式，离散井在多井集联中继器（RTU）可视范围 150m 内宜采用多井集联通信模式。

井场数据通信接口要求如下：

（1）井场无线通信的物理层、链路层、网络层通信应采用 ZigBee Pro 或 WIA 通信协议。

（2）数据采集频率应满足生产业务需求，采用有线仪表方案时，前端采集压力、温度等参数可支持 1s 刷新一次数据；采用无线仪表方案时，压力、温度等参数支持 3min 上传一次数据，功图 10min 上传一次数据。

（3）采用有线方式通信的智能仪表宜采用 RS485 接口或 HART 协议进行通信。

（4）有线通信中井口控制单元与多井集联中继器通信要支持以太网通信接口或 RS485/RS232 物理接口方式，支持标准或统一扩展的 MODBUS 协议，支持 DNP3.0 协议。

站库控制系统接口要求如下：

（1）有人值守站库控制系统数据要通过 OPC 接口上传。采用 OPC 协议上传数据时应考虑 OPC 通信对原系统性能的影响，大数据量上传时，需配置专用 OPC 服务器。新建和改扩建站控系统应支持 OPC2.0 协议，同时兼容 OPC1.0 协议。老旧站控系统若不支持 OPC 协议，可在实施中根据支持的接口协议进行接入。

（2）无人值守站库控制系统数据应通过标准或统一扩展的 MODBUS 协议上传。

（3）大型站厂 DCS 数据传输时应使用 OPC 接口上传。

监控系统要求如下：

（1）监控系统所应用的组态软件应包括市场上主流设备 I/O 驱动，组态软件应支持用户开发驱动接口包。

（2）监控系统主要实现油井、气井、水井监测功能，主要包括实时监测、远程控制、超限告警、数据趋势分析、历史报表、历史数据查询功能。

（3）监控系统应具备物联网设备状态信息监测功能。

（4）监控系统应实现功图数据采集及展示功能，包括功图数据采集与存储、单幅功图展示、多幅功图叠加、功图数据检索功能。

（5）对于已经建设 SCADA 系统对井场进行监控的作业区及站厂，应在已有 SCADA 基础上扩展并接入新实现自动化的油气水井，不重复建设新的 SCADA 系统。

视频监视系统要求如下：

（1）视频系统应具有与报警控制器联动的接口，报警发生时能切换出相应监视部位摄像机的图像，予以显示和记录。

（2）视频信号传输应保证图像质量和控制信号的准确性，保证响应及时和防止误动作。

（3）视频监测系统应配备稳压和备用电源。

（4）在过高或过低温度、气压、湿度环境下运行的系统设备，应有相应的防护措施。

（5）视频存储应靠近前端部署，应保存至少 30 天的历史视频信息。

（6）视频监测系统图像质量及功能测试要求、视频监测系统设备技术指标要求符合 Q/SY 1722《中国石油油气生产物联网建设规范》的要求。

3. 数据传输子系统

数据传输子系统网络包括以下三部分：

（1）从油气田井场、站场（厂）监控中心至作业区生产管理中心部署生产网，可延伸至采油采气厂或油气田公司层级。

（2）从作业区生产管理中心至采油采气厂级生产指挥中心、油气田公司级生产调度指挥中心部署办公网（局域网）。

（3）从油气田公司级生产调度指挥中心至集团公司部署办公网（广域网）。

办公网网络建设要根据油气田地面信息化项目需求，由网络建设管理单位负责完善。各油气田应根据网络现状及需求确定生产网网络边界的位置。生产网应采用核心层、汇聚层、接入层的层次化架构设计，采用环型拓扑结构组网，在关键主干链路环节设备采取备份冗余模式。

传输系统的功能和方案以各油气田规模、现有通信设施、实际业务需求为依据，选择适合的技术和网络结构。传输系统应具有统一、规范、开放的数据接口，支持标准的通信协议，能够与其他相关系统实现可靠的互联。油气田应结合实际情况选择租用或自建有线链路，租用链路应满足系统的最低数据传输需求，自建链路应满足《油气田地面工程数字化建设规定》要求。无线传输网络建设应遵循国家无线电管理委员会的有关规定，频率应根据油气田当地已使用的频率资源来规划与确定，应充分利用已经申请到的无线频率资源。

有线传输网络技术选型应符合 Q/SY 1335 中相关规定。受地理环境的制约，在运营商有线链路不可达或不具备自建有线链路条件的接入层网络节点，可采用无线传输方式。无线传输网络应根据各油气田自然环境、业务需求和已有无线网络情况，通过现场勘查和测量进行覆盖、带宽、频率、容量等方面的规划，综合考虑施工难度、建设投资的成本和效果，并结合各类无线传输技术特点，选用适合的无线通信技术进行组网。

有线传输网络性能应满足以下要求：

（1）有线信号传输方式的网络延时应低于 120ms。

（2）当采用基于 Internet 互联网的有线传输方式时，要采用 VPN 专用通道保证数据传输的安全性。

（3）当油气田监控现场存在大功率干扰源时，应采用电转光形式的有线网络传输，以保证信号传输的稳定和保真。

无线传输网络在传输数据时，应根据各油气田井场、站库、管网数量，数据采集频率，单次采集数据量等因素进行估算，确保无线传输网络性能满足实际需求。

视频图像数据传输性能应满足以下要求：

（1）传输图片数据时，其接入速率应满足油气田对于图片分辨率和采集频率的要求。

（2）传输的视频信号和视频显示图像不应低于 CIF 格式。

（3）传输单路 CIF 格式的图像所需要的视频信号网络带宽不应小于 128kbit/s，传输单路 4CIF 格式的图像所需要的视频信号网络带宽不应小于 512kbit/s。

（4）捕影现场的网络带宽，不应小于允许并发接入的视频信号路数乘以单路视频信号的带宽。

（5）各油气田可根据已有网络带宽情况，在满足最低视频分辨率的基础上，适当调整并发路数及视频分辨率。

4. 生产管理子系统

系统平台相关要求如下：

（1）平台应采用关系数据库作为数据源。

（2）平台应支持主流的应用服务器和 Web 服务器。

（3）平台应提供对物联网设备信息的展示。

（4）平台应支持根据油气田实际的工作日历，对各层级机构的日数据自动进行汇总。

（5）平台应支持二次开发，支持与其他系统的融合。

（6）平台应支持 Chrome、IE8 以上版本的浏览器。

（7）平台应支持多语言版本。

系统硬件相关要求如下：

（1）硬件设备应根据各部署点的实际情况、数据量以及用户访问量进行设计、部署和升级。

（2）服务器类型包括：前端 Web 服务器、负载均衡器、应用服务器、报表服务器、关系数据库服务器、实时数据库服务器、视频服务器、组态服务器、工况诊断服务器以及服务器相应存储设备等。

5. 数据管理

系统数据模型遵循 EPDM 规范。对于可以复用的 EPDM 数据模型，应直接沿用，在直接复用 EPDM 数据模型无法满足需求的情况下，在 EPDM 原有模型的基础上进行扩展或新建。与统建系统数据接口在总部和油气田公司层级实现。

关系数据库设计要求如下：

（1）生产管理子系统中关系库数据模型遵照 EPDM 模型标准扩展，可以复用的模型直接使用，不对模型做修改；无法复用的模型，进行扩展或新建，但具有相同含义的数据项采用 EPDM 原有编码。

（2）新建数据表采用两层编码方式进行编码：

①第一层（分类码）由 2 ~ 3 个字母组成数据表分类代码。由于是新建数据表，第一层统一为 PC。

②第一层码与第二层码之间用字符"_"进行连接。

③第二层（表名称码）由数据表名称关键英文单词组成。根据实际需要，表名称码前端可包含数据表分类代码。数据表名称的英文单词之间应用字符"_"进行连接。

④第二层码应以"_T"结尾。

⑤新建数据表编码总长度不应超过 30 个字符。

实时数据交换协议要求如下：

（1）数据采集硬件与软件（包括组态软件与实时数据库）之间通信协议宜采用标准或统一扩展的 MODBUS 协议，支持 DNP 3.0 协议。

（2）不同数据采集软件（包括不同品牌组态软件与实时数据库）之间数据交换协议宜采用标准 OPC 2.0 协议。

（3）同类、同品牌数据采集软件之间数据交换应采用相应软件本身自带数据同步协议或组件。

6. 信息安全

室外设备安全应满足以下要求：

（1）主要仪器仪表宜加装安全防护箱，箱体材料应选用不易生锈、耐磨损的材料，并具有一定承重能力。

（2）重点井、重点地区、高危地区、社会敏感地区宜安装摄像头，便于实时视频监测，防止设备被盗。

（3）设备宜有备用电力供应。

安全域边界防护应满足以下要求：

（1）隔离网闸。在生产网与办公网之间部署隔离网闸，保证生产网的安全，隔离网闸是生产网与办公网数据交换的唯一通道。

（2）防火墙。在作业区生产网核心交换机前端部署防火墙设备，以保护作业区内部核心生产网络的安全，抵御来自无线传输网络的安全威胁。

（3）入侵检测。宜在生产网作业区核心交换机旁路部署入侵检测设备，并能与防火墙联动，一旦检测到网络攻击行为能通知防火墙进行阻断。

服务器安全应满足以下要求：

（1）要对部署油气田公司的应用服务器和数据库服务器安装服务器安全加固产品，提供如强身份鉴别、安全防护、强制访问控制、安全审计、恶意代码防范等安全防护。

（2）为服务器安装防病毒软件，提供病毒查杀功能。

操作终端安全应满足以下要求：

（1）宜充分利用中国石油已部署的终端安全管理平台，实现对管理终端和用户终端的安全性检查，包括终端安全登录、操作系统进程管理和设备接入认证等。

（2）为操作终端安装防病毒软件，提供病毒、木马和蠕虫查杀功能。

短距离无线传输（传感器到 RTU）采用具有传输加密、网络认证及授权和网络封闭等安全措施的短距离传输技术。长距离无线传输（偏远井站 RTU 到有线接入点）数据安全基于信元和信道两方面进行规范：

（1）信元加密，对于有特定需求的油气田公司的重点特殊区域可部署安装信元加密设备。

（2）信道加密，宜采用具有无线链路加密技术的无线传输方式来保障无线信道传输安全，防止系统重要数据通过无线传输网络外泄。

关系数据库与实时数据库安全应满足以下要求：

（1）为油气田公司的关系数据库部署数据库防护网关，实现对关系数据库强身份认证、数据加密、访问控制等安全防护措施。

（2）使用数字证书作为数据库系统身份认证方式。

（3）强制规定密码复杂度规则、密码有效时限、密码长度、密码尝试次数、密码锁定等。

（4）仅设置一位管理员具备系统权限，其余数据库账号仅授予能够满足使用需求的最小权限。

（5）对实时数据库采集器采取冗余措施，使得单点故障不会中断数据采集，避免脚本故障切换数据丢失，以保证数据完整性。

（6）对实时数据库管理员和用户的登录、操作行为进行审计。

（7）监视数据库系统安全漏洞补丁情况，及时安装安全补丁。

四、油气生产物联网系统案例

油气生产物联网系统（简称 A11）是中国石油"十二五"数字化建设项目之一，旨在利用物联网技术，建立覆盖全公司油气井区、计量间、集输站、联合站、处理厂规范、统一的数据管理平台，实现生产数据自动采集、远程监控、生产预警，支持油气生产过程管理，进一步提高油气田生产决策的及时性和准确性。提高生产管理水平，降低运行成本和安全风险。

以下从项目的建设范围、建设内容及建设成效三个方面对系统进行介绍。

油气生产物联网系统的建设范围涉及中国石油所属的全部 16 家油气田公司，包括140 个采油厂、上百座作业区（矿）、近千余座站库以及几十万口油气水井，业务范围覆盖油气生产的全过程。油气生产物联网系统先期示范工程在16家油气田中选择有代表性的5家油气田作为试点，分别是老油田、环境敏感、数字化及信息建设基础好的新疆克拉玛依油田，高危地区、数字化建设基础好的西南油气田，高海拔、低渗透、偏远地区的青海油田，偏远地区、山区地带的吐哈油田，高湿地区、采用新型管理模式的南方福山油田。

1. 示范工程建设内容

油气生产物联网系统的建设按照顶层设计、统一标准、规范实施、试点先行、逐步推进的总体思路开展工作。按照顶层设计的理念，结合业务需求，确定油气生产物联网的定位，以及与相关系统之间的交互关系，满足作业区、采油厂、油气田公司和总部生产操作、生产管理和管理决策的不同需要，设计了油气生产物联网系统的业务架构、应用架构、数据架构，形成了一套建设规范，开发构建了一个统一的系统平台，建成了一批示范工程。具体建设内容与成果如下：

（1）编制了Q/SY 1722《中国石油油气生产物联网建设规范》，对数据采集与监控、数据传输、生产管理、数据管理、信息安全、建设施工等方面作出了明确规定。达到规范建设、互联互通、统一部署、统一管理的目的。

编制了系统上线验收办法和运行维护文档，上线验收办法包括验收组织、验收内容、验收文档及验收评分标准等，为项目验收工作提供了具体参考依据，有效地指导了A11系统验收工作，并在5家试点油气田上线验收工作中得到检验和完善。运行维护文档由运行维护规范、运维实施细则与运维操作手册组成，为指导A11系统运维工作，保证系统稳定、可靠运行奠定了基础。

（2）采用标准模板开发了数据采集与监控子系统。数据采集与监控子系统包含参数汇总、计量监控、物联设备、报表查询、曲线分析、通信监控、报警处理、视频监控、交接班等功能模块，实现了油气水井、计量间、阀组间的监控功能。数据采集与监控子系统充分结合生产实际，实现了抽油机井远程起停、稳流配水、自动掺稀、计量间自动倒井、功图报警等特色功能，有效帮助现场提高生产作业效率。已在新疆油田、西南油气田、青海油田、吐哈油田、南方公司等油气田得到成功应用。

（3）结合示范油气田已有网络，实现各种有线、无线传输方式融合。在生产网与办公网之间部署单向隔离网闸，实现网络的有效隔离，保证信息安全。

（4）采用SOA及云计算技术，开发了基于云平台的生产管理子系统，完成了生产过程监测、生产分析、报表管理、物联设备管理、视频监视、数据管理、系统管理和个性化首页定制等功能，满足集团公司总部、油气田公司、采油采气厂等各层级生产管理需求，并实现了与A2、A4等相关统建系统的交互。

（5）示范油气田通过一年半的建设，完成了2538口油气水井与168座站库的前端施工，累计安装现场采集与控制设备8763台（套），通信设备1190台（套），光纤敷设49.3km，全部完成了批复的实施工作量，完成了系统平台的部署，数据接入，通过了上线验收。

2. 示范工程建设成效

通过A11系统建设，示范油气田实现了生产数据自动采集、远程监控、生产预警，提高了生产效率和管理水平。A11系统的建设是油气田地面数字化建设的重要组成部分，为中国石油实现数字油田和智能油田奠定了坚实的基础，对中国石油加快生产方式转变，实现科学发展，建设综合性国际能源公司具有重要的作用。

A11系统的应用，推动由传统的手工、粗放式生产向数字化、精细化生产转变。通过信息系统建设，减少前端人员的手工劳动，利用自动化技术简化、优化生产环节，从而提高生产效率，降低生产成本。上下贯通的信息化系统连接前端的监控系统与上层的生产管理系统，实现生产统计分析、告警预警的实时化，优化了管理流程。实现了对资产设备的实时预警，集中管理，达到设备设施等资产的最优配置。提高了人力利用效率，将前端人员转移到远程中控室，使具有较高技能的分析、管理人员能够在集中管理平台上开展工作。通过A11系统建设，油气田现场管理由分散管理向集中管控转变，生产方式从劳动密集型向知识密集型转变，实现了增产不增人。

油气生产物联网系统示范工程建设取得了如下成效：

（1）组织结构优化。

通过岗位调整与优化，有效减少前端生产人员部署，将前端人员从艰苦的现场环境中转移到中控室，改善了员工工作条件，同时为劳动组织优化打下基础，使得油气田管理水平进一步提高。

通过油气生产物联网系统建设，吐哈油田许多员工脱离了一线的艰苦劳动，通过岗位调整，由人员分散转向人员集中，实现"过程集中管理、运行集中控制、数据集中处理"，工作条件得到改善；鲁克沁采油厂新增油水井430口，产量增加，人员基本不增，人均管井数从1.5口/人增至3.2口/人。

塔里木油田哈得作业区将哈1联合站中控室并入哈4联合站，变分散监控为集中监控，减少了监控和巡检人员，降低了安全风险。

青海油田将作业区生产管理中心部署在冷湖管理处，生产管理、技术人员在冷湖基地对现场进行远程集中监控，精简优化一线用工，实现员工从一线艰苦环境后移，改善了员工工作生活环境，提升了HSE管理水平。

（2）管理模式升级。

油气生产物联网系统的建设促进各示范油气田实现管理模式的创新，实现作业区生产管理中心、采油采气厂生产调度中心、油气田公司生产指挥中心的三级集中管控模式，发挥资源整合优势，管理层级更加明晰。

新疆油田风城作业区通过管理模式优化，把传统的"定岗值守、按时巡检"转变为"集中监测、无人值守、故障巡检"的新型生产模式，在产量快速增长的同时，实现了增产不增人的目标，大大缓解了劳动强度大和用工紧张等矛盾。仅126台注汽锅炉的管理操作人员由预计1500人减少至395人，稠油联合处理站人数由323人精简至182人。

西南油气田安岳气田创新中心站场管理新模式，压缩了管理层级，形成作业区—中心站的集中管控模式，井站无人值守率达90.32%。

（3）生产流程优化。

通过井口软件量油，一方面减少了计量间、计量站的部署，另一方面提高了产液量的监测频度。通过实现自动稳流注水、注配间的改造，减少了前端注水站的部署，提高了注水精度，实现了降本增效。

青海油田通过A11系统集成注水井在线计量及远程控制软件，实现了远程配注量调节、单井防返吐和恒流注水。

吐哈油田鲁克沁作业区把远程自动掺稀与稠油功图软件量油结合，经试验与井口单量误差率小于 10%，最小达到 1%，探索了一条稠油计量的新方法。

（4）生产方式变革。

通过生产过程实时监控、工况分析、预警预测等功能，将现场生产由传统的经验型管理、人工巡检，转变为智能管理、电子巡井，提高了工作效率，降低了安全风险，实现了生产方式变革。

南方公司通过电子巡井功能，实现系统自动巡井，提高巡井效率。采用智能视频监控等技术全方位布防井站生产区域，实现了生产与安全环保的紧密结合，减少了原油偷盗情况，安保能力得到全面提升。

示范工程已于 2014 年底完成了系统上线验收，A11 系统在油气生产过程中发挥了重要作用，促进了生产方式从劳动密集型向知识密集型的转变。随着老油田改造和新建产能配套建设，油气生产物联网系统在油气田生产发展中必将发挥其规模化效应。油气生产物联网系统建设是油气田数字化建设发展的必然趋势，必将对油气田的深化改革发挥重要作用，助力中国石油在未来工业 4.0 时代实现产业升级与转型。

第八章　油气田地面工程标准规范

油气田地面工程是油气田开发建设的重要组成部分，地面工程建设技术水平的高低直接影响油气田开发的经济效益。地面工程建设标准是地面建设工程勘察、规划、设计、施工、安装、验收、运营维护及管理等活动的技术依据和准则，是规范油气田地面工程建设行为、影响油气田地面工程建设技术水平、新技术推广应用和建设投资的重要因素之一。

第一节　油气田地面工程标准体系

一、"十一五"末标准体系状况及适应性

1. "十一五"末标准体系状况

2008年，中国石油天然气集团公司成立了标准化委员会，其主要职责是：统一管理集团公司标准化工作；归口管理企业标准制修订工作；制修订集团公司技术规程或规范。标准化委员会下设11个专业标准化技术委员会和9个标准化直属工作组。其组织机构如图8-1所示。

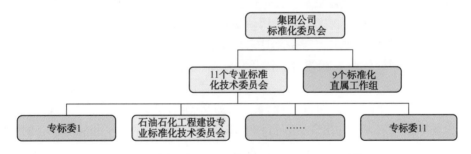

图8-1　集团公司标准化委员会组织机构框图[1]

石油石化工程建设专业标准化技术委员会是11个专业标准化技术委员之一，其主要职责是制修订集团公司油气田和炼化企业陆海通用的技术规程或规范，涉及地面设施、石油天然气储存设施、输送管道、炼化装置、配套设施的设计、施工、防腐等。

油气田地面工程建设标准归属于油气田及管道分体系，由石油石化工程建设专业标准化技术委员会管理。油气田及管道分体系按专业设置为10个门类（专业）。油气田及管道标准分体系框架如图8-2所示。

油气田及管道标准分体系中共有标准314项标准，其中现行标准235项，拟定标准79项（表8-1），主要有石油行业的国家标准、行业标准及企业标准，还包括一些原化工部、卫生部、机械部、交通部、邮电部等领域制定的相关国家标准及行业标准。

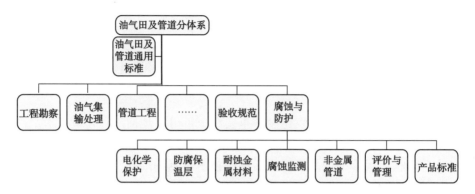

图 8-2　油气田及管道标准分体系框架

表 8-1　油气田及管道分体系标准统计表

现行标准，项					拟定标准，项	合计，项
国家标准	行业标准	地方	企业标准	小计		
32	191	—	12	235	79	314

经过 20 多年的发展，石油工业工程建设标准化管理工作不断完善，标准制修订水平不断提高，与国际接轨的步伐不断加快，基本形成了覆盖石油工业工程建设的标准体系。

2."十一五"末油气田地面工程建设标准体系适应性分析

现行的石油工程建设标准体系基本涵盖了从设计、施工（制造）、安装、验收到评价等全过程的综合技术要求，在促进循环经济发展和节约资源、规范地面建设活动和统一技术要求、保证工程安全与工程质量、加速创新和推动技术发展和应用、优化简化工程建设方案、控制投资等方面都发挥了重要作用，基本满足了油气田地面工程建设的需要。但是新的形势也提出了一些新要求，需要及时完善标准及体系。

（1）集团公司油气业务新领域、新开发方式、工艺技术的进步等对地面工程提出新要求。

随着煤层气、页岩气、油砂、滩海、深海等逐渐进入油气勘探开发领域，以及SAGD、火驱等新开发方式的出现，现行标准体系已经不能完全涉及和涵盖所有的领域。

随着天然气跨越式发展，地面工艺技术水平日益提高，新设备、新材料、新工艺、新技术逐步进入生产实践等，科技进步成果未能及时跟进，标准的先进性有待提高。

随着科学高效发展要求的提出，集团公司正在大力推进油气田地面工程标准化设计和数字化油田建设。油气田地面工程标准化设计已经在缩短设计周期、建设周期、提高工程质量、控制地面建设投资和节能降耗方面已经取得显著的效果，数字化油田建设也已经给开发管理带来了革命性变化。现有标准体系在上述方面出现了标准的缺失，要求补充相关的技术和管理标准。

（2）集团公司对海外油气勘探开发业务参与度的加大，要求加快标准与国际化接轨进程。

随着我国油气企业参与海外油气勘探开发力度的加大，与国际接轨已经成为必然发展趋势。但国际标准化水平与当今我国石油天然气行业的国际地位不相称，实质性参与程度有待进一步加强。与国际接轨应首先适应我国发展状况，在管理机制和融资方面随着改革的深入逐渐实施，应加速在标准的理念、性质、对象和内容等方面进行接轨，开展主要参数、指标的国际对标工作，吸收国际的先进标准，逐步实现标准市场化的战略目标。这与标准全球化趋势相一致。

（3）油气田地面工程建设标准分布在多个专业体系，给标准管理者和使用者带来不便。

地面工程建设标准分属多个专标委管理。主要归属油气田及管道专业标准体系，但在天然气专业标准体系、煤层气标准体系、海工专业标准体系中也包含了一些油气田地面工程建设标准。标准体系仍然存在交叉重复、系统配套等问题；同一专业的标准存在于不同的体系、由不同的机构管理，难免会造成标准之间的技术性要求不一致，也给标准查询和使用带来困难。因此，应建立一个标准查询和管理平台，可以将处于不同分体系的油气田工程建设标准集中到一个查询平台，方便使用。

（4）企业核心竞争力持续提高的要求，将加大标准战略化提到议事日程。

企业核心竞争的提高，要求企业要具有中国自主知识产权的特色技术或产品，力争制定自己的标准，并争取转化为行业标准、国家标准或国际标准。参与行业标准、国家标准或国际标准的制定，占有主动权将有助于树立在行业的权威性，促进先进技术在工程中的应用和产品更新换代，并为行业规范发展做出贡献。

（5）标准体系持续改进，要求定期完善调整标准体系框架。

现行标准体系框架是2008年集团公司成立标准化委员会时编制的。由于标准体系是一个开放性的系统，随着科技的进步和社会不断发展而发生变化，企业要对标准体系不断进行评价、改进，不断补充和完善，因此标准体系本身存在着持续改进的要求。集团公司标准化委员会要求每年对标准体系表进行一次调整；每3～5年，由集团公司标准化委员会组织各专标委对标准体系进行一次系统的完善修订。现行标准体系至今已经运行5年，出现了一些不适应的问题。因此，有必要对标准体系框架进行适当的调整，并采用信息化技术建立体系查询系统。

二、体系完善的总体思路和方法措施

无论是标准体系的全面性受到挑战，还是部分标准出现一些不适应，为满足油气开发业务拓展、规范地面工程建设行为，确保标准体系全面、先进、有效、适用要求，需要适时开展标准体系框架的完善调整和标准的制修订工作。

1. 总体思路

坚持"整合、提高、国际化"的方针。按照"提升先进性、提升适用性、提升有效性"的总体思路，坚持以市场为导向，以国际化为目标，以信息化为手段，加强标准化战略研究，强化各类标准间的科学性、统一性、系统性和协调性，切实提高标准的有效性和适用性，提高技术标准质量和水平及与国际接轨程度。

2. 方法和措施

（1）做好顶层设计，完善标准体系，增强体系的系统配套性。

按照"准确定位、系统配套、有效采标、市场导向"的原则，做好标准体系顶层设计，加强专业之间标准的综合梳理与研究，解决好体系中层级之间标准的交叉重复问题，增强体系的系统配套性。

以现行集团公司标准体系为基本架构，吸收石油行业标准体系的精华，以体系结构专业化为核心，调整专业体系框架基本结构，协调各专业体系间关系。标准体系框架初步构想如图 8-3 所示。主要考虑以下几方面完善：

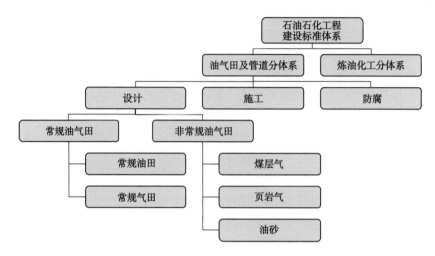

图 8-3　油气田地面工程建设标准体系框架构想

①考虑非常规油气资源开发进度的加快，首先划分常规油气田和非常规油气田，逐步构建完善的非常规油气标准体系，填补非常规油气标准体系的空白；

②在常规油气田中将油田和气田分开，细化气田地面工程专用标准，满足天然气跨越式发展的需求。

（2）突出"标准国际化和新兴能源"两个重点，体现体系构建战略化。

①有效采用国际，提高基础技术标准水平。仅等同采用对我国适用有效的国际标准；国际标准中的内容对我国不适用的应修改后采用，并且在必要时与我国的标准或技术进行合理整合；对我国适用有效的国际标准要提前介入，同步制定，达到及时快速转化。

例如在国际标准中的产品标准要分析采用。国际标准先进、合理，没有故意设置的技术壁垒，是市场的主流标准、技术发展的方向，如果我们现有的标准比别人的落后，采用该国际标准技术上可行，则应该积极采用，以推动我国的产品上档次、上水平，提高产品的国际竞争力。国外标准水平很高，但其中有些要求对我国不利，或者技术上无法实现，或者其中有"专利陷阱"，则不予采用。

②逐步实现标准的自主化、国际化。推动一批具有自主知识产权和自主创新的石油工业标准成为国际标准，提高实质性参与国际标准化活动的能力和水平。具有中国自主知识产权的特色技术或产品，力争制定自己的标准，并争取将该标准转化为国际标准，或者通过产品出口、技术交流等途径促使其他国家采用中国标准。

③进一步明确各级标准的定位。借鉴国外标准体系的先进经验，进一步明确各级标准的功能和定位。国家标准应将侧重点逐渐从重视技术切换到充分体现行业特殊性和工程特点的安全、环保、节能等方面，补充相关缺失标准；行业标准应是同行业在工程技术方面的基本要求；企业标准则是为了体现企业特点、提高企业竞争力，在满足国家标准和行业标准基础上的更高一级的要求。各级标准各司其责，相互补充，共同起效。

④构建非常规油气田标准体系。在标准体系中补充一批非常规油气相关标准，并编制

切实可行的制订计划，逐步填补非常规标准体系的空白，并满足非常规油气开发规范地面工程建设的需要。

（3）完善常规油气田标准体系，满足集团公司业务发展需求。

①修订不适应的标准，提高标准的技术水平。主要是健全企业、行业标准，升级必要的标准。尤其是近几年，集团公司加大了科技研发的投入，应进一步推进科技成果标准化，促进科技成果的有形化和市场化，将成熟、适用的科研成果体现到标准要求中，提高标准的技术水平，发挥科技生产力的作用。

②结合开发新形势，制定相关企业标准。稠油火驱开发方式、高酸性气田开发等都对地面提出新的挑战。在工程实践中形成了一整套安全可靠、适用的技术系列。为了对以后的工程建设提供经验并规范相关建设行为，应及时形成相关企业标准。

③制定标准化设计系列企业标准，推进地面建设新模式。地面工程标准化设计已经取得显著成效，并指导了诸多重点工程，应及时将取得的成果上升为企业标准，成为集团公司层面上的统一技术要求。

从以上几方面完善后的油气田地面工程标准体系框架，将能保证标准规范体系的有效性、科学性、实用性和先进性，最终满足地面工程建设需要。

三、工程建设标准体系框架及特点

1. 标准体系框架

根据上述分析和研究，对油气田地面工程标准体系进行了调整和完善。调整的标准体系与原标准体系相比，调整和新增节点 26 个；提出制修订标准 54 项。如图 8-4 所示。

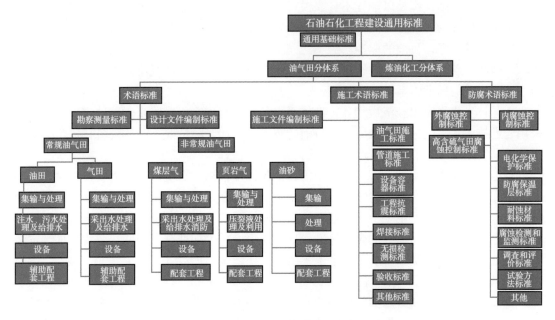

图 8-4 调整后的标准体系框架

新建议的新标准体系框架包括基础标准、通用标准和专用标准三层，共含标准 298 项。第一层为基础标准，含标准 3 项。

第二层和第三层划分为石油工程设计分体系、石油工程施工分体系和石油工程防腐分体系。包括标准 316 项，其中设计分体系 185 项、施工分体系 48 项、防腐分体系 80 项。

体系中的标准按照所处状态分为现行标准、在编标准和待编标准。其中现行标准 262 项，在编标准 29 项，待编标准 25 项。详见表 8-2。

表 8-2　建议标准体系构成一览表

序号	分体系名称		合计	现行标准	在编标准	待编标准
1	基础标准		3	3	0	0
2	通用和专业标准	设计	185	152	21	12
3		施工	30	21	3	6
4		防腐	80	68	5	7
	合计		298	244	29	25

2. 标准体系特点

新标准体系充分考虑了集团公司油气资源发展的战略重点，较好地适应了油气地面工程发展的实际需要；对集团公司在油气田地面工程领域形成的一批特色技术提出了制定企业标准的建议，反映了油气地面工程优化的新技术、新成果；较好地处理了标准之间的相互关系和内在联系，实现了油气地面工程标准的系统、完整、配套。新标准体系充分体现了适用性、完整性和先进性。

1）充分体现了标准体系的适用性

顺应了油气战略发展方向。目前，中国石油天然气跨越式发展，在过去重油轻气条件下制定的一些标准，都是以油气不分家模式存在。天然气集输、处理的相关技术要求、工艺都是相关标准的一部分，而对于随着天然气跨越式发展、高酸性气田、"三高"气田以及凝析气田的开发，目前的标准已经不能完全满足要求，需要补充相关的标准和细分技术要求。因此，新标准体系将油气进行了拆分。在过渡阶段，"油气不分家"的标准暂放在与"油"相关的标准体系中。

工艺技术水平突出经济适用。标准体系本着"面对现实、着眼未来"的方针，即鼓励采用先进技术水平的标准，又考虑到目前的技术水平和实际情况。既体现科技进步，又不过分追求尖端技术，关键是追求经济适用。

标准体系注重实用性。多年来，中国石油各油田根据各自生产实际需要，针对现行国家标准和行业标准没有覆盖的领域，分别制定了一批在本油田实用有效的企业标准，其中部分技术指标先进，可用于中国石油各油田的技术要求，经过整合和重新制定，将油田企业标准上升为集团公司一级的企业标准，这样既可以减少标准制定周期，节约标准制定经费，又符合油田企业实际需求，注重了实用性。

2）标准体系体现了先进性

标准体系研究密切跟踪油气田地面工程建设领域新技术的发展方向，提出了一批具有前瞻性、贴近实际生产、体现中国石油特色技术的企业标准制定建议。新标准体系从油气藏类型和技术进步方面扩大了覆盖面，新增了覆盖领域。油气藏类型方面新增了火驱、高酸性气田、煤层气和页岩气等领域的标准，如《火驱地面工艺系统设计导则》《高含硫化氢气田安全泄放系统设计规范》《CO_2 驱集输管道工程施工技术规范》《煤层气集气站技术规范》《页岩气集气站技术规范》等。技术进步方面提出了标准化设计、数字化建设、油气混输和非金属管道等专业标准，如《油气田地面工程数字化系统设计规范》《钢骨架增强塑料复合连续管》等。

3）提高了标准体系的完整性

标准体系注意系统性和配套性。标准之间存在着相互连接、相互依存、相互制约的内在联系，只有相互协调配套，才能发挥标准体系的整体功能，获得最好效果。

查询系统兼顾了标准管理和分专业查询。为利于标准管理机构的管理，便于工程技术人员选用和查询标准，同时协调地面工程标准管理机构归属和专业之间的矛盾，开发了油气田地面工程建设标准查询软件。开发的查询系统满足了体系管理、标准管理、数据管理、系统管理等 4 大需求，可以实现按管理查询和按属性查询。由于设置了多个属性，因此按属性查询时既可以实现单项查询，又可以组合查询或模糊查询。查询出的标准以列表形式列出，部分有下载链接。该查询系统将分布在多个体系、归属多个机构管理的地面工程建设标准纳入统一电子查询系统，兼顾了管理机构和标准发展专业化的需要。

第二节　"十二五"期间发布的油气田地面工程建设相关标准

一、国家标准

"十二五"期间，共发布与油气田地面工程建设相关的国家标准 32 项，其中强制标准 17 项，推荐标准 15 项，详见表 8-3 和表 8-4。

表 8-3　"十二五"期间发布的油气田地面工程建设相关国家标准统计

时间	2011 年	2012 年	2013 年	2014 年	2015 年	小计
强制标准数量，项	5	0	3	6	3	17
推荐标准数量，项	8	2	2	2	1	15
合计	13	2	5	8	4	32

表 8-4　"十二五"期间发布的油气田地面工程建设相关国家标准一览表

序号	标准号	标准名称
1	GB 150.1—2011	压力容器 第 1 部分：通用要求
2	GB 150.2—2011	压力容器 第 2 部分：材料
3	GB 150.3—2011	压力容器 第 3 部分：设计
4	GB 150.4—2011	压力容器 第 4 部分：制造、检验和验收
5	GB/T 9711—2011	石油天然气工业 管线输送系统用钢管
6	GB/T 17747.1—2011	天然气压缩因子的计算 第 1 部分：导论和指南
7	GB/T 17747.2—2011	天然气压缩因子的计算 第 2 部分：用摩尔组成进行计算
8	GB/T 17747.3—2011	天然气压缩因子的计算 第 3 部分：用物性值进行计算
9	GB/T 18442.1 ~ 6—2011	固定式真空绝热深冷压力容器
10	GB/T 26978.1 ~ 5—2011	现场组装立式圆筒平底钢质液化天然气储罐的设计与建造
11	GB/T 50644—2011	油气管道工程建设项目设计文件编制标准

续表

序号	标准号	标准名称
12	GB/T 50691—2011	油气田地面工程建设项目设计文件编制标准
13	GB 50650—2011	石油化工装置防雷设计规范
14	GB/T 14976—2012	流体输送用不锈钢无缝钢管
15	GB/T 50756—2012	钢制储罐地基处理技术规范
16	GB 50264—2013	工业设备及管道绝热工程设计规范
17	GB 50423—2013	油气输送管道穿越工程设计规范
18	GB/T 50818—2013	石油天然气管道工程全自动超声波检测技术规范
19	GB 50819—2013	油气田集输管道施工规范
20	GB/T 20173—2013	石油天然气工业 管道输送系统 管道阀门
21	GB/T 30788—2014	钢制管道外部缠绕防腐蚀冷缠矿脂带作业规范
22	GB/T 31032—2014	钢质管道焊接及验收
23	GB 50016—2014	建筑设计防火规范
24	GB 50058—2014	爆炸危险环境电力装置设计规范
25	GB 50074—2014	石油库设计规范
26	GB 50253—2014	输油管道工程设计规范
27	GB 50351—2014	储罐区防火堤设计规范
28	GB 50369—2014	油气长输管道工程施工及验收规范
29	GB 50251—2015	输气管道工程设计规范
30	GB/T 51098—2015	城镇燃气规划规范
31	GB 50424—2015	油气输送管道穿越工程施工规范
32	GB 50460—2015	油气输送管道跨越工程施工规范

二、石油行业标准

"十二五"期间，国家能源局共发布与油气田地面工程建设相关的企业标准83项。其中强制标准1项，推荐标准82项，详见表8-5和表8-6[2，3]。

表8-5 "十二五"期间发布的油气田地面工程建设相关行业标准统计

时间	2011年	2012年	2013年	2014年	2015年	小计
强制标准数量，项	0	1	0	0	0	1
推荐标准数量，项	4	40	19	19	0	82
合计	4	41	19	19	0	83

表8-6 "十二五"期间发布的油气田地面工程建设相关行业标准一览表

序号	标准号	标准名称
1	SY/T 5918—2011	埋地钢质管道外防腐层修复技术规范
2	SY/T 6064—2011	管道干线标记设置技术规范
3	SY/T 6150.1～2—2011	钢制管道封堵技术规程

续表

序号	标准号	标准名称
4	SY/T 6827—2011	油气管道安全预警系统技术规范
5	SY 6879—2012	石油天然气建设工程施工质量验收规范　滩海海堤工程
6	SY/T 0003—2012	石油天然气工程制图标准
7	SY/T 0009—2012	石油地面工程设计文件编制规程
8	SY/T 0029—2012	埋地钢质检查片应用技术规范
9	SY/T 0037—2012	管道防腐层阴极剥离试验方法
10	SY/T 0041—2012	防腐涂料与金属黏结的剪切强度试验方法
11	SY/T 0047—2012	油气处理容器内壁牺牲阳极阴极保护技术规范
12	SY/T 0051—2012	岩土工程勘察报告格式规范
13	SY/T 0072—2012	管道防腐层高温阴极剥离试验方法
14	SY/T 0073—2012	管道防腐层补伤材料评价试验方法
15	SY/T 0085—2012	管道防腐层自然气候暴露试验方法
16	SY/T 0086—2012	阴极保护管道的电绝缘标准
17	SY/T 0087.2—2012	钢制管道及储罐腐蚀评价标准　埋地钢质管道内腐蚀直接评价
18	SY/T 0317—2012	盐渍土地区建筑规范
19	SY/T 0319—2012	钢质储罐液体涂料内防腐层技术标准
20	SY/T 0326—2012	钢质储罐内衬环氧玻璃钢技术标准
21	SY/T 0407—2012	涂装前钢材表面处理规范
22	SY/T 0439—2012	石油天然气工程建设基本术语
23	SY/T 0452—2012	石油天然气金属管道焊接工艺评定
24	SY/T 0538—2012	管式加热炉规范
25	SY/T 4083—2012	电热法消除管道焊接残余应力热处理工艺规范
26	SY/T 4108—2012	输油（气）管道同沟敷设光缆（硅芯管）设计及施工规范
27	SY/T 4120—2012	高含硫化氢气田钢质管道环焊缝射线检测
28	SY/T 4121—2012	光纤管道安全预警系统设计及施工规范
29	SY/T 4122—2012	油田注水工程施工技术规范
30	SY/T 6650—2012	石油、化学、天然气工业用往复式压缩机
31	SY/T 6769.4—2012	非金属管道设计、施工及验收规范 第4部分：钢骨架增强塑料复合连续管
32	SY/T 6849—2012	滩海漫水路及井场结构设计规范
33	SY/T 6851—2012	油田含油污泥处理设计规范
34	SY/T 6852—2012	油田采出水生物处理工程设计规范
35	SY/T 6853—2012	油气输送管道隧道设计规范
36	SY/T 6854—2012	埋地钢质管道液体环氧外防腐层技术标准
37	SY/T 6880—2012	高含硫化氢气田钢质材料光谱检测技术规范
38	SY/T 6881—2012	高含硫气田水处理及回注工程设计规范
39	SY/T 6882—2012	石油天然气建设工程交工技术文件编制规范

续表

序号	标准号	标准名称
40	SY/T 6883—2012	输气管道工程过滤分离设备规范
41	SY/T 6884—2012	油气管道穿越工程竖井设计规范
42	SY/T 6885—2012	油气田及管道工程雷电防护设计规范
43	SY/T 6886—2012	油田含聚及强腐蚀性采出水处理设计规范
44	SY/T 6893—2012	原油管道热处理输送工艺规范
45	SY/T 6536—2012	钢质水罐内壁阴极保护技术规范
46	SY/T 0038—2013	管道防腐层特定可弯曲性试验方法
47	SY/T 0039—2013	管道防腐层化学稳定性试验方法
48	SY/T 0040—2013	管道防腐层抗冲击性试验方法（落锤试验法）
49	SY/T 0096—2013	强制电流深阳极地床技术规范
50	SY/T 0315—2013	钢质管道熔结环氧粉末外涂层技术规范
51	SY/T 0379—2013	埋地钢质管道煤焦油瓷漆防腐层技术规范
52	SY/T 0540—2013	石油工业用加热炉型式与基本参数
53	SY/T 4102—2013	阀门检验与安装规范
54	SY/T 4109—2013	石油天然气钢质管道无损检测
55	SY/T 4124—2013	油气输送管道工程竣工验收规范
56	SY/T 4125—2013	钢制管道焊接规程
57	SY/T 4126—2013	油气输送管道线路工程水工保护施工规范
58	SY/T 6964—2013	石油天然气站场阴极保护技术规范
59	SY/T 6965—2013	石油天然气工程建设遥感技术规范
60	SY/T 6966—2013	输油气管道工程安全仪表系统设计规范
61	SY/T 6967—2013	油气管道工程数字化系统设计规范
62	SY/T 6968—2013	油气输送管道工程水平定向钻穿越设计规范
63	SY/T 6969—2013	沿海滩涂地区油田10（6）kV架空配电线路设计规范
64	SY/T 6970—2013	高含硫化氢气田地面集输系统在线腐蚀监测技术规范
65	SY/T 0324—2014	直埋高温钢质管道保温技术规范
66	SY/T 0403—2014	输油泵组安装技术规范
67	SY/T 0447—2014	埋地钢质管道环氧煤沥青防腐层技术标准
68	SY/T 0515—2014	油气分离器规范
69	SY/T 0606—2014	现场焊接液体储罐规范
70	SY/T 0608—2014	大型焊接低压储罐的设计与建造
71	SY/T 0612—2014	高含硫化氢气田地面集输系统设计规范
72	SY/T 4078—2014	钢质管道内涂层液体涂料补口机补口工艺规范
73	SY/T 4127—2014	钢质管道冷弯管制作及验收规范
74	SY/T 4128—2014	大型设备内热法现场整体焊后热处理工艺规程
75	SY/T 4129—2014	输油输气管道自动化仪表工程施工技术规范

续表

序号	标准号	标准名称
76	SY/T 6979—2014	立式圆筒形钢制焊接储罐自动焊技术规范
77	SY/T 6996—2014	钢质油气管道凹陷评价方法
78	SY/T 7020—2014	油田采出水注入低渗与特低渗油藏精细处理设计规范
79	SY/T 7021—2014	石油天然气地面建设工程供暖通风与空气调节设计规范
80	SY/T 7022—2014	油气输送管道工程水域顶管法隧道穿越设计规范
81	SY/T 7023—2014	油气输送管道工程水域盾构法隧道穿越设计规范
82	SY/T 7024—2014	高含硫化氢气田金属材料现场硬度检验技术规范
83	SY/T 7025—2014	酸性油气田用缓蚀剂性能实验室评价方法

三、中国石油企业标准 [3]

"十二五"期间，中国石油天然气集团公司共发布与油气田地面工程建设相关的企业标准 76 项，详见表 8-7 和表 8-8。

表 8-7 "十二五"期间发布的油气田地面工程建设相关企业标准统计

时间	2011 年	2012 年	2013 年	2014 年	2015 年	小计
标准数量，项	17	18	11	23	7	76

表 8-8 "十二五"期间发布的油气田地面工程建设相关企业标准一览表

序号	标准号	标准名称
1	Q/SY 129—2011	输油气站消防设施设置及灭火器材配备管理规范
2	Q/SY 1093—2011	埋地钢质管道线路工程流水作业施工工艺规程
3	Q/SY 1109—2011	X80 管线钢冷弯管制作及验收规范（2016 年确认）
4	Q/SY 1110—2011	X80 管线钢管线路焊接施工规范
5	Q/SY 1377—2011	滩海油气田工程建设项目初步设计编制规范（2016 年确认）
6	Q/SY 1378—2011	滩海油气田工程建设项目可行性研究报告编制规范（2016 年确认）
7	Q/SY 1379—2011	滩海油气田人工岛生产系统设计规则（2016 年确认）
8	Q/SY 1390—2011	油气生产用往复活塞式压缩机（2014 年确认）
9	Q/SY 1395—2011	2205 双相不锈钢衬里复合管（2014 年确认）
10	Q/SY 1402—2011	9%Ni 钢 LNG 储罐用焊接材料技术条件（2014 年确认）
11	Q/SY 1404—2011	X100 钢级螺旋缝埋弧焊管技术条件（2014 年确认）
12	Q/SY 1422—2011	油气管道监控与数据采集系统验收规范（2016 年确认）
13	Q/SY 1442—2011	特殊地区油气输送管线压载施工技术规范（2016 年确认）
14	Q/SY 1443—2011	油气管道伴行道路设计规范
15	Q/SY 1444—2011	油气管道山岭隧道设计规范（2016 年确认）
16	Q/SY 1445—2011	输气管道工程线路阀室设计规范
17	Q/SY 1446—2011	输油管道工程线路阀室设计规范

续表

序号	标准号	标准名称
18	Q/SY 64—2012	油气管道动火规范
19	Q/SY 104—2012	热注工程劳动定员
20	Q/SY 105—2012	油田集输系统劳动定员
21	Q/SY 147.1 ~ 7—2012	长输管道工程建设施工干扰区域生态恢复技术规范
22	Q/SY 1479—2012	燃气轮机离心式压缩机组安装工程技术规范
23	Q/SY 1480—2012	变频电动机压缩机组安装工程技术规范
24	Q/SY 1482—2013	油气管道工程化验室设计及化验仪器配置规范
25	Q/SY 1485—2012	立式圆筒形钢制焊接储罐在线检测及评价技术规范
26	Q/SY 1487—2012	采空区油气管道安全设计与防护技术规范
27	Q/SY 1498—2012	输气管道工程项目建设规范
28	Q/SY 1500—2012	石油库设计规范
29	Q/SY 1497—2012	压缩天然气项目建设规范
30	Q/SY 1499—2012	输油管道工程项目建设规范
31	Q/SY 1501—2012	城市燃气项目建设规范
32	Q/SY 1503—2012	油气输送管道隧道穿越工程施工技术规范
33	Q/SY 1513.1 ~ 4—2012	油气输送管道用管材通用技术条件
34	Q/SY 1524—2012	石油天然气管道工程安全监理规范
35	Q/SY 1522—2012	煤层气地面集输安全技术规范
36	Q/SY 118—2013	水包油型稠油降黏剂技术规范
37	Q/SY 1513.5 ~ 8—2013	油气输送管道用管材通用技术条件
38	Q/SY 1563—2013	数字管道设计数据规范
39	Q/SY 1568—2013	多管式段塞流捕集器技术规范
40	Q/SY 1575—2013	双相不锈钢制容器制造、检验和验收规范
41	Q/SY 1592—2013	油气管道管体修复技术规范
42	Q/SY 1593—2013	输油管道站场储罐区防火堤技术规范
43	Q/SY 1598—2013	天然气长输管道站场压力调节装置技术规范
44	Q/SY 1602—2013	油气田地面建设工程监理规范
45	Q/SY 1603—2013	油气管道线路工程基于应变设计规范
46	Q/SY 1619—2013	滩海海底管道防腐蚀技术规范
47	Q/SY 126—2014	油田水处理用缓蚀阻垢剂技术规范
48	Q/SY 148—2014	油田集输系统化学清垢剂技术规范
49	Q/SY 1136—2014	建设工程施工合同规范
50	Q/SY 1185—2014	油田地面工程项目初步设计节能节水篇（章）编写规范
51	Q/SY 1566—2014	埋地钢质管道辐射交联聚乙烯热收缩带（套）防腐层补口技术规范
52	Q/SY 1668—2014	液化天然气接收站低温管道氮气冷试技术规范
53	Q/SY 1682—2014	高含硫化氢气田安全泄放系统设计规范

续表

序号	标准号	标准名称
54	Q/SY 1683—2014	气田天然气醇胺法脱碳装置设计规范
55	Q/SY 1684—2014	稠油火驱地面工程设计导则
56	Q/SY 1685—2014	油气田地面工程标准化设计文件体系编制导则
57	Q/SY 1686—2014	油气田地面工程标准化设计技术导则
58	Q/SY 1687—2014	油气田地面工程标准化设计管理规范
59	Q/SY 1688—2014	油气田地面工程视觉形象设计规范
60	Q/SY 1689—2014	油气田用非金属管道应用导则
61	Q/SY 1690—2014	二氧化碳驱油气田集输管道施工技术规范
62	Q/SY 1691—2014	二氧化碳驱油气田站内工艺管道施工技术规范
63	Q/SY 1692—2014	大型立式储罐双面埋弧横焊焊接技术规范
64	Q/SY 1693—2014	定向钻穿越工程用钻杆检测技术规范
65	Q/SY 1694—2014	埋地钢质管道液体聚氨酯补口防腐层技术规范
66	Q/SY 1699—2014	埋地钢质管道聚乙烯防腐层补口工艺评定技术规范
67	Q/SY 1700—2014	热熔胶型热收缩带机械化补口施工技术规范
68	Q/SY 1718.1 ~ 2—2014	外浮顶油罐防雷技术规范
69	Q/SY 1732—2014	滩海海底管道保温技术规范
70	Q/SY 1177—2015	天然气管道工艺控制通用技术规范
71	Q/SY 1718.3—2015	外浮顶油罐防雷技术规范 第3部分：中低频雷电流分流及监控系统
72	Q/SY 1774.1 ~ 2—2015	天然气管道压缩机组技术规范
73	Q/SY 1801—2015	原油储罐保温技术规范
74	Q/SY 1827—2015	海底油气输送管道用焊接钢管通用技术条件
75	Q/SY 1842—2015	滩浅海海底管道路由调查技术规范
76	Q/SY 1858—2015	页岩气地面工程设计规范

参 考 文 献

［1］岳高峰，赵祖明，邢立强. 标准体系理论与实务［M］. 北京：中国计量出版社，2011：25-28.

［2］《中国石化油田标准体系研究》工作组. 中国石化油田标准体系研究［M］. 北京：中国石化出版社，2006：11-21.

［3］中国石油化工集团公司，中国石油化工股份有限公司. 中国石化油田标准体系［M］. 北京：中国石化出版社，2006：147-151.

第九章 油气田地面工程技术展望

科技创新，支撑了地面核心技术不断进步和发展方式的转变。"十五"以来，地面工程通过持续"优化、简化"和全面推广"标准化设计"，把实用先进技术与不同类型油气藏特点相结合，通过不断创新和实践，形成了不同类型油气田典型建设模式，使地面建设投资和运行成本得到有效控制，建设质量逐年提高，生产环境明显改善，本质安全全面提升，实现了"质量、速度、效益、安全环保"的有机统一，促进了油气田地面工程高水平创新发展。

"十三五"期间，中国石油上游业务将坚定不移地走低成本发展道路，全方位、全过程、全要素降本增效，以节省投资、降低成本、提高效能、改善环境、安全环保为目标，以信息化和数字化建设为载体，统筹技术创新和管理创新，深入贯彻优化简化的理念，全力推行标准化设计工作，努力攻克制约地面技术发展的瓶颈技术，全面提升油气田地面工程建设和管理水平，努力打造数字化油田、实现多专业融合，少人高效，可持续发展。

第一节 地面系统面临的挑战和技术需求

一、地面工程面临的挑战

（1）新油气田资源品位低投资和运行成本高。

资源品质劣质化趋势加剧，新增探明储量90%以上来自低渗透和特低渗透油气田。伴随着稠油油田、高含硫和高含二氧化碳气田、页岩气田等复杂油气田的开发，使地面系统油气水处理难度加大，投入相应增加，运行成本高。迫切需要技术创新来降低投资和运行费用。

（2）老油气田调整改造是一项长期重要工作，需要持续推进优化简化。

中国石油70%原油产量来源于老油田，老油田地面工程在油田开发生产中仍占主导地位，老油田调整改造要比新区产能建设更为重要。同时，大部分老气田也进入高产水阶段，地面生产又面临着新的矛盾和问题。老油气田调整改造将是一项长期重要工作，更需持续不断地推进优化简化研究。

（3）安全环保节能要求高，建设绿色油气田任重而道远。

随着国家高度重视安全环保问题，对生态平衡、环境保护要求越来越高。油气开发建设面临着更大的困难。特别是一些新的国家新政策制定，使部分现有地面技术满足不了新的环保要求，如已建天然气处理厂如何实现尾气达标排放，"三废"物资如何满足安全环保排放要求成为急需解决的生产问题。

（4）已开发油气田基础物性变化，给地面生产提出新的要求。

随着油气田开发时间的延长，部分油气田物性与开发初期相比发生了较大的变化，地面需要研究新的工艺和技术以适应开发物性的变化。如克拉2气田气液比超过原设计值、

靖边气田 CO_2 和 H_2S 含量均超出了设计值 1 倍以上。

（5）地面已建系统庞大、面广，安全运行管理难度加大。

截至 2015 年底，地面已建油气水井 30.9 万口，各类站场 1.6 万余座，各种管道 $30.4 \times 10^4 km$，各类道路 $3.3 \times 10^4 km$，资产净值达到 3000 亿元。"十二五"期间，股份公司平均每年新增采油井 7695 口、新增注水井 4000 口、新增气井 1720 口。随着油气田的不断开发，地面系统介质越来越复杂，安全生产风险逐年加大，地面设施的安全隐患越来越多，使地面运行管理难度加大。

（6）公司内外经营形势和环境变化，给地面生产与管理提出了新要求。

随着国际油价持续走低和国企混改的迫切需要，地面工程需不断发展新的技术体系，创新管理模式，以及适应公司创建国际一流能源综合性公司目标，走低碳、节能、绿色生产之路的要求。同时，地面工程为适应新的开发形势，为提高综合开发效益，需要研究新的技术经济指标体系，以实现有质量、有效益、可持续发展，促进企业提质增效升级及发展转型。

二、地面技术发展方向

油气田地面系统已建成了比较完善的主体及配套工程，地面建设规模、总体布局、工艺技术、自控水平等基本满足了油气田不同开发阶段生产的需要，"十三五"及以后地面工程技术发展趋势主要是朝着"设备合一、工艺简短，流程密闭、经济高效，节能降耗、清洁生产，以人为本、注重环保，高科技、低成本"的方向发展，主要体现在以下几方面：

（1）高含水老油田地面工艺技术将朝着低温、低能耗、低排放、低成本方向发展。主要研究新型高效原油脱水及稳定技术、烃蒸气回收技术以及低成本老化油处理技术等。

（2）低/特低渗透油田地面工艺技术将朝着标准化、橇装化、模块化和集成化方向发展。主要研究含游离水相油气水混输管道工艺计算方法、混输泵大型国产化技术等。

（3）稠/超稠油地面技术将朝着污水回用、高温余热综合利用、火驱尾气低成本处理方向发展。主要研究超稠油气举降黏和化学降黏条件下集输模拟仿真技术、火驱注空气压缩机大型化技术、火驱尾气回注工艺技术以及高温（130℃）沥青输送技术等。

（4）复杂天然气藏地面技术将朝着低能耗处理、尾气达标排放、高附加值利用方向发展。主要研究油气混输管道冲蚀防护应用技术、材料设备经济选型技术、大型高含硫气田天然气处理厂节能降耗综合利用技术等。

（5）三次采油地面技术将朝着流程简化、低成本化、污水资源化利用方向发展。主要研究三元复合驱采出液预聚结脱水技术、二元复合驱采出液处理技术等。

（6）地面数字化管理是提高油气田生产管理水平，减轻操作人员劳动强度，降低操作成本的一项重要手段，"十三五"期间，地面工程应大力推广低成本数字化建设技术。

（7）地面站场及管道完整性管理是实现本质安全，降低投资、控制成本的重要手段，也将是"十三五"期间地面工程重点开展的一项工作。

（8）提高油气密闭率，减少放空气，实现污泥无害化资源化利用等低碳节能绿色发展方式也将是"十三五"期间地面工程重要发展一个方向。

第二节 技 术 展 望

油气田地面系统已建成了比较完善的主体及配套工程，地面建设规模、总体布局、工艺技术、自控水平等基本满足了油气田不同开发阶段生产的需要"十三五"及以后地面工程技术发展趋势主要是朝着"一体化装置、工艺简短，流程密闭、经济高效，节能降耗、清洁生产，安全环保，高科技、低成本"的方向发展。

一、油气混输技术 [1]

油气混输技术在简化油气集输工艺、节省工程投资发挥着重要作用，今后应完善油气混输相关计算方法及管道保护技术，研发大型混输泵等关键设备，进一步扩大应用范围和规模。建议开展以下课题研究：

（1）研究含游离水相油气水混输管道工艺计算方法。包括开展内窥式实流试验方法和数学模型构建研究，探索解决这一国际性难题的方法和途径。

（2）研究大型混输泵国产化技术。包括开展轴功率1000kW以上双螺杆混输泵开发及耐磨螺杆、抗干转机构、长寿命机械密封等关键技术研究。

（3）研究油气混输管道冲蚀防护应用技术。包括建立示范工程，开展低成本耐冲蚀碳钢基涂层管道的工业化应用试验研究。

（4）研究大规模油气混输管网智能化安全经济运行应用技术。包括建立示范工程，开展针对难以人为判断的油气混输管网复杂流动工况的仿真监控技术及其与常规工业控制系统的集成融合研究。

二、单井计量技术

近年来，油井单井软件量油技术与数字化技术相结合取得了显著的成果。大港油田以油井软件计量，配套应用新型管材、化学降黏等措施，实现单管常温输送，从而进一步优化集油工艺，形成以串接、T接为主的枝状化标准工艺流程，推动地面建设模式的转变。但从整体上看，股份公司采用软件量油的井数仅为30%左右。软件量油技术推广程度不够，没有完全发挥科技创新的引领作用。

下一步，以扩大适用范围和实现自动化控制、数字化办公为目标，建议开展以下课题研究：

（1）开展软件计量技术攻关，形成适应不同举升工艺的油井在线计量技术。通过计算模型试验和算法的不断优化调整，提高其适应性。

（2）根据油井类型如稠油井、高气液比井，分类完善软件量油模型。

（3）丰富油井功图故障库，改进油井工况诊断准确度，提高液量计量精度。

（4）增加功图模式识别及预测功能。

三、原油集输与处理技术

1. 不加热集输技术

不加热集油对油气集输节能降耗至关重要，随着油田含水上升，不加热集油技术应用范围和规模必将不断扩大，应加强相关基础理论研究，助力不加热集输技术发展。重点研究：

（1）深化"原油粘壁温度"这一基础研究。明确其定义、物理意义和规范的测试方法，以此作为含水原油集输的温度参数，确定不同类型原油在不同含水情况下的不加热集油边界条件。建立计算模型，能够计算出管道低温运行状态下原油黏壁厚度随时间的变化规律以及相应状态下管道的流动规律，据此确定集油管道合理的运行方式。

（2）不加热集油管道结蜡规律研究。不加热集油管道结蜡在所难免，目前所采用的投球清蜡措施对现场操作提出较高要求，开展原油流变性结合析蜡特性的联合优化研究，建立不加热集输管道的结蜡模型并分析结蜡规律，以进一步完善含蜡易凝原油井口不加热集输理论及技术体系，指导现场操作和管理。

2. 化学驱采出液处理技术

化学驱油技术仍将在老油田进一步提高采收率方面发挥重要作用，必须不断优化已有化学驱油采出液处理技术，开展新型化学驱采出液处理研究攻关。

（1）不断优化和完善已有化学驱油方法采出液处理设备和工艺，进一步降低建设投资和运行费用，保证开发效果和效益的持续有效。

（2）紧跟化学驱油技术发展，加大对新型驱油化学剂、新的驱油方法关注力度，对具有工业化前景的新方法、新驱油剂的采出液处理技术进行前期研究，配套完善新型化学驱油技术，保持在化学驱采出液处理技术领域的领先地位。

3. 火驱、SAGD 稠油集输和处理技术

SAGD 作为稠油和超稠油开发的重要技术手段，未来应用规模将会进一步扩大；稠油火驱技术经过"十二五"攻关研究，技术也在日渐成熟。今后应重点关注火驱、SAGD 技术的能效提升和完善配套。

（1）开展火驱油田大型注空气压缩机选型与运营研究，包括注空气系统的空气管网参数优化及系统效率分析。

（2）超稠油火驱产出液消泡技术研究，包括泡沫油形成机理、影响因素研究，消泡剂扩大筛选范围和新剂研发，低成本消泡工艺研究。

（3）开展火驱尾气回注工艺技术研究，包括尾气回注指标、预处理工艺、压力级制和注气压缩机选型与配置等方面。

（4）开展 SAGD 区块能量综合利用研究。

（5）继续深化 SAGD 采出水回用技术研究，包括高温采出水 R/O 技术，简化 MVC 进水预处理流程。

（6）模块化燃气汽包过热注汽锅炉研究，包括锅炉低氮排放技术研究，锅炉及辅机模块化技术研究。

（7）多元流体发生器注汽应用研究，包括多元流体发生器配套技术应用研究，流体管道输送防腐技术研究。

（8）优选新型保温管材，研发高温蒸汽远距离输送技术。

四、天然气集输技术

今后新开发气田多为高温、高压、高酸性的"三高"气质，其集输技术的发展方向就是优化适应高酸性气质的集输工艺、材质及防腐技术。

1. 酸性气田的集输管道材质优化方面

（1）针对高含硫化氢、高含氯离子、高温的苛刻腐蚀工况下地面集输系统腐蚀控制技术，在耐蚀合金的优化应用方面需要进一步研究。

（2）针对腐蚀工况的地面集输系统输送管道，开展高压集气非金属管测试评价方法研究。

2. 缓蚀剂研究和筛选方面

（1）不同腐蚀环境条件缓蚀剂品种的适应性及筛选。

（2）防腐效果综合监测与检测技术。

3. 酸气回注方面

酸气回注是降低二氧化硫排放、缓解硫黄产品销售压力的又一解决方案，在北美地区应用广泛，但在国内还未有应用。应对以下技术开展研究。

（1）净化厂酸气回注过程中酸气相态控制技术。

（2）酸气输送材料选择及腐蚀控制技术。

（3）酸气压缩、输送和回注过程中的安全保障技术。

五、天然气处理技术

1. 脱硫技术

针对我国含硫天然气有机硫种类和含量的增多，以及国家对商品天然气中硫含量要求的提高，应重点研究：

（1）以选择性吸收硫化氢为主、高效脱除有机硫的复合配方溶剂及工艺包的研究。

（2）开展以提高脱硫效率为目的的超重力脱硫技术研究。

2. 含硫尾气处理技术

为应对将来更为严苛的环保标准以及开拓海外市场，应进一步深入进行含硫气田尾气处理技术研究，研究课题：

（1）氧化吸收类处理技术的自主研发及克劳斯尾气生物脱硫技术的自主研发。

（2）通过双功能克劳斯中温催化剂及新型低温加氢水解催化剂研发，提升催化剂水解性能。

（3）以进一步降低二氧化硫排放浓度，完善含硫尾气处理技术领域的工艺技术树，实现含硫尾气处理技术多样化、能够适应不同地区、不同环保标准要求的技术集群。

3. 轻烃回收处理技术

随着国内乙烯工业的发展和国内设计水平的快速发展，国内轻烃回收工厂将以大型化和回收 C_{2+} 组分为主，因此必须掌握大型化乙烷回收工厂自主设计和自主制造能力。重点研究：

（1）形成大型乙烷回收工厂自主设计能力，解决大型乙烷回收关键技术。

（2）着力提升大型乙烷回收关键设备制造水平，努力在高效分离器元件、冷箱、膨胀机、压缩机等关键设备上取得突破。

4. 装置大型化技术

对于天然气资源丰富，气量特大的气藏，通过增加成套装置列数来增加处理量的建设方式存在占地面积大、投资高、能耗高、操作复杂等问题，应大力推广天然气处理工艺装置大型化，重点开展：

（1）工艺系统设计的优化、机泵等转动设备制造能力的提高。

（2）工艺管道大中型化板材的解决。

（3）高效塔盘设计制造技术的引入。

（4）高效选择性脱硫溶剂的稳定运用。

（5）大型装置运输及安装等配套技术研究。

5. 一体化集成装置

一体化集成装置的发展方向是高效化、小型化。继续开展高效分离、脱水设备研究，提高处理效率，在处理能力不变的情况下，大幅度减小设备体积。

（1）开展多功能"合一"设备、高效设备及高效核心内构件研究，以工艺流程优化简化、关键设备小型化为突破点，为提高装置集成度、增大装置处理能力奠定基础。

（2）开展装置本质安全研究，形成一体化集成装置安全研发设计的理论和技术体系。

（3）针对性开展一体化集成装置设备研发，进一步扩大一体化集成装置的应用领域和范围。

六、气驱开采地面技术

目前，中国石油约有 70% 的原油产量产自低渗透油田，低渗透油田原油产量将是确保中国石油原油产量稳中有升的重要支撑之一，低渗透油田也是未来一个时期国内油田开发的重要发展方向。国内外在低渗透油田开发中广泛采用气驱开采以提高原油采收率，美国各种气驱开发油田产油量占 EOR 总产量的 41.3%，特别是在注氮气开发提高油田采收率方面，美国和加拿大等国家一直处于技术领先的地位，美国和加拿大已有 30 多个油气田投入了注氮气开发，气驱采油逐渐发展成为 21 世纪一项成熟的提高原油采收率的方法。自 20 世纪 80 年代以来，美国 CO_2 驱油技术得到快速发展，美国有 10 个产油区 292 个油田试验采用 CO_2 驱油，提高采收率 7% ~ 15%，2012 年 4 月，美国 CO_2 驱原油产量为 4.82×10^4 t/d，成为美国第一大提高采收率技术。国外 CO_2 管道技术发展较为成熟，自 1972 年建成第一条 CO_2 管道后，美国现已拥有总长超过 8000km 的 CO_2 管道，占全球 CO_2 管道总里程的 95%。国内气驱开采起步较晚，研究工作相对滞后，目前仅开展了小规模现场试验，气驱开采原油产量也较少，但是国内气驱开发提高采收率的技术发展空间和发展潜力巨大。

国内一些油田，如吉林、大庆、长庆、新疆、吐哈、辽河等油田已经开始探索注氮气驱、注二氧化碳气驱、注天然气驱、泡沫驱、注空气火驱等提高油田采收率技术，收到了较好的增产效果。氮气驱作为一种提高采收率驱油方法，由于不受资源、地域限制，并且随着制氮技术的不断进步和制氮成本的不断降低，氮气驱采油工业化应用的潜力很大，也是低渗透油田提高采收率的重要方法之一。因此，低成本制氮和一体化集成注入技术将是油田氮气驱开发的一个重要发展方向，同时在设备研发方面应注重智能化移动式一体化集成橇的研制工作，实现制氮、注入、检测、计量、控制等功能高度有机集成，经济有效的控制减氧空气含氧量指标。

特别是 CO_2 驱易在油层中形成混相，不仅可以大幅度提高原油采收率，而且可以减少温室气体 CO_2 的排放量，实现 CO_2 减排和资源化利用双赢，将推动 CO_2 驱油技术的快速发展。目前，中国石油已在大庆和吉林等油田开展 CO_2 驱现场先导试验，取得了较好的效果。

下一步应重点开展原油溶 CO_2 后流变性变化以及对原油集输工艺影响、CO_2 超临界注入和输送、CO_2 驱油防腐配套工艺及低成本非金属管材应用等技术研究以及高压超临界压缩机研制工作。

气驱开采作为低渗透油田提高采收率的重要举措，将在未来一段时间内得到快速发展，地面工程要做好气驱开发配套技术研究工作，重点做好地上地下整体优化一体化技术、低成本注入技术、多功能一体化集成橇装设备等研究，达到注入参数和注入指标最优，节省投资，降低运行费用，实现开发效益最大化。

七、非金属管材

1. 非金属管应用比例将逐步提高

从 20 世纪 90 年代初，国内油气田开始尝试应用非金属管材，经过近 20 年的发展，非金属管的应用逐步得到了用户的认可，应用数量逐步提高。从中国石油统计来看，2008 年油气田应用非金属管道的数量占全部管道的比例约为 8%，到 2015 年达到了 12%；个别油田应用比例超过了 50%，对解决油气田生产条件下钢质管道的腐蚀问题、降低管道工程投资、保障安全环保生产起到了重要作用。

随着非金属管制造技术和性能的不断提高，更高压力、更大口径的非金属管也逐步在油气田开展试验应用，非金属管在油气田的应用范围将越来越大；同时，随着油气田用户对非金属管认识的逐步提高，应用技术水平逐步完善，应用规模也将逐步扩大，预计到 2020 年，中国石油非金属管材应用比例将超过 15%。

2. 完善非金属管材的性能评定

非金属管道易老化，其使用寿命与使用条件密切相关。国外主要通过长期静水压进行非金属管道的性能评定，确定使用条件下的使用寿命，而国内相关产品标准规范的要求较少，需要进一步完善。

开展非金属管道的性能评定试验和研究，是完善非金属管道产品标准和质量检验标准的要求，可为规范、合理选择非金属管道提供依据，也是油气田安全可靠生产的重要保障。

3. 加强抗硫非金属管材的研究及应用

随着近年来发现的含硫油气田的逐步开发，迫切需要抗硫非金属管材。目前，含硫油气田集输主要采用钢管加缓蚀剂工艺或采用双金属复合管，工程投资大、运行费用高。

非金属管道输送含硫油气介质不仅需要解决管道制造工艺、强度及制管原材料的耐蚀问题，同时，由于非金属材料的渗透性较高，如何控制或抑制有毒气体 H_2S 的渗透对环境的危害也需要深入研究。

八、站场与管道完整性管理

为了顺应上游板块地面系统管理需求，股份公司于 2015 年正式启动油气田完整性管理工作。"十三五"期间，油气田完整性管理以分类管理为原则，以风险管理为核心，以高后果区高风险级管道管理（"双高管理"）为抓手，试点先行，以点带面，有序开展，日常生产管理理念逐步由"事后被动维修"转变为"基于风险的完整性管理"。

统筹建设完整性管理平台，积累完备数据、统一技术标准、规范管控流程、提供评价水平，推动完整性管理在油气田企业的深入持久发展。

在"十三五"中后期，培育形成完整性管理示范区，并以示范区推广到全油气田，于"十四五"初（2021 年）实现完整性管理工作常态化，助力上游板块业务高质量发展。

九、数字化技术

以安全环保、提质增效为目标，全面实施数字化油气田建设，大力推动技术和管理创新，通过自动化生产、数字化办公、智能化决策，实现油气田地面系统高质量发展，将是"十三五"期间油气田地面系统的一个重要发展方向。

在常规的自动化控制系统如 RTU、DCS、SCADA 等系统的基础上，整合信息系统建设的成果，同时增加先进过程控制（APC）系统和物联网、大数据等内容，最大程度地实现数据自动采集、全面感知、集中管控、生产优化和智能决策。

通过自控系统 + 信息系统 + 生产管理模式的优化，充分发挥电子巡检、远程启停、自动调参、集中管控、智能报警等方面优势，达到中小型站场无人值守、大型站场少人集中监控，形成完善的少人高效的综合生产运行、应急指挥体系。

通过不断完善升级、全面应用集团公司统建系统和行之有效的油气田自建系统、深化大数据应用等，实现生产状态智能分析诊断，生产参数智能优化调整，生产趋势智能预测预警，地质、工程、地面与技术经济"四位一体"智能统筹优化。

采用云、AR/VR、机器学习、大数据分析、认知计算等信息技术手段，形成一体化协同工作生态环境。建立集中管理的勘探开发研究云，实现硬件、软件、数据、成果的集中管理和系统的远程应用，涵盖地震解释、测井评价、地质建模、数值模拟、钻井设计、采油（气）工艺、地面工艺优化，推进不同业务专家的协同研究工作的开展。

同时，要加强工程建设项目数字化移交研究。为实现智能油气田建设提供技术支撑，以设计为龙头，实现多环节协同设计，开展工程项目数字化移交研究，实现工程建设全过程（规划、设计、采购、施工和生产运行）数字资产的移交和共享；通过数字资产的合理应用，实现工程项目全生命周期管理。

参 考 文 献

［1］黄维和，等 . 油气储运工程学科发展报告 [M]. 北京：中国科学技术出版社，2018：67-70.